教育部高等学校电子信息类专业教学指导委员会规划教材

高等学校电子信息类专业系列教材

高等学校重点教材立项编号：2019-2-126

Principle and practice of MCS-51 Microcontroller

C Programming Language

MCS-51单片机原理及实践

（C语言）

微课视频版

陈苏婷　编著

Chen Suting

清华大学出版社

北京

内容简介

本书围绕MCS-51单片机展开，以8051单片机为主体，全面介绍其系统结构、工作原理、内部功能元器件的特性及组成单片机应用系统时的设计技术和方法，主要内容包括微型计算机基础知识、51系列单片机程序设计及开发环境、MCS-51单片机接口技术、MCS-51单片机及单片机拓展应用。

本书包含了许多浅显易懂、典型实用的例题。附录A和附录B给出了万用表和示波器的简单介绍，供读者参考。

本书在编写上充分考虑教学内容的实用性、通用性、先进性，综合了目前单片机教材的优点，做到深入浅出，讲清疑难点。本书既可作为各类电子技术人员的工具书，也可供高校师生和电子技术爱好者阅读。

图书在版编目(CIP)数据

MCS-51单片机原理及实践：C语言：微课视频版/陈苏婷编著. —北京：清华大学出版社，2021.1
(2024.7重印)
高等学校电子信息类专业系列教材
ISBN 978-7-302-56075-3

Ⅰ.①M… Ⅱ.①陈… Ⅲ.①单片微型计算机－C语言－程序设计－高等学校－教材
Ⅳ.①TP368.1 ②TP312.8

中国版本图书馆CIP数据核字(2020)第136762号

责任编辑：曾 珊 李 晔
封面设计：李召霞
责任校对：梁 毅
责任印制：沈 露

出版发行：清华大学出版社
网 址：https://www.tup.com.cn, https://www.wqxuetang.com
地 址：北京清华大学学研大厦A座 **邮 编**：100084
社 总 机：010-83470000 **邮 购**：010-62786544
投稿与读者服务：010-62776969，c-service@tup.tsinghua.edu.cn
质量反馈：010-62772015，zhiliang@tup.tsinghua.edu.cn
课件下载：https://www.tup.com.cn，010-83470236
印 装 者：三河市君旺印务有限公司
经 销：全国新华书店
开 本：185mm×260mm **印 张**：13.75 **字 数**：324千字
版 次：2021年2月第1版 **印 次**：2024年7月第3次印刷
印 数：2501～2700
定 价：59.00元

产品编号：086761-01

序

FOREWORD

单片机自产生以来发展迅速，出现了百家争鸣的局面。单片机的开发与应用已在工业测控、机电一体化、智能仪表、家用电器、汽车电子、航空航天及办公自动化等各个领域占据了重要地位。单片机从一开始的8位单片机发展到16位、32位等诸多系列，其中51系列单片机以其高性价比、高速度、小体积、可重复编程和方便功能扩展等优点，在实践中得到了广泛的应用。如今51系列单片机作为应用最广泛的单片机体系，是高等院校电子、自动化及相关专业的必修科目所学习的内容。

目前，单片机正朝着兼容性、单片系统化、多功能和低功耗的方向发展。具体表现在以下三个方面：第一，从MCS-51系列单片机的一枝独秀，发展成它与各种兼容机互为补充、各领风骚、百花齐放的新格局；第二，单片机被集成到智能传感器及网络通信芯片中，应用面广；第三，自动驾驶汽车、智能家居等智能产业的出现，预示着在人工智能大环境下，单片机嵌入式应用发展迎来新的浪潮。

本书题材新颖、内容丰富、深入浅出，既富有科学性与先进性，又具有很高的实用价值，可帮助读者解决在设计和应用单片机时遇到的实际问题。本书既可供高等院校电子、通信、自动化、计算机等信息工程类相关专业的本科生或研究生使用，也适用于从事单片机技术应用与研究的专业技术人员参考。

黄德

2020.3.4

前言

PREFACE

单片机技术已成为电气电子、自动化和计算机技术等专业学生必须掌握的一项基本技能。农业领域中基于单片机的蔬菜大棚温控系统，实现了温度的智能化调节，降低了成本；新能源领域中基于单片机控制的逐日式太阳能小车，提高了太阳能资源的利用率。在目前“互联网＋”的大背景下，我国传统家居行业向科技化、智能化发展，以单片机为“控制中枢”的智能家居产业的成熟推动单片机在“人工智能”领域新发展，也为单片机学科研究方向开拓新出发点。

本书以培养学生的工程实践能力为目标，以51单片机为载体，以C语言为主线，以Proteus设计仿真平台为手段，介绍了单片机的内部结构、接口及其应用；以工程应用需求为知识切入点，充分发挥C51语言的特点，在讲清单片机基本结构的基础上，重点讲解系统扩展及新元器件的使用，注重通过原理图设计、源程序编写、软硬件联调来降低学习难度和提高学习质量，培养学生的综合分析能力、排除故障能力和开发创新能力。

本书分为三部分。第一部分为基础篇，内容包括微型计算机与单片机基础知识、MCS-51单片机硬件结构、Keil μVision4集成开发环境和Proteus仿真软件、MCS-51指令系统与汇编语言程序设计、单片机的C语言程序设计。第二部分为提高篇，包括MCS-51单片机的中断系统与定时/计数器、MCS-51单片机的串行通信、单片机应用中的人机接口、单片机模拟量输入/输出接口。第三部分为拓展篇，介绍单片机应用系统开发，力求在夯实51单片机知识的基础上，将理论与实践结合，将单片机理论、实践、工程方法与人工智能技术结合为一体，为读者呈现最具创新特色的单片机教材。

感谢刘恒老师对本书编写工作给予的支持和帮助，感谢陈怀新、刘瑶、邵东威、张松对本书的整理汇总，在编写过程中，对书稿反复研讨、修改。

由于编者水平有限，书中难免有错误与不妥之处，恳请读者批评指正。

编　者

2020年8月

学习建议

LEARNING ADVICE

本课程的授课对象为计算机、电子、信息、通信工程类专业的本科生，课程类别属于电子通信类。参考学时为60学时，包括课程理论教学环节44课时和实验教学环节16课时。

课程理论教学环节主要包括课堂讲授、研究性教学。课程以课堂教学为主，部分内容可以通过学生自学加以理解和掌握。研究性教学针对课程内容进行扩展和探讨，要求学生根据教师布置的题目撰写论文提交报告，课内讨论讲评。

实验教学环节包括Keil μVision4集成开发环境应用、Proteus ISIS仿真设计软件应用等，可根据学时灵活安排，主要由学生课后自学完成。

本课程的主要知识点、重点、难点及学时分配见下表。

<table>
<tr><th>序号</th><th>知识单元(章节)</th><th>知识点</th><th>要求</th><th>推荐学时</th></tr>
<tr><td rowspan="3">1</td><td rowspan="3">微型计算机基础知识</td><td>微型计算机概述</td><td>了解</td><td rowspan="3">3</td></tr>
<tr><td>微型计算机的基本组成及工作原理</td><td>掌握</td></tr>
<tr><td>单片机概述</td><td>了解</td></tr>
<tr><td rowspan="4">2</td><td rowspan="4">MCS-51系列单片机的结构及原理</td><td>MCS-51系列单片机的内部结构</td><td>理解</td><td rowspan="4">4</td></tr>
<tr><td>MCS-51系列单片机的引脚及功能</td><td>理解</td></tr>
<tr><td>MCS-51单片机的存储结构</td><td>掌握</td></tr>
<tr><td>MCS-51掉电保护及低功耗设计</td><td>掌握</td></tr>
<tr><td rowspan="8">3</td><td rowspan="8">C51系列单片机程序设计</td><td>C51语言概述</td><td>了解</td><td rowspan="8">5</td></tr>
<tr><td>C51程序的基本结构</td><td>理解</td></tr>
<tr><td>C51数据类型</td><td>理解</td></tr>
<tr><td>变量和C51存储区域</td><td>掌握</td></tr>
<tr><td>C51绝对地址的访问</td><td>理解</td></tr>
<tr><td>指针</td><td>掌握</td></tr>
<tr><td>C51函数</td><td>掌握</td></tr>
<tr><td>C51程序设计实例</td><td>理解</td></tr>
<tr><td rowspan="2">4</td><td rowspan="2">Keil μVision4集成开发环境及其应用</td><td>Keil μVision4软件概述</td><td>了解</td><td rowspan="2">3</td></tr>
<tr><td>Keil μVision4的C51开发流程</td><td>掌握</td></tr>
<tr><td rowspan="2">5</td><td rowspan="2">Proteus ISIS仿真设计工具</td><td>Proteus ISIS软件概述</td><td>了解</td><td rowspan="2">4</td></tr>
<tr><td>Proteus ISIS软件应用流程</td><td>掌握</td></tr>
<tr><td rowspan="5">6</td><td rowspan="5">MCS-51单片机的定时器/计数器</td><td>定时计数概念</td><td>理解</td><td rowspan="5">5</td></tr>
<tr><td>定时器/计数器的结构</td><td>理解</td></tr>
<tr><td>定时/计数器的初始化</td><td>了解</td></tr>
<tr><td>定时/计数器的4种工作方式</td><td>掌握</td></tr>
<tr><td>定时器的编程示例</td><td>了解</td></tr>
</table>

续表

序号	知识单元(章节)	知　识　点	要求	推荐学时
7	MCS-51单片机的中断系统	中断的概念	理解	5
		MCS-51中断系统的结构	理解	
		中断请求源	掌握	
		中断控制	掌握	
		中断响应的条件、过程及时间	了解	
8	人机接口设计	LED显示器的结构与原理	理解	4
		键盘接口原理	理解	
		可编程键盘/显示器接口 Intel 8279	了解	
		LCD液晶显示器	理解	
		应用示例	了解	
9	MCS-51与D/A转换器、A/D转换器接口设计	MCS-51与DAC的接口	理解	4
		MCS-51与ADC的接口	理解	
		DAC8032波形发生器示例	了解	
10	串行通信技术	串行通信概念	理解	3
		串行接口	掌握	
		串行通信接口的应用示例	了解	
11	单片机应用系统设计	多功能数字时钟设计	了解	4
		温度测量系统设计	了解	
		数字密码锁系统设计	了解	
		水温控制系统设计	了解	
		全自动洗衣机设计	了解	

微课视频清单

全书共配套20个微课视频，名称及对应章节如下。

视频1：C语言基础简介(第3.1节)；
视频2：C语言应用——发光管原理(第3.2节)；
视频3：Keil和Proteus ISIS安装教学(第4章)；
视频4：定时器/计数器的结构 (第6.2节)；
视频5：定时器/计数器的4种工作方式 (第6.4节)；
视频6：定时器设计(第6.5节)；
视频7：中断原理(第7章)；
视频8：中断设计 (第7.5节)；
视频9：静态显示 (第8.1节)；
视频10：数码管引脚(第8.3节)；
视频11：液晶显示原理(第8.4节)；
视频12：D/A转换及A/D转换(第9章)；
视频13：串行通信概念(第10.1节)；
视频14：串口通信实验(第10.3节)；
视频15：实验1——数字时钟(第11.1节)；
视频16：实验1——数字时钟实物展示(第11.1.2节)；
视频17：实验2——温度采集(第11.2节)；
视频18：实验2——温度测量系统实物展示(第11.2.2节)；
视频19：实验3——密码锁(第11.3节)；
视频20：实验3——密码锁实物展示(第11.3.2节)。

目录

CONTENTS

第1章 微型计算机基础知识

CHAPTER 1

电子计算机的产生和发展是20世纪最重要的科技成果之一。计算机的诞生具有划时代的意义，它对人类的历史进程产生了深远的影响，对科学技术的发展和现代文明的进步起到了巨大的推动作用。

自1946年美国的宾夕法尼亚大学研制出世界上第一台电子计算机ENIAC(Electronic Numerical Integrator And Computer)以来，计算机科学和技术得到了高速发展。迄今为止，电子计算机的发展经历了由电子管计算机、晶体管计算机、集成电路计算机到大规模集成电路、超大规模集成电路计算机的四代更替。未来的计算机将是半导体技术、光学技术和电子仿生技术相结合的产物。由于超导元器件、集成光学元器件、电子仿生元器件和纳米技术的迅速发展，将出现超导计算机、光学计算机、纳米计算机、神经计算机和人工智能计算机等，新一代计算机将着眼于机器的智能化，使之具有逻辑推理、分析、判断和决策的功能。

计算机按其性能、价格和体积可分为巨型机、大型机、中型机、小型机和微型计算机。微型计算机诞生于20世纪70年代，一方面，由于当时军事、工业自动化技术的发展，需要体积小、功耗低、可靠性好的微型计算机；另一方面，由于大规模集成电路(Large Scale Integration circuit，LSI)和超大规模集成电路(Very Large Scale Integrated circuit，VLSI)的迅速发展，可以在单片硅片上集成几千个到几十万个晶体管，为微型计算机的产生打下了坚实的物质基础，引发了新的技术革命。

1.1 微型计算机概述

1.1.1 微型计算机的发展历程

微处理器(Miro Processor)是微型计算机的核心部件，又称中央处理器(Central Processing Unit，CPU)，它的性能决定了微型计算机的性能，微型计算机的发展便是以微处理器的更新换代作为其标志的。从1971年世界上第一块微处理器芯片诞生到现在，微处理器的发展经历了6个阶段。微处理器的换代通常以字长、集成度及功能的提高作为主要指标。

下面对微处理器的发展情况进行简要回顾和介绍。

1. 第1阶段(1971—1973年)

第1阶段是4位和8位低档微处理器时代，通常称为第1代，其典型产品是Intel 4004和Intel 8008微处理器，以及分别由它们组成的MCS-4和MCS-8微型计算机。其基本特点是采用PMOS工艺、集成度低(4000个晶体管/片)，系统结构和指令系统都比较简单，主要采用机器语言或简单的C语言，指令数目较少(20多条指令)，基本指令周期为20～50μs，用于简单的控制场合。

2. 第2阶段(1974—1977年)

第2阶段是8位中高档微处理器时代，通常称为第2代，其典型产品是Intel 8080/8085、Motorola公司、Zilog公司的Z80等。它们的特点是采用NMOS工艺，集成度提高了约4倍，运算速度提高了约10～15倍(基本指令执行时间是1～2μs)。指令系统比较完善，具有典型的计算机体系结构和中断、DMA等控制功能。

3. 第3阶段(1978—1984年)

第3阶段是16位微处理器时代，通常称为第3代，其典型产品是Intel公司的8086/8088、Motorola公司的M68000、Zilog公司的Z8000等微处理器。其特点是采用HMOS工艺，集成度(20 000～70 000晶体管/片)和运算速度(基本指令执行时间是0.5μs)都比第2代提高了一个数量级。指令系统更加丰富、完善，采用多级中断、多种寻址方式、段式存储机构、硬件乘除部件，并配置了软件系统。1981年IBM公司推出的个人计算机采用8088 CPU。紧接着1982年又推出了扩展型的个人计算机IBM PC/XT，它对内存进行了扩充，并增加了一个硬磁盘驱动器。1984年，IBM公司推出了以80286处理器为核心组成的16位增强型个人计算机IBM PC/AT。

4. 第4阶段(1985—1992年)

第4阶段是32位微处理器时代，又称为第4代。其典型产品是Intel公司的80386/80486，Motorola公司的M69030/68040等。其特点是采用HMOS或CMOS工艺，集成度高达100万个晶体管/片，具有32位地址线和32位数据总线。每秒可完成600万条指令(Million Instructions Per Second，MIPS)。

80386DX的内部和外部数据总线是32位，地址总线也是32位，可以寻址4GB内存，并可以管理64TB的虚拟存储空间。它的运算模式除了具有实模式和保护模式以外，还增加了一种“虚拟86”的工作方式，可以通过同时模拟多个8086微处理器来提供多任务能力。

1989年，Intel公司推出80486芯片。它首次实破了100万个晶体管的界限，集成了120万个晶体管，使用1μm的制造工艺，时钟频率从25MHz逐步提高到33MHz、40MHz、50MHz。80486是将80386和数学协处理器80387以及一个8KB的高速缓存集成在一个芯片内，数字运算速度是以前80387的两倍，内部缓存缩短了微处理器与慢速DRAM的等待时间。并且，在80x86系列中首次采用了RISC(精简指令集)技术，可以在一个时钟周期内执行一条指令。

5. 第5阶段(1993—2005年)

第5阶段是奔腾(Pentium)系列微处理器时代，通常称为第5代。典型产品是Intel公司的奔腾系列芯片及与之兼容的AMD的K6、K7系列微处理器芯片。内部采用了超标量指令流水线结构，并具有相互独立的指令和数据高速缓存。

1997年推出的Pentium Ⅱ处理器结合了Intel MMX技术，能以极高的效率处理影片、音效以及绘图资料，首次采用Single Edge Contact(SEC)匣型封装，内建了高速快取记忆体。

1999年先后推出的Pentium Ⅲ处理器和Pentium Ⅲ Xeon处理器均新增了70个新指

令,晶体管数目约为 950 万颗,大幅提升了执行多媒体、流媒体等应用的性能。除早期的几款型号采用 0.25μm 技术外,Pentium Ⅲ Xeon 首次采用 0.18μm 工艺制造,同时加强了电子商务应用与高阶商务计算的能力。

2000 年 Intel 公司推出了 Pentium 4 处理器。该处理器集成了 4200 万个晶体管,后推出的改进版 Pentium 4(Northwood)更是集成了 5500 万个晶体管;并且开始采用 0.18μm 进行制造,初始速度就达到了 1.5GHz。

2003 年 Intel 公司推出了 Pentium M(mobile)处理器。该处理器结合了 855 芯片组家族与 Intel PRO/Wireless 2100 网络联机技术,可提供高达 1.60GHz 的主频速度,并包含各种性能增强功能。

2005 年 Intel 公司推出了双核心处理器 Pentium D 和 Pentium Extreme Edition,同时推出 945/955/965/975 芯片组来支持新推出的双核心处理器。这两款双核心处理器均采用 90nm 工艺生产,使用的是没有引脚的 LGA 775 接口,但处理器底部的贴片电容数目有所增加,排列方式也有所不同。

6. 第 6 阶段(2005 年至今)

第 6 阶段是酷睿(Core)系列微处理器时代,通常称为第 6 代。"酷睿"是一款技术领先的节能新型微架构,设计的出发点是提供卓然出众的性能和能效,提高每瓦特性能,也就是所谓的能效比。

酷睿 2(Core 2 Duo)是 Intel 公司于 2006 年推出的新一代基于 Core 微架构的产品体系统称。酷睿 2 是一个跨平台的构架体系,包括服务器版、桌面版、移动版三大类。为了提高两个核心的内部数据交换效率采取共享式二级缓存设计,两个核心共享高达 4MB 的二级缓存。继 LGA775 接口之后,Intel 公司首先推出了 LGA1366 平台,定位高端旗舰系列。首颗采用 LGA 1366 接口的处理器,代号为 Bloomfield,采用经改良的 Nehalem 核心,基于 45nm 制程及原生四核心设计,内建 8～12MB 三级缓存。LGA1366 平台再次引入了 Intel 超线程技术,同时 QPI 总线技术取代了由 Pentium 4 时代沿用至今的前端总线设计。最重要的是 LGA1366 平台是支持三通道内存设计的平台,在实际的效能方面有了更大的提升。

2010 年 Intel 公司推出了革命性的处理器——第二代 Core i3/i5/i7。第二代 Core i3/i5/i7 隶属于第二代智能酷睿家族,均基于全新的 Sandy Bridge 微架构,相比第一代产品主要有五点重要革新:一是采用全新 32nm 的 Sandy Bridge 微架构,功耗更低、性能更强;二是内置高性能 GPU(核芯显卡),视频编码、图形性能更强;三是睿频加速技术 2.0,更智能、更高效能;四是引入全新环形架构,带来更高带宽与更低延迟;五是全新的 AVX、AES 指令集,加强浮点运算与加密解密运算。

2012 年 Intel 公司推出了 Ivy Bridge(IVB)处理器。基于 22nm 的 Ivy Bridge 处理器将执行单元的数量翻倍,最多达到 24 个,新增对 DX11 的支持的集成显卡,使得性能进一步提升。同时,该处理器能够提供最多 4 个 USB 3.0 接口,从而支持原生 USB 3.0。该处理器的制作采用 3D 晶体管技术,因此耗电量会减少一半。

2013 年 Intel 公司推出第四代酷睿处理器 Haswell,该处理器采用第四代 CPU 脚位(CPU 接槽)称为 Intel LGA1150,既提升了计算性能,又实现了低功耗,电池续航也提升了约 50%,而待机状态续航时间则提升 2～3 倍。

1.1.2 微型计算机的特点及分类

众所周知,电子计算机具有运算速度快、计算精度高、自动工作、存储记忆信息容量大、逻辑判断能力强等特点。作为计算机的一个重要分支的微型计算机由于采用了大规模和超大规模集成电路技术,除具备上述特点外,还具有一些独特的优点。

(1) 体积小、重量轻。由于大规模和超大规模集成电路技术的采用,微型计算机的体积和重量显著减小。几十块集成电路芯片所构成的微型计算机就具有以往小型机、中型机甚至大型机的功能,而两者之间体积和重量差别之悬殊,简直不可同日而语。微型计算机所具有的小巧轻便、功能强大的优点使其能深入到以前大、中、小型计算机难以涉足的众多领域(如智能仪器仪表、家用电器、航天航空等)。

(2) 性价比高。由于集成电路芯片的价格不断降低,微型计算机的成本便随之不断下降。许多高性能微型计算机的功能与以往的中、小型计算机的功能相同甚至超越,但价格要低几个数量级。性价比高,令微型计算机极具竞争力,使得微型计算机得以迅速普及,其应用深入人们生产、生活各个领域的各个方面。

(3) 可靠性高、功耗低、适应环境的能力强。微型计算机主要由大规模和超大规模集成电路芯片构成,由于芯片的生产制造技术的不断提高和成熟,其功耗低,发热量小,使用寿命长,抗干扰能力也很强,再加上系统内集成电路芯片数量较少,印制电路板上连线及接插件数目大幅减少,这就使得微型计算机具有很高的可靠性,能有效抵御各种干扰,在较恶劣的环境条件下也能正常工作。

(4) 系统设计灵活方便、适应性强。微型计算机在结构上有两大特点:一是采用了模块化设计;二是使用了总线技术,这使得微型计算机系统具有开放性的体系结构。各功能部件可通过标准化插槽或接口与系统相连,用户只需通过选择不同的接口板卡及相应的外设就能构成满足不同需求的微型计算机系统。对于一个标准的微型计算机,往往不需要改变硬件设计或只需对硬件作稍许改变,在相应软件的支持下就能完成新的应用任务。这表明微型计算机在系统设计上具有很大的灵活性,在实际应用中具有极强的适应性。事实上,微型计算机的应用极其广泛,几乎到了无孔不入的地步。可以毫不夸张地说,真正意义上计算机及信息化时代的到来是与微型计算机的出现及应用、普及分不开的。

微型计算机的型号繁多、品种丰富,通常有以下几种分类方法。

1. 按微处理器的字长分类

微处理器的字长也称为位数。以字长为8位的微处理器为核心组成的微型计算机称为8位机。以此类推,有4位机、8位机、16位机、32位机和64位机等。在实际应用中,16位及以下的微型计算机主要用于检测、控制的场合,如过程控制、智能仪器仪表、家用电器和武器控制等。32位和64位的微型计算机则用于科学计算、数据图像处理等场合,例如,天气预报数值计算、导弹飞行轨迹计算、各种信息管理系统、飞机规格设计、多媒体系统等。

2. 按微型计算机的组装形式分类

按此种分类法,微型计算机可分为单片机、单板机和PC 3种类型。单片微型计算机简称单片机,这是一种将微处理器、存储器、I/O功能部件及I/O接口电路等组成微型计算机的主要部件集成于一块集成电路芯片而形成的微型计算机。单片机的突出优点是体积小、成本低、功能全,它主要用于工业控制、智能仪器仪表、家用电器、智能玩具等领域。

单片机是将微处理器、存储器、I/O 接口电路，以及部分简单外设（简易键盘、LED 显示器等）安装于一块印制电路板上而形成的微型计算机。单片机具有结构紧凑、功能齐全、使用简单、成本低廉等优点，它通常用于工业控制、实验教学等场合。

PC 即个人计算机，是一种台式机。人们在办公场所和家庭中配置的多是这种微型计算机。将主机板（上面安装有微处理器、内存储器、I/O 接口电路、插槽等）和外存储器、电源、若干接口板卡等部件组装在一个机箱内，并配备键盘、显示器、鼠标、打印机等外设，以及系统软件等就形成了 PC 系统。PC 具有功能强、软件丰富、配置灵活、用途广泛、使用方便等优点。正是 PC 的出现和发展，使计算机走进了各种办公场所和千家万户，如此地贴近人们的工作和生活。

3. 按微型计算机应用领域分类

微型计算机按其应用领域分类，可分为通用机和专用机，也可分为民用机、工业用机和军用机。

通用计算机适合解决多种一般问题，该类计算机使用领域广泛、通用性较强，能解决多种类型的问题，在科学计算、数据处理和过程控制等多种用途中都能应用；专用计算机用于解决某个特定方面的问题，配有为解决某问题的软件和硬件，适用于某一特殊的应用领域，如卫星上使用的计算机、智能仪表、军事装备等。工业应用微型计算机对于温度范围（一般为 0℃～55℃）、湿度范围和抗干扰能力都要比民用机高，其重要的设计要求是实时性、中断处理能力很强，并要求有实时操作系统。军用微型计算机对于上述几项要求比工（业）用机更严格，在机械结构上还要求加固。

1.1.3　微型计算机的应用领域

由于微型计算机所具有的独特优点，使其获得了极为广泛的应用，成为现代社会人们不可或缺的帮手和工具。微型计算机及其应用技术正在深刻地影响和改变着人们的生产活动和日常生活，对科学技术的发展和社会的繁荣进步起着巨大的推动作用。以下是微型计算机应用的几个主要方面。

1. 科学计算

人们发明计算机的最初目的就是科学计算，至今科学计算仍是计算机应用的重要领城。如今高档微型计算机的运算能力已赶超中小型机，而由多个微处理器构成的并行处理机系统的性能可与大型机乃至巨型机相比较。由于微型计算机的价格十分低廉，因此采用微型计算机进行科学计算是重要的甚至是首要的选择。

2. 数据处理

数据处理一般是指计算机对自动采集和人工送入的大量数据进行加工处理、分析归纳、反馈控制、显示打印和传送的过程。微型计算机具有很强的数据处理能力，用它构成的数据处理系统在工业控制、工程管理、邮电通信、航空航天、军事科学等领域获得了非常广泛的应用。

3. 信息管理

信息管理是指计算机对实时信息和历史信息进行分类检索、查找统计、绘制图表及显示打印的过程。用微型计算机构成的各类信息管理系统在各个领域、各行各业得到了广泛的应用。如图书管理系统、飞机和火车订票系统、人口信息管理系统、情报检索系统、地理信息系统、电子邮件系统、办公自动化系统等。

4. 过程控制

在现代社会,生产过程的自动化大都通过微型计算机的控制来完成。在一个闭环过程控制系统中,过程的实时参数由传感器和 A/D 转换器实时采集,由计算机按一定的控制算法处理后,再通过 D/A 转换器和执行机构进行调节控制。用微型计算机构成的过程控制系统比比皆是,例如,汽车自动装配线、电力系统微型计算机继电保护装置、高炉炉温自动控制系统、自动灭火装置、交通自动控制系统和各种数控车床等。

5. 智能化仪器仪表

早期的智能化仪器仪表采用处理器、存储器及接口元器件作为元器件安装在仪器、仪表的内部来实现控制,从而提高其自动化程度,提升其性能。随着单片微型计算机的出现和发展,现在的智能式仪器仪表大多用单片机来实现。智能式仪器仪表已成为微型计算机应用的一个十分重要的领域,其发展方兴未艾,各种产品层出不穷,例如,智能式多功能电表、逻辑分析仪、医用 CT 扫描仪、医用红外热像仪、计算机网络智能终端等。

6. CAD、CAM、CAA 和 CAI 中的应用

CAD(Computer-Aided Design,计算机辅助设计)是指工程设计人员借助于计算机进行新产品开发和设计的过程。CAM(Computer-Aided Manufacturing,计算机辅助制造)是指计算机自动对所设计好的零件进行加工制造的过程。CAA(Computer-Aided Assemble,计算机辅助装配)是指计算机自动把零件装配成部件或把部件装配成整机的过程。CAI(Computer-Aided Instruction,计算机辅助教学)是指教师借助计算机对学生进行形象化教学或学生借助计算机进行形象化学习的过程。微型计算机被广泛应用于 CAD、CAM、CAA 和 CAI 中,为提高产品设计、制造的自动化水平,改善产品质量,提高生产和工作效率,促进教育手段的现代化起到了巨大的推动作用。

7. 人工智能

人工智能通常是指用计算机模拟人类的智能,使用计算机构成的智能系统具有听、说、看以及"思维"的能力。人工智能所涉及的领域和范围包括机器人、专家系统、语言和图像识别、语言翻译等。

8. 军事领域

微型计算机被广泛应用于军事领城,使军事科学和技术出现了全新的面貌,发生了质的飞跃。可以借助计算机指挥和协调作战,用于情报收集、军事通信、信息处理,以及各种武器装备的控制。现代化的武器已与微型计算机密不可分。

9. 多媒体系统

多媒体系统是一种将文字、图像、声音和动态回答多种媒体集于同一载体或平台的系统,以实现和外界进行多用途、多功能的信息交流。以微型计算机为核心构成的多媒体系统被广泛用于教育培训、商业广告、工业生产、医疗卫生和文化娱乐等方面,使人们享受到有声有色、图文并茂的服务。

10. 家用电器和家庭自动化

微处理器和单片机被普遍用于家用电器产品的智能化和自动化,例如,各种家庭视听设备(电视机、音响、DVD 等)。基于微型计算机的家用机器人正在研制和完善之中,其产品特性使家庭自动化发展到一个更高的层次。

1.2 微型计算机的基本组成及工作原理

1.2.1 微型计算机的基本组成及有关概念

基于冯·诺依曼体系构成的计算机硬件一般由运算器、控制器、存储器、输入设备和输出设备 5 个部分组成，如图 1-1 所示。

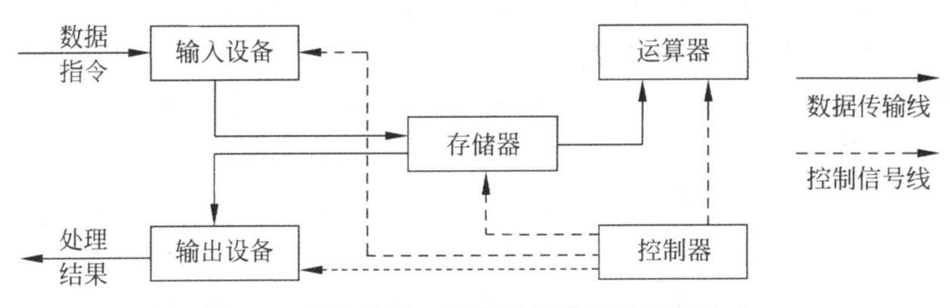

图 1-1　传统的冯·诺依曼计算机的硬件组成

在采用大规模集成电路的微型计算机中，运算器通常与控制器合并为中央处理器(CPU)，制作在一块微处理器芯片上。因此，微型计算机硬件一般可划分为中央处理器、存储器、输入/输出设备、输入/输出接口和总线等部分，如图 1-2 所示。

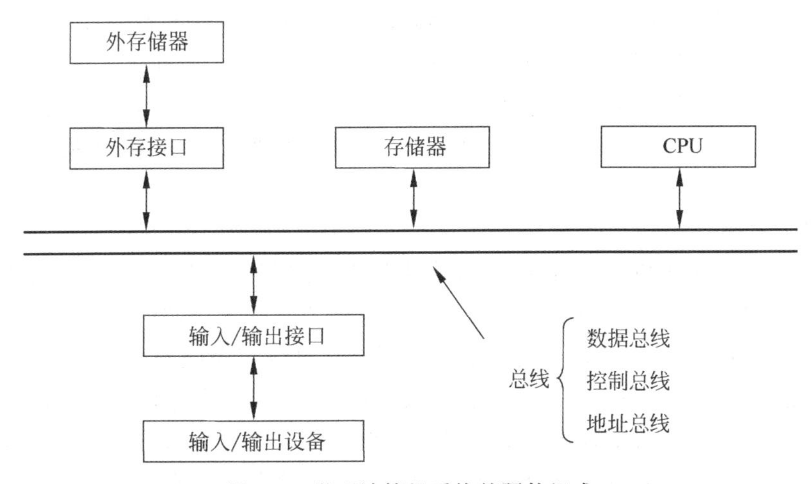

图 1-2　微型计算机系统的硬件组成

1. 中央处理器

中央处理器是微型计算机的核心部分，主要包括运算器和控制器。

运算器(Arithmetic Logic Unit，ALU)是计算机中进行算术运算、逻辑运算的部件，故有时也称为算术逻辑运算单元，其核心是一个全加器。典型的运算器能够实现以下几种运算功能：两数相加，两数相减，把一个数左移或右移一位，比较两个数的大小，将两数进行逻辑“与”“或”“异或”运算等。必须指出，在早期的微处理器中，并没有进行乘、除运算和浮点运算的硬件电路，运算器只能完成定点加、减运算，由于减法运算可通过二进制补码的加法运算来实现，因此，准确地说，它只能完成加法的运算，而复杂的算术运算(如乘、除运算)则由程序来完成。

控制器(Control Unit)是用来控制计算机进行运算及指挥各个部件协调工作的部件，主要由指令部件(包括指令寄存器和指令译码器)、时序部件和操作控制部件等构成。它根据指令的内容产生和发出控制计算机的操作信号，从而把微型计算机的各个部分组成一体，执行指令所规定的一系列有序的操作。

2. 存储器

微型计算机通常把半导体存储器用作内存储器或主存储器，磁盘、磁带、光盘等用作外存储器或辅助存储器。存储器好像一座大楼，大楼的每间房间称为存储单元，每个存储单元有一个唯一的地址(好比房间号)，存储单元中的内容可以为数据或指令。在微型计算机中，通常每个存储单元存放一个字节，以保证随时对任意一个字节进行访问。

3. 输入/输出设备

输入设备的作用是从外界将数据、指令等输入到微型计算机的内存；输出设备的作用是将微型计算机处理后的结果信息转换为外界能够使用的数字、文字、图形、声音等。微型计算机外部设备的种类和形式很多，常见的输入设备有键盘、鼠标、模/数转换器、软/硬盘驱动器、光盘驱动器等。近年来语音、图像等输入设备已正式进入实用阶段。常见的输出设备有打印机、绘图仪、数/模转换器、显示终端、音响设备等。

4. 输入/输出接口

外部设备由于结构不同，各有不同的特性，而且它们的工作速度比微型计算机的运算速度低得多。为使微型计算机与外部设备能够协调工作，必须由适当的接口来完成协调工作。目前很多接口逻辑电路也采用大规模集成电路，并且已系列化、标准化。很多接口芯片具有可编程能力，并有很好的灵活性。这些接口芯片又可分为通用接口和专用接口。它们的主要任务和功能是：完成外部设备与计算机的连接、转换数据传送速率、转换电平、转换数据格式等。

5. 总线

将微处理器、存储器和输入/输出接口等装置或功能部件连接起来，并传送信息(信号)的公共通道称为总线(Bus)。总线实际上是一组传输信息的导线，其中又包括以下部分。

数据总线(Data Bus)是双向的通信总线。通过它可以实现微处理器、存储器和输入/输出接口三者之间的数据交换。例如，它可以将微处理器输出的数据传送到存储器或输入/输出接口，又可以把从存储器中取出的信息或从外设接口取来的信息传送到微处理器内部去。

地址总线(Address Bus)是单向总线，用来从 CPU 单向地向存储器或 I/O 接口传送地址信息。

控制总线(Control Bus)传输的信号可以控制微型计算机各个部件有条不紊地工作，其中包括由微处理器向其他部件发出的读、写等控制信号，也包括由其他部件输入到微处理器中的信号。控制总线的多少因不同性能的微处理器而异。

按照总线的所在位置，又可区分为片内总线和系统总线。前者制作在 CPU 芯片中，是运算器与各种通用寄存器的连接通道；后者则制作在微型计算机主板上，实现 CPU 与主存储器及外部设备接口的连接。

6. 微型计算机

微处理器配上存储器和 I/O 接口电路就构成了微型计算机(Microcomputer)，其各部分之间通过总线连接。若把微型计算机的各部分及少量简单的外设装在一块印制电路板上，则称为单板微型计算机，简称单板机。

7. 微型计算机系统

以微型计算机为主体，配以各种外部设备和软件并装上电源，就构成了微型计算机系统(Microcomputer System)。

应注意微处理器、微型计算机、微型计算机系统这几个概念之间的区别和联系。可以看出，微型计算机并不能独立运行、工作，能发挥计算机的功能，完成人们赋予的计算、控制、管理等任务的是微型计算机系统。

1.2.2　微型计算机的指令系统

微型计算机严格按照人们下达的命令去完成指定的任务，这些命令就是机器指令。机器指令随微型计算机所使用的微处理器的不同而不同。某种微型计算机所能识别和执行的全部指令即称为该机的指令系统。

由于微型计算机的硬件仅可识别二进制信息，因此机器指令也要用二进制数来表示。每一条指令执行一种简单的特定操作，如取数、相加、比较、判断、转移等。大多数需要微型计算机完成的任务可分解成一组步骤，用一连串指令去实现。这类为特定目的而组织起来的指令序列称为程序，而编制程序的工作则称为程序设计。

机器指令又称为机器语言。它虽然为计算机所“乐意”接受，但对用户却十分不便。例如，进行一个“8+5”的加法运算，用 Intel 8086 的机器语言需写成：

```
10110000  00001000
10110011  00000101
00000000  11011000
```

若改用简便的十六进制数表示，则可以写为：

```
B0  08  B3  05  00  D8
```

从这一例子可以看到，用机器语言编写的程序难读、难记、难检查、难修改。为了更方便地使用微型计算机，人们创造了用缩写的英语单词来表示指令操作的方法，这些单词称作“助记符”。采用助记符表示的指令称作汇编指令。在采用汇编指令时，还为之规定了严格的语法规则，构成了 C 语言。

微型计算机的硬件也不懂得 C 语言，因此在使用较低档的微型计算机(如单片机)时，往往要用人工查表的方法，把 C 语言指令逐条翻译为用十六进制表示的机器语言形式才能送入机器中，然后由机器自动把它转换为二进制形式后再执行。当然，在使用高档的微型计算机时，通常在机器内配有翻译软件——汇编程序，它能把 C 语言自动翻译为机器语言。

目前，绝大多数微型计算机用户均使用高级语言，但机器语言和 C 语言也有其独特的优势。之所以在本节中提及机器指令和汇编指令，主要是因为：C 语言在微型计算机应用中仍然占有一席之地，这主要是因为 C 语言程序可以在最简单的硬件和最少的软件支持下运行，而运行高级语言则需使用至少拥有键盘和屏幕显示器的微型计算机，并配备翻译软件和较大的存储空间；通过机器指令和汇编指令，较易说明计算机的工作过程，从而帮助读者更深入地理解计算机的内部工作；C 语言程序的时空效率高，即执行速度快，所占存储单元少。

1.2.3 微型计算机的工作原理

如前所述，当用微型计算机来完成某项任务时，首先要按此任务之要求，编写出适合于机器工作的全部操作步骤，即程序。程序是一串有序指令的集合。把编好的程序（即一条条指令）连续地由输入设备通过I/O接口存放到存储器中，然后启动程序运行，计算机便能按程序的逻辑顺序一条一条地执行这些指令。图1-3是微型计算机工作原理示意图，下面简要说明其在执行程序中某条指令时的典型工作过程。

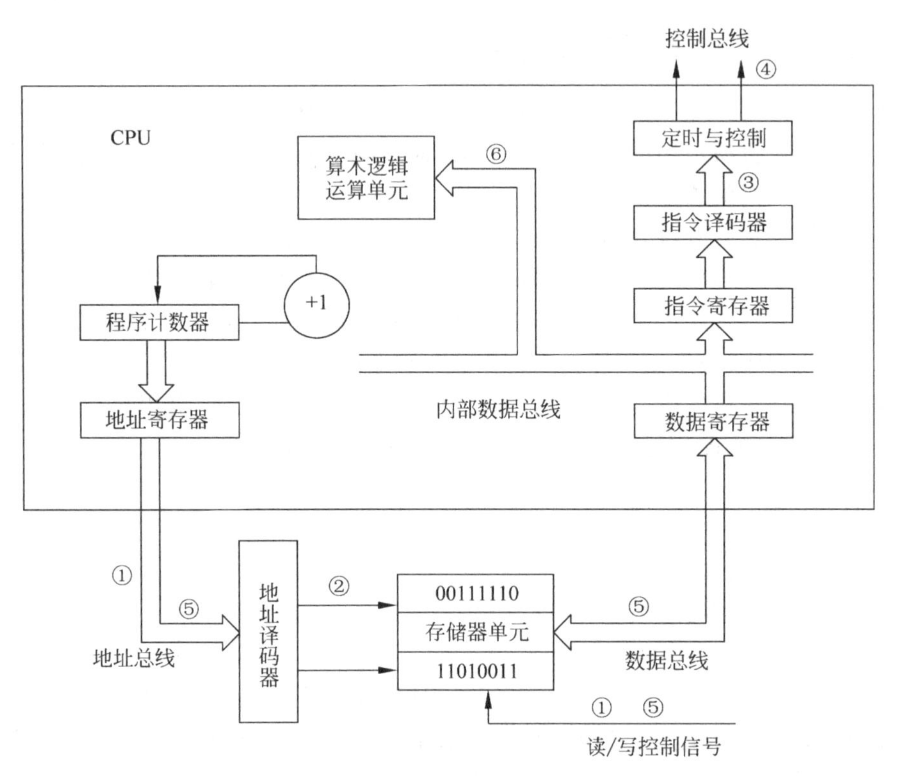

图1-3 微型计算机工作原理示意图

(1) CPU通过地址总线(AB)指出指令所在内存单元的地址，同时通过控制总线(CB)向存储器发出准备读出数据的控制信号。

(2) 存储器中这一单元被地址线上的地址码选中，于是CPU即通过数据总线(DB)从存储器中读取存放在这一单元中的指令。

(3) 指令是以二进制代码的形式存放在存储器中的，CPU取出这一指令代码后在内部进行译码，判断出该指令是要进行哪一类操作以及参加这类操作的数放在什么单元地址。

(4) CPU根据对指令的译码结果，由控制器有序地发出为完成此指令所需要的各种控制信号。

(5) 如果还需要从存储器中取出操作数，则CPU将通过地址总线发出存放操作数的内存单元地址，同时通过控制总线发出准备读出数据的控制信号，然后由CPU通过数据总线将操作数取出。

(6) 执行指令所规定的操作。如果属于算术运算或逻辑运算，则由运算器进行操作；

如果属于数据传送或其他操作，则由控制器接通进行此操作所需的有关电路，再进行具体操作。至此，执行一条指令的工作即告结束。这里再补充说明几点。

完成一条指令的时间称为一个“指令周期”。每个指令周期又可分为“取指周期”和“执行周期”两部分，前者用于从存储器取出指令，后者用于执行指令，它们都对应一个或若干个“机器周期”。受到“机器节拍”(即“时钟信号”)的控制。例如，在上述6步中，第(1)步占一个机器节拍，用于读取“指令地址”；第(2)步也占一个机器节拍，用于读出当前要执行的指令。这两步都属于取指周期，第(3)步以后则属于执行周期了。显然时钟频率越高，则取指令和执行指令的节奏越快，计算机的运行速度也随之提高。

微型计算机能够自动地一条接一条地连续执行指令，这是因为在CPU中有一个程序计数器PC(或指令指示器IP)，用于存放待执行指令所在的存储单元地址。在CPU要取指令前，先由它发出指令所在存储单元的地址，而当CPU取出这一条指令代码后，它会自动使PC加1，使其指向下一条指令地址。因此，在CPU执行完这一条指令时，程序计数器(或指令指示器)指出的已是下一条指令所在存储单元的地址，于是又继续执行下一条指令。以此类推，直到全部指令执行完毕。

1.2.4 微型计算机的主要技术指标

一台微型计算机性能优劣是由它的系统结构——指令系统、硬件组成、外围设备以及软件配备齐全与否等决定的。其主要性能指标如下。

1. 字长

字长是CPU与存储器或输入/输出设备之间一次传送数据的位数，反映了一台微型计算机的精度。字长越长，可以表示的数值就越大，能表示数值的有效位数越多，精度也就越高，结构越复杂。微型计算机字长有1位、4位、8位、16位和32位。目前，微型计算机的字长已达64位。

2. 主存储器容量

主存储器所能存储的信息总量为主存储器容量，它是衡量微型计算机处理能力大小的一个重要指标。主存储器容量越大，能存储的信息就越多，处理能力就越强。主存储器容量有两种表示：用字节表示或用单元数×字长表示。

3. 运算速度

运算速度是衡量计算机性能的一项重要指标。通常所说的计算机运算速度(平均运算速度)，是指每秒所能执行的指令条数，一般用“百万条指令/秒”(MIPS)来描述。同一台计算机，执行不同的运算所需时间可能不同，因而对运算速度的描述常采用不同的方法。常用的有CPU时钟频率(主频)、每秒平均执行指令数(IPS)等。微型计算机一般采用主频来描述运算速度，例如，Pentium Ⅲ/800的主频为800MHz，Pentium 4/1.5G的主频为1.5GHz。一般来说，主频越高，运算速度就越快。

4. 输入/输出数据传输速率

输入/输出数据传输速率决定了可用的外部设备和与外部设备交换数据的速度。提高计算机的输入/输出数据传输速率可以提高计算机的整体速度。

5. 外部设备扩展能力

外部设备扩展能力是指计算机系统配接各种外部设备的可能性、灵活性和适应性。

6. 软件配置情况

已配置和可配置的软件的多少直接关系到计算机性能的好坏和效率的高低。

7. 可靠性

可靠性是指计算机连续无故障运行时间的长短。可靠性好,表示无故障运行时间长。

8. 性能价格比

性能价格比指性能与价格之比,是计算机产品性能优劣的综合性指标,包括计算机硬件和计算机软件的各种性能。对多数用户而言,性能价格比越大越好。

1.3 单片机概述

单片机是微型计算机的一个重要分支,又称为微控制器(Micro-controller unit)。单片机是大规模和超大规模集成电路技术发展的产物,是一种将计算机的基本功能集成于一小块芯片上的微型计算机。

1.3.1 单片机的发展历程

单片机的发展可分为以下4个阶段。

第一代:单片机探索阶段。主要有通用CPU68xx系列单片机和专用MCS-48单片机。

第二代:单片机完善阶段。具体表现在:面对对象,突出控制功能,专用CPU满足嵌入功能;寻址范围为8位或16位;规范的总线结构,有8位数据线、16位地址线多功能异步串口(UART);特殊功能寄存器(SFR)的集中管理模式;海量位地址空间,提供位寻址及位操作功能;指令系统突出控制功能。

第三代:单片机形成阶段。这一阶段已形成系列产品,以8051系列为代表,如8031、8032、8051和8052等。

第四代:单片机百花齐放。表现在:满足最低层电子技术的应用(玩具、小家电)需要;大力发展专用型单片机,致力于提高单片机的综合品质。

1.3.2 单片机的特点及分类

与一般通用微型计算机及CPU芯片比较,单片机具有以下特点。

(1) **体积小而功能全**。由于是将计算机的基本组成部件集成于一块芯片上。即一小块芯片便具有计算机的功能,单片机的体积更为小巧,使用更为灵活方便,尤其适合于安装在仪器仪表内部,以及航空航天、导弹、鱼雷制导等通用微型计算机难以应用的场合。

(2) **面向控制**。发明单片机的初始目的就是将其应用于控制,因此,和通用微型计算机比较,单片机具有强大的、灵活的控制功能,但数值计算能力相对较弱。

(3) **抗干扰能力强,可靠性高**。由于单片机主要面向工业控制,其工作环境通常较为恶劣,如强电磁干扰、高温、震动,可能会有腐蚀性气体等,这就要求单片机具有较通用微型计算机更强的抗干扰能力,能够应付各种复杂、恶劣的环境和条件。事实上,单片机产品具有高可靠性,性能优秀而稳定,工作时出现差错的概率极低。

世界上各大芯片生产厂家的单片机产品品种众多,按照其结构和应用对象划分,大致可以分为以下两类。

1. CISC 结构的单片机

CISC 结构也称冯·诺依曼结构，其含义是复杂指令集(Complex Instruction Set Computer,CISC)。该结构单片机的基本特征是取指令和取数据分时进行。

CISC 结构的单片机指令集合有较多的复杂指令，指令数量多，相应地实现这些指令的芯片结构变得很复杂。人们经过大量的研究后发现 CISC 指令集中各种指令的使用频率相差悬殊，约有 20%的指令被经常使用，其使用量占整个程序的 80%，而另外 80%的指令则很少使用，其使用量仅占整个程序的 20%，这称为“二八定律”。这一现象导致 CISC 结构的单片机效率低下。

采用 CISC 结构的单片机的优点是指令非常丰富，功能也十分强大；缺点是取指令和取数据分时进行，使得速度受到限制。另外，芯片结构较为复杂，成本较高。这类单片机适用于控制关系比较复杂的场合，例如，工业机器人、通信产品、数控机床，以及其他一些控制要求较高的过程控制系统等。Intel 公司的 MCS-51 系列单片机和 MCS-96 系列单片机就是属于 CISC 结构的典型产品。

2. RISC 结构的单片机

RISC 结构也称为哈佛结构，其含义是精简指令集(Reduced Instruction Set Computing, RISC)。该结构单片机的基本特征是取指令和取数据可同时进行。

RISC 结构的主要特点是：

(1) 具有一个有限的简单的指令集，简单指令小于 100 条，甚至寻址方式只有 2 或 3 种；

(2) 绝大部分指令是单周期指令，在增加程序存储器宽度的情况下，可在一个存储单元中存放一条指令，这样能容易地实现并行流水线操作，有效地提高了指令的运行速度。

RISC 结构的单片机从处理器的执行效率和开发成本两个方面考虑，采用一定的技术手段做到了取指令和取数据同时进行；另外精简、优化了指令系统，十分强调寄存器的使用，大多数指令为单周期指令，既加快了执行速度，又提高了存储器空间的利用率，十分利于实现系统的超小型化。RISC 结构是计算机技术的一个重要变革，它对传统的计算机结构的概念和技术提出了挑战，将对今后计算机技术的发展产生重大而深远的影响。

1.3.3 单片机的应用领域

单片机面向控制且体积小巧的特点使其在众多领域获得了极为广泛的应用，下面列出了单片机应用的几个典型领域。

1. 智能仪器仪表

智能仪器仪表也称微型计算机仪器仪表，可用微处理器构成，但现在大多用单片机实现。这类仪器仪表具有较高的自动化程度，有较强的数据处理能力和逻辑判断功能，具有外形尺寸小、功能完善、操作便捷、功耗小、可靠性高等优点。各类物理、化学、生理量的测量仪器仪表均可用单片机实现智能化。

2. 过程控制

无论从硬件结构的设计还是从指令系统的构成来看，单片机具有很强的控制功能，特别适合于实时控制，被广泛应用于工业实时测量与控制领域。生产过程的自动化，包括自动生产流水线、步进电机的驱动、机器人、车辆驾驶等都可用单片机控制，具有自动化、智能化的程度高，成本低，维护容易等特点。如用单片机构成的电力系统数字式继电保护系统不仅在判断准确、动作灵敏、体积小、可靠性高等方面的性能指标要优于模拟式继电保护装置，更具有记忆存储故障信息，便于事后故障分析，将故障状态以图像、表格等形式直观清晰地提供给设计运行人员，集系统监视和多种保护功能于一体等传统继电保护装置不具备的优点。

3. 机电一体化

机电一体化是集机械技术、微电子技术、自动化技术和计算机技术于一体，具有智能化特征的机电产品，数控机床是机电一体化产品的典型。机电一体化是机械工业发展的重要方向，它给机械产业带来了全新的面貌。早期是将微处理器或通用微型计算机用作机电产品的控制器，而单片机的出现加快了机电一体化的进程。

4. 旧有设备的升级改造

将单片机用于旧有设备的升级改造，可实现设备的自动控制，提升其技术水平，增强功能，更好地发挥其应用潜能，在投资很小的情况下实现设备的更新换代。由于单片机的体积更小、控制功能更强，还可用其取代以前用各类通用微型计算机或单板机构成的控制装置。

5. 家用电器及电子玩具

单片机被普遍用于各类家用电器，目前高档的家用电器产品和电子玩具几乎都以单片机作为其控制器，大大提高了产品的性价比和市场竞争力。

6. 武器装备

由于单片机体积小、控制功能强大，特别是其适应能力强，能在各种恶劣的环境条件下正常工作，故它被广泛地应用于各种军事武器、装备的控制中，可大大提高武器装备的自动化和智能化水平。例如，将其用于导弹制导、鱼雷及各种智能式军事装备等。

7. 医疗仪器

用单片机构成的新型医疗仪器克服了传统的医用诊疗仪器存在的不具备数据处理能力、不易得到直观而易保存的诊疗结果、人工干预工作量大、可靠性较差等缺点，具有自动化程度高、功能强、操作简便、治疗效果好、诊断结果准确直观等优点。

8. 计算机外部设备

单片机还被广泛用于计算机各种输入/输出设备的智能化，如智能化打印机和扫描仪、智能化键盘、智能化 CRT 显示器等。单片机的应用使得这些智能化外部设备与计算机间的通信更为简单、可靠，功能得到进一步扩充，操作使用更加灵活方便。

1.3.4 单片机的发展趋势

单片机技术的发展趋势可归结为以下 8 个方面。

(1) 主流型机发展趋势。形成以 8 位单片机为主，少量 32 位机并存的格局。

(2) 全盘 CMOS 化趋势。即在 HCMOS 基础上的 CMOS 化，HCMOS 具有低功耗及低功耗管理等特点。

(3) RISC 体系结构的发展。早期 RISC 指令较复杂，指令代码周期数不统一，难以实现流水线作业(单周期指令仅为 1 MIPS)。采用 RISC 体系结构可以精简指令系统，使其绝大部分指令为单周期指令，很容易实现流水线作业(单周期指令速度可达 12 MIPS)。

(4) 可刷新的 Flash ROM 成为主流供应状态，便于用户对系统软件进行升级和修改。

(5) ISP(系统可编程技术)及基于 ISP 的开发环境。Flash ROM 的应用推动了 ISP 的发展，实现了目标程序的串行下载，PC可通过串行电缆对远程目标进行高度仿真、更新软件等。

(6) 单片机的软件嵌入。目前的单片机只提供程序空间，没有驻机软件。ROM空间足够大后，可装入如平台软件、虚拟外设软件和用于系统诊断管理的软件等，以提高开发效率。

(7) 实现全面功耗管理。如采用ID、PD模式，双时钟模式，高速时钟/低速时钟模式和低电压节能技术。

(8) 推行串行扩展总线。如I^2C总线等。

本章小结

本章介绍了有关微型计算机和单片机的基本概念和基本知识。

与一般计算机的组成结构相同，微型计算机由控制器、运算器、存储器和I/O设备构成，其中控制器和运算器统称为中央处理器，用CPU表示。将CPU集成于一小块芯片上，称为微处理器。

微处理器是微型计算机的核心部件，它一次能处理的二进制数的位数称为字长。采用总线结构是微型计算机的一个重要特点，总线是某类信息流通的公共通路。微处理器芯片的引脚呈现为三总线结构，3种总线包括地址总线、数据总线和控制总线。

微型计算机的工作过程是执行程序指令的过程，一条指令的执行分为取指和译码执行两个阶段。指令在机器中以二进制的形式表示，称为机器码。

C语言程序必须翻译为机器码后才能被计算机执行，这一翻译过程称为汇编，相应的翻译软件称为汇编程序。

单片机是微型计算机的一个重要分类。将微型计算机的基本功能部件集成于一块芯片上，称为单片机。单片机具有体积小、功能强、性价比高、特别适合实现自动控制等特点，主要用于智能仪器仪表、过程控制、家用电器等领域。

思考题与习题

1-1 微处理器、微型计算机和微型计算机系统三者之间有什么不同?

1-2 什么是总线? 微型计算机采用总线结构有什么优点?

1-3 微处理器的控制信号有哪两类?

1-4 为什么微型计算机采用二进制? 十六进制数能被微型计算机直接执行吗? 为什么要掌握十六进制数?

1-5 把下列十进制数转换为二进制和十六进制数:

(1) 135; (2) 0.625; (3) 47.6875; (4) 0.94; (5) 111.111; (6) 195.12

1-6 何谓单片机? 与通用微型计算机相比，两者在结构上有何异同?

第2章

CHAPTER 2

MCS-51 系列单片机的结构及原理

MCS-51 单片机是 Intel 公司开发的一种非常成功的单片机类型，现在已普遍应用在工业控制、智能仪器仪表、嵌入式装置等领域中。由于其使用范围广、开发方便、用户众多，所以，目前已经有好几家公司生产与 MCS-51 系列单片机兼容的单片机芯片，如 8051、SST8051 等。有些兼容的 51 系列单片机具有更高的时钟频率(如 Atmel 公司芯片 AT83C5111 的时钟频率为 66MHz)、更快的运行速度和更强的功能。由于 51 系列单片机在各个行业中被大量使用，未来的市场也很被看好，因此，还有很多厂商纷纷推出引脚与 51 系列兼容的单片机，以及支持 51 系列单片机的程序开发工具，为 51 系列单片机应用展现出美好的前景。

本章主要以 8051 为主，从整体上介绍 51 系列单片机的组成与结构特点、存储空间分配情况、单片机内部常用接口资源，以及 51 单片机工作时序等内容。通过本章学习，使读者对 51 系列单片机组成与结构特点有一个总体认识，为后续章节中具体学习有关内容奠定基础。

2.1 MCS-51 系列单片机的内部结构

MCS-51 系列单片机是双列直插封装形式的集成元器件，内部采用模块式结构，包含了一个独立的微型计算机硬件系统应具有的各个功能部件和一些重要的功能扩展部件，其结构框图如图 2-1 所示。从总体上看，MCS-51 单片机包括 CPU、存储器和外部端口等，也就是说，在一块芯片上集成了微型计算机主机的全部部件，因此称其为单片机。

下面对其组成部分进行简要的说明。

1. 微处理器

结构框图中的一个重要功能部件是微处理器，也称中央处理器，一般由运算器和控制器组成。

1) 运算器

人们常说计算机处理数据，“处理”的一个重要内容就是运算：一类是算术运算，另一类是逻辑运算。CPU 中完成这些运算的部件就是运算器，它还可以实现数据传送。运算器主要的单元和寄存器包括：算术逻辑单元 ALU；两个 8 位暂存器 TMP1 与 TMP2；8 位累加器 ACC，在指令系统中简写为 A，经常使用，是最繁忙的寄存器；寄存器 B；程序状态字 8 位寄存器。运算器的具体功能包括加、减、乘、除算术运算；增量(加 1)、减量(减 1)；十进制数调整；位的置 1、置 0 和取反；与、或、异或等逻辑操作。

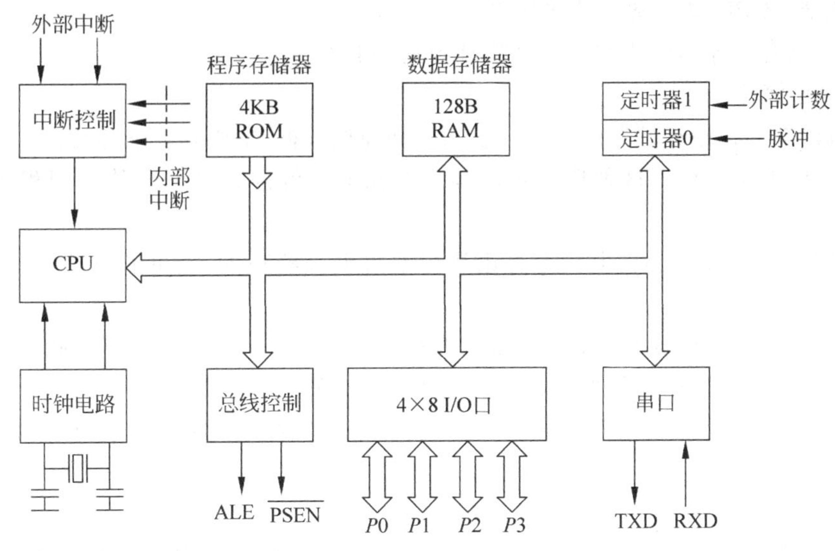

图 2-1 MCS-51 系列单片机结构框图

2）控制器

如果要进行运算，例如“6＋4”，事先应按 MCS-51 系列单片机指令系统的编程规则编好“6＋4”的程序，存放于程序存储器中。计算机执行程序时，按程序的顺序取一个任务（指令），经寄存、译码，送入定时控制逻辑电路，产生定时信号和控制信号以完成这一任务；再取一个任务，再完成，不会有错，因为 CPU 内有个控制器，控制着整个单片机系统各操作部件有序工作。一次一次地取任务，这样会不会很慢呢？不会，控制器中的时钟发生器可产生一定序列的频率很高的脉冲，每秒钟可进行上万次、几十万次的操作。整个单片机便是在控制器发出的各种控制信号的控制下，统一协调地进行工作的。控制器包括时钟发生器、程序计数器 PC、指令寄存器、指令译码器、存储器的地址/数据传送控制、定时控制逻辑电路等。

程序计数器是控制器中重要的寄存器，简称 PC 或 PC 指针，用于存放指令在程序存储器中的存储地址。8051 的程序计数器有 16 位，但用户不可对它进行读写操作，CPU 根据它提供的存储地址取指令并执行。当取出指令后，PC 自动加 1 就得到下一个存储单元的地址，PC 的新地址值就叫 PC 当前值。如果在执行程序时得到转移指令、子程序调用/返回等指令，那么 CPU 将转移地址送到 PC，并从新地址开始执行程序。就像邮递员挨家挨户送信，送完一家，再送下一家，一个接一个，突然他接到通知，必须到另一条街去送信，那邮递员就必须按命令转到另一条街挨家挨户地送。

2. 程序存储器与数据存储器

要使单片机完成一些任务，必须先编好程序，这些用二进制码编成的程序通过键盘等输入设备，存放在存储器中。读/写的数据，如运算的中间结果、最终结果等也要放在存储器中。所以，存储器像个仓库，只不过这个仓库不存放物品，而存放用 0、1 表示的程序和数据。

存储器也有很多存储单元，8051 单片机的一个存储单元可存放 8 位二进制数。CPU 对某个存储单元进行数据读写操作时，为了区别存储单元，需要给每个单元编号，这就是存储单元的地址。CPU 通过地址总线送出要寻找的存储单元地址。

根据用途，存储器可分为程序存储器和数据存储器。

1）程序存储器

单片机内部的程序存储器按字节存放指令和原始数据，主要有以下几类：

(1) ROM 型单片机。这种单片机的程序存储器中的内容是固化的专用程序，不可改写，如 8051。

(2) EPROM 型单片机。其内容可由用户通过编程器写入，也可通过紫外线擦除器擦除，如 8751。

(3) Flash Memory 型单片机。内部含有快速的 Flash Memory 程序存储器，用户可用编程器对程序存储器进行反复擦除、写入，使用十分方便，如 89C51。

(4) 无程序存储器的单片机。这种单片机内部没有程序存储器，必须外接 EPROM 程序存储器，如 8031。

2）数据存储器

数据存储器是用来存放数据的存储器，MCS-51 系列单片机内部有 RAM 和特殊功能寄存器两种数据存储器。

MCS-51 芯片内的存储器有各自的地址空间，内/外存储器的配置将在 2.3 节详细讲述。

3. 并行输入/输出(I/O)端口

8051 单片机有 4 个并行输入/输出端口 $P0$～$P3$，每个端口都可进行 8 位输入或输出操作，这些端口是单片机与外部设备或元器件进行信息交换的主要通道，这种方式就是并行通信。并行通信速度快，适合近距离通信。如 $P1$ 口(8 位)是一个并行接口，作为输出口时，CPU 将一个 8 位数据写入 $P1$，这 8 位数据在 $P1$ 口的 8 个引脚上并行地输出到外部设备。

MCS-51 芯片内的 4 个并行输入/输出口 $P0$～$P3$ 的内部结构及使用将在 2.2 节中详细讲述。

4. 定时/计数器

单片机内部有两个 16 位定时/计数器，它既可设置成计数方式，用于计数；又可设置成定时方式，实现定时，并以定时或计数结果对单片机进行控制。

5. 中断源

MCS-51 系列单片机的中断功能很强，以满足控制的需要。8051 共有 5 个中断源，包括 2 个外部中断源和 3 个内部中断源(2 个定时/计数中断、1 个串行中断)。

6. 串口

数据以串行顺序传送，称为串行通信。8051 具有一个双工的串行接口，全双工的串行通信就是用两条线连接发送器和接收器，其中一条用于发送数据，另一条用于接收数据，这样每条线只负担一个方向的数据传送，这种通信适用于远距离通信。

7. 时钟电路

MCS-51 系列单片机的内部有时钟电路，外接石英晶体和微调电容，可振荡产生 1.2～12MHz 的时钟频率，8051 的频率多数为 12MHz，振荡周期为 1/12μs，一个振荡脉冲称为一个节拍，用 P 表示；振荡脉冲经过二分频就是单片机的时钟信号，把时钟信号的周期称为状态，用 S 表示。这样，一个时钟信号包含两个振荡脉冲，每两个振荡周期就组成一个状态周期，即 1/6μs。状态周期是完成一种微型计算机操作的周期。机器周期包含 6 个状态周期，是指完成一种基本操作的周期，故机器周期为 1μs。

8. 总线

上述这些部件通过总线连接起来，从而构成一个完整的单片机系统。单片机的总线按功能可分为地址总线(AB)、数据总线(DB)、控制总线(CB)3 种。系统的地址信号、数据信号和控制信号都是通过相应的总线传送的。总线结构减少了单片机的连线和引脚，提高了集成度和可靠性。总线在图中可以有两种表示方法：

(1) 用带箭头的空心线表示；

(2) 用一条带小斜杠的线段表示，斜杠边的数字表示总线的条数。

存储器存储单元的数量应与地址总线宽度相对应，如现有 8 个存储单元，就需有 3 条地址线，这样可形成 $2^3=8$ 个单元地址，所以存储器的存储容量决定了与之相连的地址总线的条数。MCS-51 系列单片机的内部数据存储器有 256 个单元，故应有 8 条地址总线。每个存储单元含有的位数决定了与之相连的数据总线的条数，若一个存储单元可存 8 位二进制数，就必须有 8 条数据线。

2.2 MCS-51 系列单片机的引脚及功能

2.1 节重点介绍了 MCS-51 系列单片机的内部总体结构，对 8051 的 CPU 和存储器有了基本了解。单片机发挥控制作用，其内部总要和外界进行通信，输入或输出信息。单片机的引脚即片内、片外联系的通道，用户只能使用引脚，即通过引脚组件控制系统，因此，熟悉引脚是学习单片机的重要内容。本节重点讲述 8051 单片机的引脚及功能。

8051 为 40 脚双列直插封装型元器件，其引脚图和逻辑符号如图 2-2 所示。

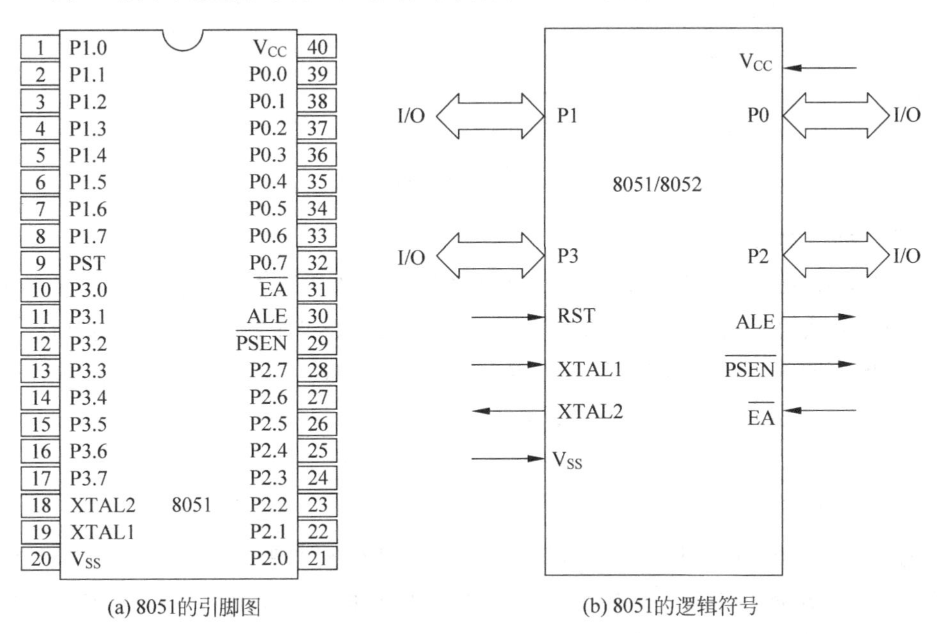

图 2-2 8051 的引脚图及逻辑符号

根据集成元器件引脚序列的有关规定，按图 2-2 所示的正面视图方向，缺口在上方，左上方为第 1 引脚。按逆时针方向依次标号，图 2-2(a)所示为各引脚的编号及名称(复用引脚只标第一功能)，图 2-2(b)所示为 8051 的逻辑符号，带箭头的空心线段表示总线，箭头方向表示信号流向，双向箭头表示既可输入，又可输出。

40 个引脚大致可分为电源、时钟、复位、I/O 口、控制总线等几个部分，下面具体分析它们的功能。

1. 电源引脚

V_{CC}(40 脚)：8051 工作电源接线，接＋5V 直流。

V_{SS}(20 脚)：8051 接地端。

2. 时钟振荡电路引脚 XTAL1(19 脚)和 XTAK(18 脚)

XTAL1 和 XTAL2 是时钟电路的引脚，时钟振荡电路的接法有两种，如图 2-3(a)和图 2-3(b)所示。图 2-3(a)是外接石英晶体和微调电容，与内部电路构成振荡电路，其振荡频率就是石英晶体固有频率，振荡信号送至内部时钟电路产生时钟脉冲信号。图 2-3(b)是 XTAL1 与 XTAL2 的另一种接法，XTAL1 接地，XTAL2 接外部时钟电路，由外部时钟电路向片内输入时钟脉冲信号。

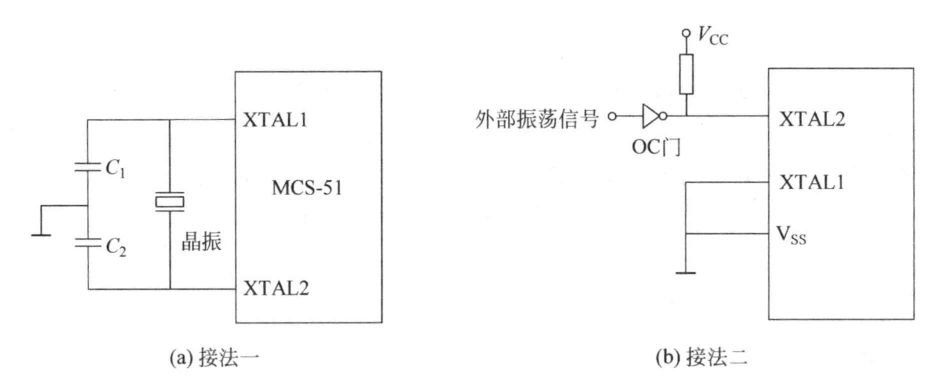

图 2-3 时钟振荡电路的接法

3. 复位引脚 RST(9 脚)

单片机在启动运行时都需要复位，复位可使 CPU 和系统中的其他部件处于一个确定的初始状态，并从这个初始状态开始工作。当复位引脚 RST 上出现高电平并持续一定时间(约两个机器周期)时，系统就复位，内部寄存器处于初始状态；若保持高电平，则单片机循环复位；RST 从高电平变为低电平后，CPU 从初始化状态开始工作。单片机的复位方式有两种。

1）上电自动复位电路

上电自动复位电路如图 2-4 所示，其复位是依靠 RC 充电来实现的。加电瞬间，$V_{RST}=5V$(高电平)，电容充电，V_{RST} 下降，RC 越大，则充电越慢，V_{RST} 下降越慢，保持一定时间高电平即可以可靠复位。若复位电路失效，加电后 CPU 不能正常工作。

2）人工复位

人工复位如图 2-5 所示，将一个按钮开关并联于上电自动复位电路，按一下按钮，在 RST 端口出现一段时间的高电平，使单片机复位。

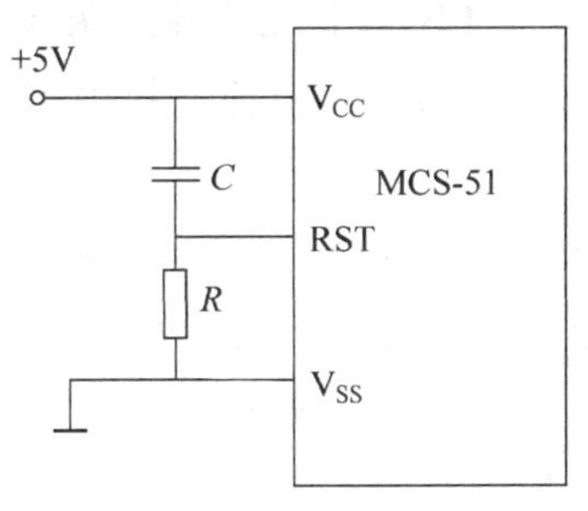

图 2-4　上电自动复位电路

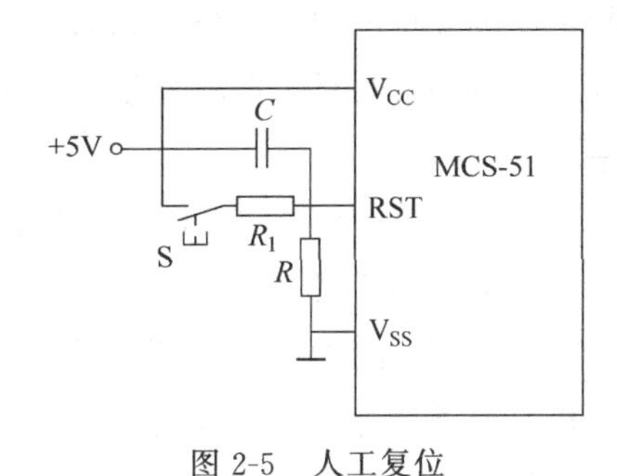

图 2-5　人工复位

4. 控制信号线

1）ALE(30 脚)

低 8 位地址锁存控制信号。在计算机系统中，为了减少 CPU 芯片引脚数目，常采用地址/数据分时复用同一引脚的方法。MCS-51 系列单片机读/写外部存储器时，$P0$ 口先输出低 8 位地址信息，待地址信息稳定并可靠锁存后，$P0$ 口作为数据总线使用，实现低位地址和数据的分时传送。因此，当这类 CPU 与外部存储器相连时，作为地址/数据分时复用引脚，需要通过锁存器，如 74LS373，与存储器地址线相连，同时 CPU 也必须提供地址锁存信号 ALE。

在访问外部程序存储器的周期内，ALE 信号有效两次；而在访问外部数据存储器的周期内，ALE 信号有效一次。

2）$\overline{\text{PSEN}}$(29 脚)

外部程序存储器读选通信号，低电平有效。在访问外部程序存储器时，此引脚定时输出负脉冲作为读取外部程序存储器的信号，在一个机器周期内两次有效，但访问内部 ROM 和外部 RAM 时，不会产生 $\overline{\text{PSEN}}$ 信号。

3）$\overline{\text{EA}}$(31 脚)

程序存储器控制信号。$\overline{\text{EA}}=1$ 时，CPU 访问程序存储器，有两种情况：

(1) 当访问地址在 0～4KB 范围内时，CPU 访问片内程序存储器；

(2) 当访问地址超出 4KB 时，CPU 自动访问外部程序存储器。

$\overline{\text{EA}}=0$ 时，CPU 只访问外部程序存储器 ROM。

5. I/O 端口引脚

51 系列单片机 I/O 端口的个数依据封装、引脚不同而不同，40 脚封装的芯片共有 4 个 8 位端口，分别是 $P0$、$P1$、$P2$、$P3$，这些端口大多为复用功能，分别说明如下。

$P0$ 口(32～39 脚)：端口 $P0$ 共有 8 根引脚，分别表示为 $P0.0$，$P0.1$，…，$P0.7$。$P0$ 口是一个漏极开路的 8 位准双向 I/O 端口，作为漏极开路的输出端口，每位可以驱动 8 个 LS 型 TTL 负载。

$P0$ 口有两种使用方式：第一种是作为普通并口使用，可以直接连接外部设备或外设接口，如连接 LED 驱动电路，作为普通并口时的端口地址为 80H；第二种使用方式是当单片机需要外接片外存储器时,$P0$ 口要作为总线使用。作总线使用时,$P0$ 口采用分时工作,用作低 8 位地址或 8 位数据复用总线。

$P1$ 口(1~8 脚):$P1$ 口也有 8 根引脚,记为 $P1.0$,$P1.1$,…,$P1.7$。$P1$ 口是一个带内部上拉电阻的 8 位准双向 I/O 端口,$P1$ 口的每位能驱动 4 个 LS 型 TTL 负载。在 $P1$ 口用作输入口时,应先向口锁存器(地址 90H)写入全 1,此时,端口引脚由内部上拉电阻上拉成高电平。

$P2$ 口(21~28 脚):$P2$ 口的 8 根引脚记为 $P2.0$,$P2.1$,…,$P2.7$。$P2$ 口也是一个带内部上拉电阻的 8 位准双向 I/O 端口。$P2$ 口的每位也可以驱动 4 个 LS 型 TTL 负载。$P2$ 口也有两种使用方式:一是作为普通并口使用,作为普通并口时的端口地址为 A0H;二是单片机需要外接片外存储器时,$P2$ 口要作为地址总线使用,作地址总线使用时,$P2$ 口用作高 8 位地址总线。

$P3$ 口(10~17 脚):$P3$ 口也是 8 根引脚,记为 $P3.0$,$P3.1$,…,$P3.7$。$P3$ 口也是一个带内部上拉电阻的 8 位 26 双向 I/O 端口,$P3$ 口的每位能驱动 4 个 LS 型 TTL 负载,端口地址为 B0H。

$P3$ 口与其他 I/O 端口最大的区别在于它除作为一般准双向 I/O 端口外,$P3$ 口的每个引脚还具有专门的第二功能,也就是说,$P3$ 口也有两种应用方式:一是作为普通并口使用,二是用于特殊功能引脚(也称为第二功能)。其特殊功能规定与说明如表 2-1 所示。

表 2-1 $P3$ 口的特殊功能规定与说明

$P3$ 口引脚	$P3$ 口引脚特殊功能说明
$P3.0$	RXD(串口输入)
$P3.1$	TXD(串口输出)
$P3.2$	$\overline{\text{INT0}}$(外部中断 0 输入)
$P3.3$	$\overline{\text{INT1}}$(外部中断 1 输入)
$P3.4$	$T0$(Timer0 的外部输入)
$P3.5$	$T1$(定时器 1 的外部输入)
$P3.6$	$\overline{\text{WR}}$(片外数据存储器写选通控制输出)
$P3.7$	$\overline{\text{RD}}$(片外数据存储器读选通控制输出)

2.3 MCS-51 单片机的存储结构

MCS-51 系列单片机的存储器在物理结构上分为只读存储器(Read Only Memory,ROM)和随机存储器(Random Access Memory,RAM),共有 4 个存储空间,分别为片内程序存储器、片外程序存储器、片内数据存储器和片外数据存储器。程序存储器与数据存储器各自独立编址,其存储结构如图 2-6 所示。

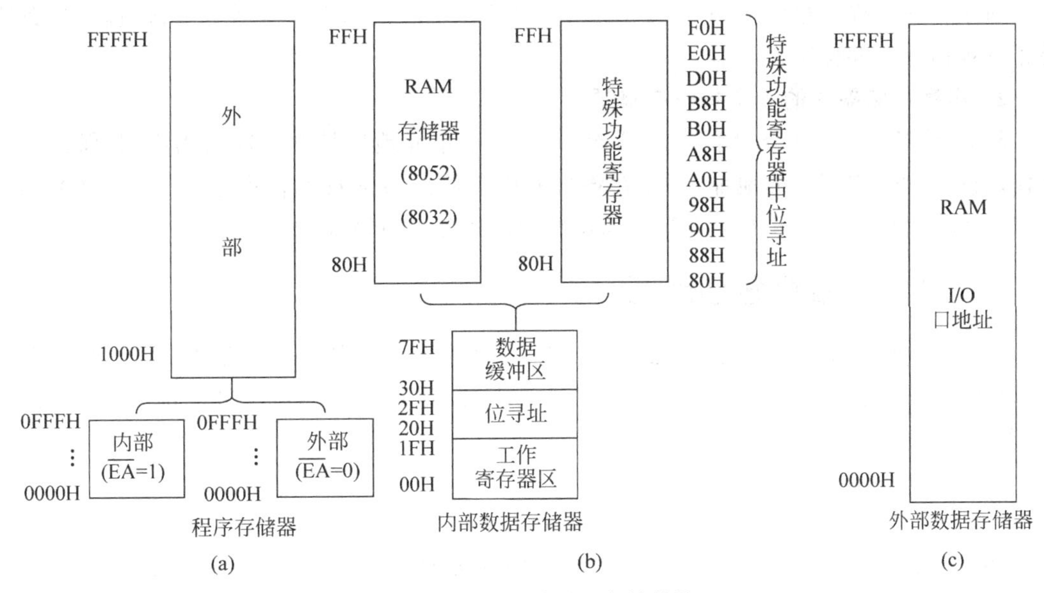

图 2-6　MCS-51 单片机存储结构

2.3.1　程序存储器

1. 编址与访问

计算机工作时，不断地从存储器中取指令，执行指令，取下一条指令，执行指令……这样依次执行一条条指令。为此，为了能在当前指令执行后准确地找到下一条指令，设有一个专用寄存器，用来存放将要执行的指令地址，称为程序计数器(PC)。另外，它还具有计数的功能，即每取出指令的一个字节后，其内容自行加 1，指向下一字节的地址，以便依次自程序存储器取指令、执行指令，完成程序的运行。

PC 是一个 16 位寄存器，程序存储器的编址可自 0000H 开始，最大可至 FFFFH，即程序存储器的寻址范围可以达到 64KB。

MCS-51 单片机有的片内有掩模只读存储器(如 8051)，有的片内有 EPROM(如 8751)，有的片内没有程序存储器(如 8031、8032)。片内有程序存储器的芯片，其片内程序存储器的容量也远小于 64KB，如需要扩展程序存储器，可外接存储器芯片，其容量可扩展到 64KB。

对 8051、8052、8751 来说，片内有程序存储器，如果外接扩展程序存储芯片，那么程序存储器的编址有两种情况。

(1) 当单片机的 $\overline{EA}$ 引脚接高电平时，片内、片外程序存储单元统一编址，先片内、后片外，片内、片外地址连续。单片机复位后，先从片内 0000H 单元开始执行程序存储器中的程序，当 PC 中的内容超过片内程序存储器的范围时，将自动转去执行片外程序存储器中的程序。

(2) 当 EA 引脚接低电平时，则片内程序存储器不起作用。外部扩展程序存储器存储单元从 0000H 单元开始编址，单片机只执行片外程序存储器中的程序。这种情况经常在调试程序时使用，片外程序存储器中存放调试程序，一旦调试正确，再将程序写入片内程序存储器中，并将 EA 引脚接高电平。

对于片内无程序存储器的8031、8032，单片机的EA引脚应保持低电平，使程序计数器能正确地访问片外程序存储器。

2. 程序存储器中的6个特殊存储器

8031最多可外扩64KB程序存储器，其中6个单元地址具有特殊的用途，是保留给系统使用的。0000是PC的地址，一般在该单元中存放一条绝对跳转指令。0003H、000BH、0013H、001BH和0023H对应5种中断源的中断服务入口地址。

2.3.2 内部数据存储器

MCS-51单片机片内RM的配置如图2-6(b)所示。片内RAM为256B，地址范围为00H～FFH，分为两大部分：低128B(00H～7FH)为真正的RAM区；高128B(80H～FFH)为特殊功能寄存器区SFR。

1. 低128B RAM

在低128B RAM中，00H～1FH共32个单元是4个通用工作寄存器组。每一个组有8个通用寄存器$R0$～$R7$。通用工作寄存器和RAM地址的对应关系如表2-2所示。

表2-2 通用工作寄存器和RAM地址的对应关系

RS1	RS0	寄存器组	片内RAM的地址	通用寄存器名称
0	0	0组	00H～07H	$R0$～$R7$
0	1	1组	08H～0FH	$R0$～$R7$
1	0	2组	10H～17H	$R0$～$R7$
0	1	3组	18H～1FH	$R0$～$R7$

20H～2FH单元是位寻址区，共16个单元，该区的每一位都赋予位地址，RAM中的位寻址区地址如表2-3所示。位地址为00H～7FH，显然，位地址与数据存储区字节地址的范围相同，用不同的指令和寻址方式加以区别，即访问128个位地址用位寻址方式，访问低128B单元用字节操作指令，这样就可以区分开00H～7FH是表示位地址还是表示字节地址。

有了位地址就可以用位寻址方式对特定体进行操作，如置1、清0、判断是否为1、判断是否为0、位内容的传送，可用作软件标志位或用于布尔处理器，这是一般微型计算机所没有的。这种位寻址能力是MCS-51的一个重要特点，给编程带来了很大方便。

表2-3 RAM中的位寻址区地址

RAM的地址	$D7$	$D6$	$D5$	$D4$	$D3$	$D2$	$D1$	$D0$
20H	07H	06H	05H	04H	03H	02H	01H	00H
21H	0FH	0EH	0DH	0CH	0BH	0AH	09H	08H
22H	17H	16H	15H	14H	13H	12H	11H	10H
23H	1FH	1EH	1DH	1CH	1BH	1AH	19H	18H
24H	27H	26H	25H	24H	23H	22H	21H	20H
25H	2FH	2EH	2DH	2CH	2BH	2AH	29H	28H
26H	37H	36H	35H	34H	33H	32H	31H	30H
27H	3FH	3EH	3DH	3CH	3BH	3AH	39H	38H

续表

RAM的地址	D7	D6	D5	D4	D3	D2	D1	D0
28H	47H	46H	45H	44H	43H	42H	41H	40H
29H	4FH	4EH	4DH	4CH	4BH	4AH	49H	48H
2AH	57H	56H	55H	54H	53H	52H	51H	50H
2BH	5FH	5EH	5DH	5CH	5BH	5AH	59H	58H
2CH	67H	66H	65H	64H	63H	62H	61H	60H
2DH	6FH	6EH	6DH	6CH	6BH	6AH	69H	68H
2EH	77H	76H	75H	74H	73H	72H	71H	70H
2FH	7FH	7EH	7DH	7CH	7BH	7AH	79H	78H

30H～7FH是数据缓冲区，即用户RAM区，共80个单元。工作寄存器区、位寻址区、数据缓冲区统一编址，可使用同样的指令访问。这3个区的单元既有自己独特的功能，又可统一调度使用。工作寄存器区和位寻址区未用的单元也可作为一般的用户RAM单元，使容量较小的片内RAM得以充分利用。

片内RAM的单元还可以用作堆栈。堆栈是在单片机片内RAM中专门开辟的一个数据保护区，数据的存取以"先进后出，后进先出"的方式处理。这经常用于在CPU处理中断事件、子程序调用过程中保存程序断点和现场。堆栈有两种操作：一种是保存数据，称作压入(PUSH)；另一种称作弹出(POP)。8051单片机内有一个8位的堆栈指针寄存器SP，专用于指出当前堆栈区栈顶部是片内RAM的哪一个单元。8051单片机系统复位后SP的初值为07H，也就是说，系统复位后，将从08H单元开始堆放数据和信息。但是，可以通过软件改变SP寄存器的值以变动栈区。为了避开工作寄存器区和位寻址区，SP的初值可设定为2FH或更大的地址值。当数据压入堆栈时，SP自动加1，指出当前栈顶的位置；弹出数据时，SP的值自动减1。在堆栈区中，从栈顶到栈底之间的所有数据都是被保护的对象。

2. 高128B RAM

高128B RAM为特殊功能寄存器。特殊功能寄存器也叫专用寄存器(SFR)，专用于控制、管理片内算术逻辑部件、并行I/O口、串行I/O口、定时器计数器、中断系统等功能模块的工作，用户在编程时可以设定不同的值，控制相应功能部件的工作，却不能另作他用。在8051系列单片机中，将各专用寄存器(PC例外)与片内RAM统一编址，且作为直接寻址字节，可以直接寻址。8051单片机特殊功能寄存器的说明如表2-4所示。

表2-4 8051单片机特殊功能寄存器的说明

SFR符号	存储器名称	字节地址	位地址/位名								复位值
ACC	累加器	E0H	E7	E6	E5	E4	E3	E2	E1	E0	00H
B	B寄存器	F0H	F7	F6	F5	F4	F3	F2	F1	F0	00H
DPH	数据指针寄存器	83H	—								00H
DPL	(DPTR)	82H									00H
IE	中断允许寄存器	A8H	AF	AE	AD	AC	AB	AA	A9	A8	0XX00000B
			EA	—	—	ES	ET1	EX1	ET0	EX0	

续表

SFR符号	存储器名称	字节地址	位地址/位名								复位值
IP	中断优先级寄存器	B8H	BF	BE	BD	BC	BB	BA	B9	B8	XXX00000B
			—	—	—	PS	PT1	PX1	PT0	PX0	
P0	P0 锁存器	80H	87	86	85	84	83	82	81	80	FFH
			P0.7	P0.6	P0.5	P0.4	P0.3	P0.2	P0.1	P0.0	
P1	P1 锁存器	90H	97	96	95	94	93	92	91	90	FFH
			P1.7	P1.6	P1.5	P1.4	P1.3	P1.2	P1.1	P1.0	
P2	P2 锁存器	A0H	A7	A6	A5	A4	A3	A2	A1	A0	FFH
			P2.7	P2.6	P2.5	P2.4	P2.3	P2.2	P2.1	P2.0	
P3	P3 锁存器	B0H	B7	B6	B5	B4	B3	B2	B1	B0	FFH
			P3.7	P3.6	P3.5	P3.4	P3.3	P3.2	P3.1	P3.0	
PCON	电源控制寄存器	87H	SMOD	—	—	—	GF1	GF0	PD	IDL	0XXX000B
PSW	程序状态字寄存器	D0H	D7	D6	D5	D4	D3	D2	D1	D0	00H
			CY	AC	F0	RS1	RS0	OV	F1	P	
SBUF	串口数据缓冲器	99H	—								07H
SCON	串口控制寄存器	98H	9F	9E	9D	9C	9B	9A	99	98	00H
			SM0	SM1	SM2	REN	TB8	RB8	T1	R1	
SP	堆栈指针	81H	—								07H
TCON	定时器/计数器控制寄存器	88H	8F	8E	8D	8C	8B	8A	89	88	00H
			TF1	TR1	TF0	TR0	IE1	IT1	IE0	IT0	
TL0	定时器/计数器0低8位	8AH	—								00H
TH0	定时器/计数器0高8位	8CH	—								00H
TL1	定时器/计数器1低8位	8BH	—								00H
TH1	定时器/计数器1高8位	8DH	—								00H
TMOD	定时器/计数器工作方式寄存器	89H	—								00H

部分特殊功能寄存器的说明如下。

1）累加器：符号 ACC（或 A）

MCS-51 单片机采用的是面向累加器的设计结构，因而累加器是使用最频繁的专用寄存器。大多指令都需要累加器参与，用来存放参加运算的操作数和运算结果。在指令中，累加器用 A 表示。

2）B 寄存器：符号 B

B 寄存器是 CPU 中的一个工作寄存器。在乘法、除法指令中用于存放一个操作数和运算结果的一部分，也可作为一般寄存器使用。

3）程序状态字寄存器：符号 PSW

程序状态字寄存器包含了当前程序执行的各种状态信息。各位定义如下。

- CY：最高位向更高位是否有进位。0 表示无进位，1 表示有进位。
- AC：辅助进位标志，表示低 4 位向高 4 位有无进位或借位。
- F0：通用标志位。供用户使用的软件标志，可由软件置位或清除。
- RS1，RS0：选择工作寄存器组，具体如表 2-4 所示。
- OV：溢出标志位，又称硬件置位或清除，常用于加法和减法对有符号数的运算。当 OV 为 1 时，表示运算结果超出了目的寄存器所能表示的有符号数的范围。
- F1：通用标志位。供用户使用的软件标志，可由软件置位或清除。
- P：累加器奇偶标志位。若累加器中 1 的个数为偶数个，则 P=0；否则，P=1。该位在指令周期后由硬件自动置位或清除。

4）堆栈指针：符号 SP

堆栈操作是在内存 MM 区专门开辟出来的按照"先进后出"原则进行数据存取的一种工作方式，主要用于子程序调用及返回和中断处理断点的保护及返回，它在完成子程序嵌套和多重中断处理中是必不可少的。为保证逐级正确返回，进入栈区的"断点"数据应遵循"先进后出"的原则。SP 用来指示堆栈所处的位置，在进行操作之前，先用指令给 SP 赋值，以规定栈区在 MM 区的起始地址（栈底层）。当数据压入栈区后，SP 的值也自动随之变化。系统复位后，SP 初始化为 07H。

5）程序计数器：符号 PC

PC 用于存放 CPU 下一条要执行的指令地址，是一个 16 位的专用寄存器，可寻址范围是 0000H～FFFFH，共 64KB。程序中的每条指令存放在 ROM 区的某一单元，并都有自己的存放地址。CPU 要执行哪条指令，就把该条指令所在单元的地址送上地址总线。在顺序执行程序中，当 PC 的内容被送到地址总线后，又指向 CPU 下一条要执行的指令地址。

6）数据指针寄存器：符号 DPTR

数据指针 DPTR 是一个 16 位的专用寄存器，其高位字节寄存器用 DPH 表示，低位字节寄存器用 DPL 表示。既可作为一个 16 位寄存器 DPTR 来处理，也可作为两个独立的 8 位寄存器 DPH 和 DPL 来处理。DPTR 主要用来存放 16 位地址，当对 64KB 外部数据存储器空间寻址时，作为间址寄存器使用。在访问程序存储器时，用作基址寄存器。

2.3.3 外部数据存储器

外部数据存储器一般由静态 RAM 构成，其容量大小由用户根据需要确定，最大可扩展到 64KB RAM，地址是 0000H～0FFFFH。CPU 通过 MOVX 指令访问外部数据存储器，用间接寻址方式，R0、R2 和 DPTR 都可作间址寄存器。注意，外部 RAM 和扩展的 I/O 接口是统一编址的，所有的外扩 I/O 口都要占用 64KB 中的地址单元。

2.3.4 8051 的低功耗设计

在很多情况下，单片机要工作在供电困难的场合。如野外、井下和空中等，对于便携式仪器要求用电池供电，这时都希望单片机应用系统能低功耗运行。以 CHMOS 工艺制造的 80C31/8051/87C51 型单片机提供了空闲工作方式。

空闲工作方式(通常也指待机工作方式)是指 CPU 在不需要执行程序时停止工作，以取代不停地执行空操作或原地踏步等待操作，以达到减小功耗的目的。

空闲工作方式是通过设置电源控制寄存器 PCON 中的 IDL 位来实现的。

用软件将 IDL 位置 1，系统进入空闲工作方式。这时，送往 CPU 的时钟信号被封锁，CPU 停止工作，但中断控制电路、定时器/计数器和串行接口继续工作，CPU 内部状态如堆栈指针 SP、程序计数器 PC、程序状态字寄存器 PSW、累加器 ACC 及其他寄存器的状态被完全保留下来。

在空闲方式下，8051 消耗的电流可由正常的 24mA 降为 3mA。

单片机退出空闲状态有以下两种方法。

第一种是中断退出。由于在空闲方式下，中断系统还在工作，所以任何中断响应都可以使 IDL 位由硬件清 0，而退出空闲工作方式，单片机就进入中断服务程序。

第二种是硬件复位退出。复位时，各个专用寄存器都恢复默认状态，电源控制寄存器 PCON 也不例外，复位使 IDL 位清 0，退出空闲工作方式。

MCS-51 系列单片机的掉电保护也是一种节电工作方式，它和空闲工作方式一起构成了低功耗工作方式。一旦用户检测到掉电发生，在 V_{CC} 下降之前写一个字节到 PCON，使 PD=1，单片机进入掉电工作方式。在这种方式下，片内振荡器被封锁，一切功能都停止，只有片内 RAM 的 00H～7FH 单元的内容被保留。

在掉电方式下，V_{CC} 可降至 2V，使片内 RAM 处于 50μA 左右的“饿电流”供电状态，以最小的耗电保存信息，V_{CC} 恢复正常之前，不可进行复位；当 V_{CC} 正常后，硬件复位 10ms 即能使单片机退出掉电方式。

在设计低功耗应用系统时，外围扩展电路也应选择低功耗元器件，这样才能达到低功耗的目的。

2.4 MCS-51 掉电保护及低功耗设计

在单片机工作时，供电电源如果发生停电或瞬间停电，将会使单片机停止工作。待电源恢复时，单片机重新进入复位状态。停电后 RAM 中的数据全部丢失。这种现象对于一些重要的单片机应用系统是不允许发生的。在这种情况下，需要进行掉电保护处理。

掉电保护具体操作过程是：单片机应用系统的电压检测电路检测到电源电压下降时，触发外部中断(INT0 或 INT1)，在中断服务子程序中将外部 RAM 中的有用数据送入内部 RAM 保存。因单片机电源入口的滤波电容的蓄能作用，所以有足够时间完成中断操作。备用电源自动切换电路。备用电源自动切换电路属于单片机内部电路，它由两个二极管组成。当电源电压高于 VPD 引脚的备用电源电压时，VD1 导通，VD2 截止，单片机由电源供电；当电源电压降到比备用电源电压低时，二极管 VD1 截止，VD2 导通，单片机由备用电源供电。

备用电源只为单片机内部 RAM 和专用寄存器提供维持电流，这时单片机外部的全部电路因停电而停止工作。由于时钟电路停止工作，CPU 因无时钟也不工作。

当电源恢复时，备用电源还会继续供电一段时间，大约 10ms，以保证外部电路达到稳定状态。在结束掉电保护状态时，首要的工作是将被保护的数据从内部 RAM 中恢复过来。

本章小结

本章介绍了 MCS-51 系列单片机的基本结构及其工作原理。

MCS-51 系列单片机内部集成有一个 8 位 CPU，一个片内振荡器及时钟电路，4KB ROM 程序存储器，128B RAM 数据存储器，两个 16 位定时器/计数器，可寻址 64KB 外部数据存储器和 64KB 外部程序存储器空间的控制电路，32 条可编程的 I/O 线(4 个 8 位并行 I/O 端口)，一个可编程全双工串口。

MCS-51 系列单片机的 ROM 存储空间共 64KB，分布在片内和片外(8031 全在片外)。片内与片外统一在一套地址空间中，由 EA 引脚决定是先寻址片内还是直接寻址片外。当 EA＝1 时先寻址片内，超过 4KB(52 系列为 8KB)地址后再寻址片外；当 EA＝0 时只寻址片外。

MCS-51 系列单片机的 RAM 存储空间分成片内和片外两个独立空间。片内 RAM 区又可以划分为 3 个区，即通用寄存器区、位地址区和通用 RAM 区。片外 RAM 空间共有 64KB，可用于外部扩展存储器和外设端口。

MCS-51 系列单片机有 4 个并口 P3、P2、P1、P0。其中 P2 口、P0 口可以用作总线，也可以用作普通并口。当用作总线方式时，P2 口为地址总线的高 8 位，P0 口为地址总线的低 8 位，同时 P0 口也分时用作 8 位数据总线。由于 P0 口为地址数据复用，所以一定外接地址锁存器。

MCS-51 系列单片机有两个 16 位定时器/计数器 T0 和 T1，它们可以用作定时器，也可以用作计数器。定时计数据的核心部分是一个加法计数据。可以用软件完成其工作方式设置。

MCS-51 系列单片机加电或出现运行问题时需要复位。复位电路应该保证在单片机上电后 RST 引脚上持续至少保持两个机器周期(24 个振荡周期)的高电平。系统复位后，PC 初值为 0H，SP 初值为 07H，所有并口 P0～P3 均被设为 FFH，其余寄存器的值为 00H。

MCS-51 系列单片机有一个全双工的串口，用于数据的串行发送与接收。串口组成主要包括发送与接收缓冲器 SBUF 和相关控制逻辑。串口有 4 种工作方式。

思考题与习题

2-1　51 单片机内部包含哪些主要的逻辑功能部件？

2-2　MCS-51 引脚中有多少 I/O 总线？它们和单片机对外的地址总线和数据总线有什么关系？地址总线和数据总线各是几条？

2-3　51 单片机的 EA、ALE、PSEN 信号的功能分别是什么？

2-4　51 系列单片机的堆栈与通用微型计算机中的堆栈有何异同？在程序设计时，为什么要对堆栈指针 SP 重新赋值？

2-5　定时器/计数器定时与计数的内部工作有何异同？

2-6　使单片机复位有几种方式？复位后单片机的初始状态如何？

2-7　51 单片机串口有几种工作方式？这几种工作方式有何不同？各用于什么场合？

第3章 C51系列单片机程序设计

CHAPTER 3

应用于51系列单片机开发的C语言通常简称C51语言，C51语言与标准ANSI C语言相比，C51语言针对51单片机做了一定的扩展。本章首先介绍了C语言的特点，并与汇编语言、ANSI-C语言做了比较，然后重点介绍了C语言程序的格式和特点，数据类型、变量、运算符和表达式，指针和绝对地址的访问，C51函数的使用方法，最后通过单片机控制流水灯的C51程序设计实例来加深理解。

视频讲解

3.1 C51语言概述

从单片机引入中国时开始，汇编语言一直都是比较流行的开发工具。习惯汇编语言编程的人也许会认为，高级语言的控制性不好，不像汇编语言一样简单且功能强大。汇编语言有执行效率高、控制性强等优点，但它也有一些缺点：首先它的可读性不强，特别是当程序没有很好注解的时候；其次就是可移植性差，代码的可重用性比较差，这些使其在维护和功能升级方面有极大的困难。C语言可以克服这些缺点，在单片机开发所使用的高级语言中，最常见的就是C语言。

1. C语言与汇编语言的比较

使用C语言进行单片机系统的开发，有着汇编语言编程所不具备的优势，主要体现在以下几个方面。

(1) 不需要了解单片机指令集，也不需要了解其存储器结构。

(2) 寄存器分配和寻址方式由编译器进行管理，程序员可以忽略这些问题。

(3) 程序有规范的结构，可分为不同的系数，使程序结构化。

(4) 与使用汇编语言编程相比，程序的开发和调试时间大大缩短。

(5) C语言中的库文件提供了许多标准函数，如数学运算。开发者可以直接调用，而不必使用烦琐的汇编语言来实现。

(6) C语言可移植性好且非常普及，C语言编译器几乎适用于所有的目标系统。

(7) C语言在模块化开发、可移植性、代码管理上有明显的优势。

2. C51与ANSI-C的主要区别

目前最常见的编译器是Keil公司针对51系列单片机开发提供的C51编译器。

ANSI-C语言是一门应用非常普遍的高级程序设计语言，C51和标准的ANSI-C有一定的区别，或者说C51是对标准C语言的扩展。C51语言的特色主要体现在以下几个方面：

(1) C51 继承了标准 C 语言的绝大部分的特性，其基本语法相同，但 C51 本身又在特定的硬件结构上有所扩展，如定义了关键字 sbit、xdata、idate、code 等。

(2) 编译生成的 m51 文件，包含了硬件资源使用的情况。进行 C51 编程时可以通过该文件了解系统资源。

(3) C51 头文件体现了 51 单片机芯片的不同功能。只需要将相应的功能寄存器的头文件加载在程序内就可实现它们所指定的不同功能。

(4) C51 与标准 ANSI-C 在库函数方面来说有很大的不同。部分标准 C 的库函数，如字符屏幕和图形函数等，没有包含在 C51 内。有一些库函数虽然可以使用，但这些库函数的构成及用法都有很大不同，如 printf 和 scanf 这两个函数在 ANSI-C 中通常用于屏幕打印和接收字符；而在 C51 中，它们则主要用于串行数据的收发。

3.2　C51 程序的基本结构

视频讲解

总体而言，C 语言的程序均是由一个或多个函数(或子程序，function)构成，其程序入口处是以 main()开始的函数，其余函数都是直接或间接被 main()函数调用。这些函数就是组成 C 程序的模块。C51 程序同标准 C 程序一样，尽量在一个函数内完成较少的功能，而不同函数之间设置较少的接口参数，即高内聚、低耦合。C51 程序的基本结构如图 3-1 所示。

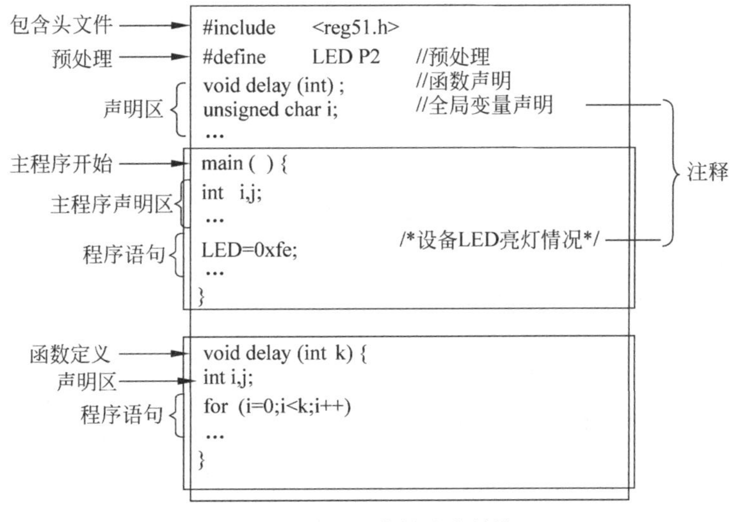

图 3-1　C51 程序的基本结构

3.3　数据类型

3.3.1　C51 数据类型

在标准 C 语言中基本的数据类型为 char、int、short、long、float 和 double，而在 C51 编译器中 int 和 short 相同；除此之外，C51 编译器还扩充了其特有的数据类型 bit、sbit、sfr 和

sfr16，如表 3-1 所示。

表 3-1　C51 的数据类型

数据类型	长　度	值　域
unsigned char	单字节	0～255
signed char	单字节	－128～＋127
unsigned int	双字节	0～65 535
signed int	双字节	－32 768～＋32 767
unsigned long	四字节	0～4 294 967 295
signed long	四字节	－2 147 483 648～＋2 147 483 647
float	四字节	±1.175494E－38～±3.402823E＋38
double	八字节	双精度实型变量
bit	1 个二进制位	0 或 1
sbit	1 个二进制位	0 或 1
sfr	单字节	0～255
sfr16	双字节	0～65 535

1. 位数据类型 bit

bit 数据类型使用一个二进制位来存储数据，其值只有 0 和 1 两种。所有的位变量存储在 51 单片机内部 RAM 中的位寻址区，即 RAM 区的 0x20～0x2F 的地址，共计 128 个这样的地址。因此，程序中最多只能定义 128 个位变量。

1）位变量的定义

```
bit  变量名
```

例如，

```
bit flag = 0;                //定义一个位变量 flag
```

2）使用限制

bit 数据类型不能作为数组，例如，

```
bit a[10];                   //错误定义
```

bit 数据类型不能作为指针，例如，

```
bit * ptr                    //错误定义
```

使用禁止中断（#program disable）和明确指定使用工作寄存器组切换（using n）的函数不能返回 bit 类型的数据。

bit 型变量除了用于变量的定义，还可用于函数的参数传递和函数的返回值中。

2. SFR 型数据 sfr

为定义存取 SFR，C51 增加了 SFR 型数据，相应地增加了 sfr、sfr16 和 sbit 这 3 个关键字。sfr 是为了能够直接访问 51 单片机中的 SFR 所提供的一个新的关键词，其定义说明如下。

```
sfr  变量名 = 地址值;
```

例如，

```
sfr P1 = 0x90; sfr P2 = 0xA0; sfr PCON = 0x87; sfr TH0 = 0x8C;
```

3. SFR 型数据 sfr16

sfr16 是用来定义 16 位特殊功能寄存器的。对于标准的 8051 单片机，只有一个 16 位特殊功能寄存器，及 DPTR。其定义说明如下。

```
sfr16 DPTR = 0x82;
```

DPTR 是两个地址连续的 8 位寄存器 DPH 和 DPL 的组合。可以分开定义这两个 8 位寄存器，也可用 sfr16 定义 16 位寄存器。

4. SFR 型数据 sbit

在 C 语言中，如果直接写 P1.0 编译器不能直接识别，而且 P1.0 也不是一个合法的 C 语言标识符，所以必须给它起一个名，为它建立联系，可由 Keil C 增加的关键字 sbit 来定义。

sbit 的定义有以下 3 种。

(1) sbit 位变量名＝地址值。

(2) sbit 位变量名＝SFR 名称^变量位地址值。

(3) sbit 位变量名＝SFR 地址值^变量位地址值。

定义 PSW 中的 OV 标志位可以用以下 3 种方法。

(1) sbit　OV＝0xD2;　　　//0xD2 是 OV 的位地址值

(2) sbit　OV＝PSW^2;　　　//PSW 必须先用 SFR 定义

(3) sbit　OV＝0xD0^2;　　　//0xD0 是 PSW 的地址值

以上是对 SFR 的位的定义。如果不是 SFR，则必须先使用 bdata 关键字定义这个变量后才能在该变量的基础上使用 sbit。

```
int bdata ibase;                //位寻址区的 int 型变量
sbit mebit0 = ibase^0;          //ibase 的第 0 位
```

sbit 数据类型的地址是确定的且不用编译器分配。它可以是 SFR 中确定的可进行位寻址的位，也可以是内部 RAM 的 20H～2FH 单位中确定的位。例如，我们先前定义了 sfr P1＝0x90，即表示寄存器 P1 的地址是 0x90 地址，又因为寄存器 P1 是可位寻址的，所以：

```
sbit LED = P1^1;                //声明 LED 为 P1 口的 P1.1 引脚
```

同样，可以用 P1.1 的地址去写，如：

```
sbit LED = 0x91;                //同样声明 LED 为 P1 口的 P1.1 引脚
```

这样在后续的程序语句中就可以用 LED 来对 P1.1 引脚进行读写操作。

3.3.2　REG51.H 头文件

REG51.H 头文件是 51 单片机 C 语言编程时经常包含的头文件，在该文件中预先定义好了很多基本的数据。REG51.H 头文件的内容如下。

```
/* ------------------------------------------------------------
REG51.H
Header file for generic 80C51 and 80C31 microcontroller.
Copyright (c)1988 - 2002 Keil Elekronik GmbH and Keil Software,Inc.
All rights reserved.
------------------------------------------------------------ */

#ifndef_REG51_H_
#define_REG51_H_

/* BYTE Register */

sfr P0 = 0X80;              //P0
sfr P1 = 0x90;              //P1
sfr P2 = 0xA0;              //P2
sfr P3 = 0xB0;              //P3
sfr PSW = 0xD0;             //程序状态寄存器
sfr ACC = 0xE0;             //累加器 ACC
sfr B = 0xF0;               //寄存器 B
sfr SP = 0x81;              //堆栈指针寄存器
sfr DPL = 0x82;             //16 位数据指针寄存器的低 8 位
sfr DPH = 0x83;             //16 位数据指针寄存器的高 8 位
sfr PCON = 0x87;            //寄存器 PCON
sfr TCON = 0x88;            //寄存器 TCON
sfr TMOD = 0x89;            //寄存器 TMOD
sfr TL0 = 0x8A;             //Timer0 计数器的低 8 位
sfr TL1 = 0x8B;             //Timer1 计数器的低 8 位
sfr TH0 = 0x8C;             //Timer0 计数器的高 8 位
sfr TH1 = 0x8D;             //Timer1 计数器的高 8 位
sfr IE = 0xA8;              //寄存器 IE
sfr IP = 0xB8;              //寄存器 IP
sfr SCON = 0x98;            //寄存器 SCON
sfr SBUF = 0x99;            //寄存器 SBUF

/*     BIT Register           */
/*     PSW                    */
sbit CY = 0xD7;             //进位位
sbit AC = 0xD6;             //辅助进位位
sbit F0 = 0xD5;             //用户进位位
sbit RS1 = 0xD4;            //寄存器组选择位 1
sbit RS0 = 0xD3;            //寄存器组选择位 0
sbit OV = 0xD2;             //溢出位
sbit P = 0xD0;              //校验位

/*     TCON                   */
sbit TF1 = 0x8F;            //Timer1 的溢出位
sbit TR1 = 0x8E;            //Timer1 的运行位
sbit TF0 = 0x8D;            //Timer0 的溢出位
sbit TR0 = 0x8C;            //Timer0 的运行位
sbit IE1 = 0x8B;            //INT1 的中断标志
```

```
sbit IT1 = 0x8A;                    //INT1 的触发信号种类
sbit IE0 = 0x89;                    //INT0 的中断标志
sbit IT0 = 0x88;                    //INT0 的触发信号种类

/*      IE                            */
sbit EA = 0xAF;                     //中断总开关
sbit ES = 0xAC;                     //串行的中断开关
sbit ET1 = 0xAB;                    //Timer1 的中断开关
sbit EX1 = 0xAA;                    //INT1 的中断开关
sbit ET0 = 0xA9;                    //Timer0 的中断开关
sbit EX0 = 0xA8;                    //INT0 的中断开关

/*      IP                            */
sbit PS = 0xBC;                     //串行中断高优先级设置位
sbit PT1 = 0xBB;                    //Timer1 中断高优先级设置位
sbit PX1 = 0xBA;                    //INT1 中断高优先级设置位
sbit PT0 = 0xB9;                    //Timer0 中断高优先级设置位
sbit PX0 = 0xB8;                    //INT0 中断高优先级设置位

/*      P3                            */
sbit RD = 0xB7;                     //RD 引脚
sbit WR = 0xB6;                     //WR 引脚
sbit T1 = 0xB5;                     //T1 引脚
sbit T0 = 0xB4;                     //T0 引脚
sbit  INT1 = 0xB3;                  //INT1 引脚
sbit  INT0 = 0xB2;                  //INT0 引脚
sbit TXD = 0xB1;                    //TXD 引脚
sbit RXD = 0xB0;                    //RXD 引脚

/*      SCON                          */
sbit SM0 = 0x9F;                    //串口方式设置位 0
sbit SM1 = 0x9E;                    //串口方式设置位 1
sbit SM2 = 0x9E;                    //串口方式设置位 2
sbit REN = 0x9C;                    //接收使能控制位
sbit TB8 = 0x9B;                    //发送的第 8 位
sbit RB8 = 0x9A;                    //接收的第 8 位
sbit TI = 0x99;                     //发送中断标志位
sbit RI = 0x98;                     //接收中断标志位
#endif
```

如果使用 Keil C 作为 C51 程序的开发环境，则该文件默认安装在“C:\Keil\C51\INC”路径中。

3.4 变量和 C51 存储区域

在程序运行中，其值可以改变的量称为“变量”。每个变量都有一个标识符作变量名。在使用一个变量前，必须先对该变量进行定义，指出它的数值类型和存储模式，以便编译系统为它分配相应的存储单元。

变量与符号常量的区别——变量的值在程序运行过程中可以发生变化；而符号常量不等同于变量，它的值在整个作用域范围内不能改变，也不能被再次赋值。

3.4.1 变量的定义

在C语言中，要求对所有的变量"先定义，后使用"。格式如下。

[存储种类] 数据类型 [存储器类型] 变量名表

其中，存储种类和存储器类型是可选项。存储种类有自动(auto)、外部(extern)、静态(static)和寄存器(register)4种，系统默认为自动(auto)类型。

3.4.2 存储器类型

51单片机的存储类型较多，有片内程序存储器、片外程序存储器、片内数据存储器和片外数据存储器。其中，片内数据存储器又分为低128B和高128B，高128B只能用间接寻址方式来使用，低128B的数据存储器中又有位寻址区、工作寄存器区，这与其他CPU、MCU等有很大区别。

为充分支持51单片机的特性，C51中引入了一些关键字，用来说明数据存储位置。表3-2为Keil C51编译器所能识别的存储器类型。

表3-2 Keil C51编译器所能识别的存储器类型

存储器类型	说　明
code	程序存储器(64KB)，用"MOVC @A+DPTR"访问
data	直接访问片内数据存储器(128B)，访问速度最快
idata	间接访问片内数据存储器(256B)，允许访问全部内部地址
bdata	可位寻址片内数据存储器(16B)，允许位与字节混合访问
pdata	分页访问片外数据存储器(256B)，用"MOVX @Ri"访问
xdata	外部数据存储器(64KB)，用"MOVX @DPTR"访问

1. 程序存储器

程序存储器只能读，不能写，汇编语言中可以用MOVC指令来读取程序存储器中的数据。程序存储器除了存放代码外，往往还用于存放固定的表格、字型码等不需要在程序中进行修改的数据。程序存储器的容量最大为64KB。

在C51中，使用关键字code来说明存储在程序存储器中的数据。

例如，"code int x=100;"变量x的值100将被存储于程序存储器中。这个值不能被改变。

2. 内部数据存储器

内部数据存储器既可以读出，也可以写入。对于51系统而言，共用128B的内部数据存储器，而对于52系统而言，共用256B的内部数据存储器。

在低地址128B存储器中，0x20～0x2F的存储器是可以位寻址的。在52系统中，从0x80～0xFF的高128B RAM只能采用间接寻址方式进行访问，以便与同一地址范围的SFR区分开(SFR只能用直接寻址的方式访问)。

C51引入了3个新的关键字：data、idata和bdata，用来表达内部数据存储器的3个不同部分，data用于存取前128B的内部数据存储器；idata使用全部的26B；bdata定义与位操作有关的变量。

3. 外部数据存储器

51单片机可以扩展外部数据存储器，尤其是使用总线以后，外部I/O口和外部数据存储器也是统一编址，采用同一指令进行读/写。

外部数据存储器既可读也可写，读/写外部数据存储器的数据要比使用内部数据存储器慢，但外部数据存储器可达64KB。

汇编语言中使用MOVX指令来对外部存储器中的数据进行读/写，C51提供了两个关键字pdata和xdata，可用于对外部数据存储器进行读/写操作。

(1) pdata用于只有一页(256B)的情况。这相当于汇编指令中的下列指令。

```
MOV R1, #0x10
MOVX A,@R1
```

C51通过关键字pdata定义使用外部pdata RAM的变量。例如，

```
unsigned char pdata c1;              //定义一个变量c1,它被放在外部pdata中
```

(2) xdata可用于外部数据存储器最多可达64KB的情况，这相当于汇编指令中的下列指令：

```
MOV DPTR, #1000H
MOVX A,@ DPTR
```

例如，

```
unsigned int xdata c2;               //定义一个变量c2,它被放在外部xdata中
```

4. 定义时省略存储类型标志符

如果在变量定义时略去了存储类型的标识符，则编译器会自动选择默认的存储类型。

设一个变量定义"char c;"，c被存放在何处与工程设置中Target选项卡的Memory Model设置有关。如果将Memory Model设置为Small模式，则变量c会被定位在data存储区中；若设置为Compact模式，则c被定位在pdata存储区中；若设置为LARGE存储模式，则c被定位在外部数据存储区中。

3.4.3 存储器模式

定义变量时如果省略存储器类型，Keil C51编译系统会按编译模式Small、Compact或Large所规定的默认存储器类型去指定变量的存储区域。

1. Small存储模式

该模式把所有函数变量和局部数据段存放在51单片机系统的内部数据存储区，因此对这种变量的访问数据最快。Small存储模式的地址空间受限，在编写小型应用程序时，变量和数据放在data内部数据存储器中是很好的；但在较大的应用程序中，data区最好只存放小的变量、数据或常用变量(如循环计数、数据索引)，大的数据放置在其他区域。

2. Compact 存储模式

该模式把变量定义在外部数据存储器中，所有默认变量均位于外部 RAM 区的一页（与显式使用关键字 pdata 进行定义，效果相同），外部数据存储器可最多有 256B（一页）。其优点是空间较 Small 宽裕。速度较 Small 慢，比 Large 快，是一种中间状态。如果在这种编译模式下要使用多于 256B 的变量，那么变量的高 8 位地址（也就是具体哪一页）由 P2 口确定，须适当改变启动程序 STARTUP. A51 中的参数 PDATA START 和 PDATA LEN，用 L51 进行连接时不仅能采用连接控制命令 PDATA 来对 P2 口地址进行定位，也可用 pdata 指定。

3. Large 存储模式

该模式所有函数和过程的变量以及局部数据段都被定位在外部数据存储器中，外部数据存储器最多达 64KB，需要用 DPTR 数据指针来间接访问数据。这种访问方式效率不高，尤其是对于两个或多个字节的变量，用这种方式访问数据，程序的代码可能很多。

4. 注意设定数组的存储空间

设定一个数组时，C 编译器就会在存储空间开辟一个区域用于存放该数组的内容。字符数组的每个元素占用 1B 的内存空间，整型数组的每个元素占用 2B 的内存空间，而长整型（long）和浮点型（float）数组的每个元素则需要占用 4B 的存储空间。

嵌入式控制器的存储空间有限，要特别注意不要随意定义大容量的数组。在 Target 选项卡中将 Memory Model 设定为 Small 时编译不能通过。例如，若定义了一个浮点型的 10×10 的二维数组，则它需要占用 400B 的 RAM，采用 Small 模式时 8051 单片机的内部 RAM 只有 128B。

3.4.4 变量的分类

1. 全局变量和局部变量

（1）全局变量是在任何函数之外说明的、可被任意模块使用的、在整个程序执行期间都有效的变量。

（2）局部变量是在函数内部进行说明，只在本函数或功能块内有效，在该函数或功能块以外则不能使用。

局部变量可以与全局变量取相同的名字，此时，局部变量的优先级高于全局变量，即同名的全局变量在局部变量使用的函数内部将被暂时屏蔽。

2. 静态存储变量和动态存储变量

从变量的生存时间来区分，变量分为两种：静态存储变量和动态存储变量。

（1）静态存储变量是指该变量在程序运行期间其存储的空间固定不变。

（2）动态存储变量则指该变量的存储空间不是固定的，而是在程序运行期间根据需要动态地为其分配存储空间。

通常，全局变量为静态存储变量，局部变量为动态存储变量。当程序退出时，局部变量占用的空间释放。

使用 Keil C 编写程序时，无论是 char 型还是 int 型，要尽可能采用 unsigned 型的数据。因为在处理有符号数据时，程序要对符号进行判断和处理，运算速度会减慢；而且对单片机而言，速度比不上 PC，又工作于实时状态，所以任何提高效率的方法都要考虑。

3.5 C51 绝对地址的访问

在一些情况下,可能希望把一些变量定位在 51 单片机的某个固定的地址空间上。C51 为这些变量专门提供了一个关键字 at。at 的使用格式如下。

```
[memory_space] type variable_name _at_ constant;
```

格式中各参数的含义如下:

- memory_space——变量的存储空间。如果没有这一项,那么会使用默认的存储空间。
- type——变量类型。
- variable_name——变量名。
- _at_——关键字。
- constant——常量。该常量的值为变量定位的地址值。这个值必须在设置的物理地址范围之内,否则 C51 编译器会报错。

```
char xdata text[256] _at_ 0xE000;   //数组在 xdata 型存储区的 0xE000 地址处
```

例如,

```
void main(void){
i = 0x1234;
text[0] = 'a'; }
```

注意:绝对地址的变量是不可以被初始化的。函数或者类型为 bit 的变量是不可以被定义为绝对地址的。

关键字_at_的另一个功能是:能通过给 I/O 元器件指定变量名,从而为输入/输出元器件指定变量名。例如,在 xdata 段的地址 0x4500 处有一个输入寄存器,那么可以通过下面的代码段为它指定变量名。

```
unsigned char xdata inputreg _at_ 0x4500;
```

以后再读该寄存器时只要使用变量名 inputreg 即可。

3.6 指针

指针是 C 语言中的一个重要概念,也是 C 语言的一个重要角色。正确灵活地运用指针,可以有效地表示复杂数据结构,方便地使用字符串,有效地使用数组,调用函数时得到多个返回值,还能直接与内存打交道,这对于嵌入式编程尤其重要。掌握指针的应用,可以使程序简洁、紧凑、高效。

指针的概念比较抽象,使用也比较灵活。本节主要针对嵌入式 51 单片机编程介绍指针的一些基本用法,不涉及 PC 编程中用到的多层指针等更为抽象的概念。

3.6.1 指针的概念、定义和引用

1. 指针的概念

在使用汇编语言进行编程时，必须自行定义每一个变量的存放位置。例如：

```
Tmp EQU 5FH                       //将 5FH 这个地址分配给变量 Tmp
```

C 语言编程中，定义为“unsigned char Tmp；”，但不能看出 Tmp 存放的位置。Tmp 存放的位置是由 C 编译程序决定的。它不是一个定值，即便是同一个程序，一旦进行修改，增加或减少若干个变量，重新编译后 Tmp 的存放位置也会随之变化。

获得 Tmp 变量所在位置的方法：把变量的地址放到另一个变量中，然后通过对这个特殊的变量进行操作。

这个用来存放其他变量地址的变量称为“指针变量”。例如定义一个变量 p，并且 p 中存储的数据就是 Tmp 所在的地址值(0x5F)，则 p 就是一个指向 Tmp 的“指针变量”。

2. 指针变量的定义

1）定义

定义指针变量的一般形式如下。

```
基本类型 *指针变量名;
```

例如，

```
char *cp1, *cp2;                  /*定义两个字符型的指针变量 cp1 和 cp2*/
int *P1, *P2;                     /*定义了两个整型指针变量 P1 和 P2*/
```

char 和 int 是在定义指针变量时指定的“基本类型”，P1、P2 可以指向整型数据，但不能指向 float 或者 char 等其他类型的数据。

2）注意事项

定义指针变量时需注意以下两点。

（1）指针变量前的“*”表示该变量为指针变量。

（2）定义指针变量时必须指定基本类型。不同类型的数据在内存中占用的字节数是不一样的。对于 C51 而言，char 或 unsigned char 型变量在内存中占用 1B；int 或 unsigned int 型变量在内存中占用 2B；long 或 unsigned long 和 float 型变量，在内存中占用 4B。

在指针的操作中，常用的一种操作是指针变量自增。如 p++，其含义是将指针指向这个数据的下一个数据，如果一个数据占用 1B，那么每次指针自增时，只要将地址值增加 1 即可；而如果一个数据占用 2B，每次指针自增加时，就必须将该值增加 2，这才能指向下一个变量。

3. 指针变量的引用

C 语言提供了两个运算符，用来获得变量地址，或使用指针所指变量的值。

（1）*&：取地址运算符。

（2）*：指针运算符(或称“间接访问”运算符)。

例如，&a 为变量 a 的地址，*Point 为指针变量 Point 所指向的变量。

3.6.2　C51的指针类型

C51 支持“通用”和“存储器专用”两种指针类型。

1. 通用指针

1）通用指针结构

通用指针需占用 3B，其中存储器类型占 1B，偏移量占 2B，如表 3-3 所示。存储器类型决定对象所用的 C51 存储空间，偏移量指向实际地址。通用指针可以被用来指示 51 单片机存储器中的任何类型的变量，所以在 C51 库函数中通常使用这类指针类型。

表 3-3　通用指针的构成

地址	+0	+1	+2
内容	存储器类型	偏移量高位	偏移量低位

其中，第 1 个字节表示指针的存储器类型编码，如表 3-4 所示。

表 3-4　一般指针存储器类型的编码

存储器类型	idata	xdata	pdata	data	code
值	1	2	3	4	5

例如，一个通用指针指向地址为 0×1234 的 xdata 类型数据时，其指针值如表 3-5 所示。

表 3-5　指向 xdata 型数据的一般指针的值

地址	+0	+1	+2
内容	0x02	0x12	0x34

2）通用指针的定义

通用指针的定义与一般的 C 语言的指针定义相同，例如，

```
char * s;                        // 指向字符型的指针 s
int * numptr;                    //指向 int 型的指针 numptr
long * state;                    //指向 long 型的指针 state
```

例如，将一个数值 0x12 写入地址为 0x8000 的外部数据存储器，程序代码如下：

```
#define XBYTE ((char * )0x20000L)
XBYTE[0x8000] = 0x12;
```

其中，0x20000L 是一个通用指针，将其分为 3 字节：0x02\0x00\0x00，查表可以看到 0x02 表示存储器类型 xdata 型，而地址则是 0x0000。

XBYTE 被定义为（char * ）0x20000L，即 XBYTE 为指向 xdata 零地址的指针。XBYTE[0x8000]则是外部数据存储器的 0x8000 绝对地址。

3）应用

下面的代码显示了使用通用指针的变量在 51 单片机中是如何实现的，请注意指针各个字节的作用。

```
char *c_ptr;                    //char 型指针
int *i_ptr;                     //int 型指针
long *l_ptr;                    //long 型指针
main()
{
    char data dj;               //data 区变量
    int data dk;
    long data dl;

    char xdata xj;              //xdata 区变量
    int xdata xk;
    long xdata xl;

    char code cj = 9;           //code 区变量
    int code ck = 357;
    long code cl = 123456789;

    c_ptr = &dj;                //data 区指针
    i_ptr = &dk;
    l_ptr = &dl;

    c_ptr = &xj;                //xdata 区指针
    i_ptr = &xk;
    l_ptr = &xl;

    c_ptr = &cj;                //code 区指针
    i_ptr = &ck;
    l_ptr = &cl;
```

在上面的代码中，通用指针 c_ptr、i_ptr 和 l_ptr 都被存放在单片机的内部数据存储区中。如果有需要，则可以使用关键字对指针的存储位置进行声明，其格式如下。

```
基本类型 *存储类型 指针变量名;
```

例如，

```
char *xdata strptr;             //存储在 xdata 的字符串指针
int *data numptr;               //存储在 data 的 int 型指针
long *idata varptr;             //存储在 idata 的 long 型指针
```

2. 存储器专用指针

存储器专用指针的定义一般包含了数据类型和存储器类型的说明，其格式如下。

```
基本类型 存储器类型 *指针变量名;
```

例如，

```
char data *px;                  //指向 data 的字符串型指针 px
int xdata *numtab;              //指向 xdata 的 int 型指针 numtab
long code *powtab;              //指向 code 的 long 型指针 powtab
```

存储器专用指针只需要 1B(当数据类型为 idata、data、pdata 时)或者 2B(当数据类型为

code、xdata 时)。因为专用指针比通用指针的字节少,所以在程序执行时会快一点。由于专用指针的一些特性在编译时由编译器来处理,所以优化选项有时会对编译结果产生一些影响。

与通用指针相同,也可以为专用指针指定存储空间,如:

```
char data * xdata str;            // str 在 xdata 中,指向 data 的 char 类型
int xdata * data pdx;             //pdx 在 data 中,指向 xdata 的 int 类型
long code * idata powtab;         //powtab 在 idata 中,指向 code 的 long 类型
```

3. Keil 预定义指针

Keil 软件预定义了一些指针,用来对存储器指定地址进行访问,其完整定义在 absacc.h 中,读者可自行查看。部分定义如下:

```
#define CBYTE ((unsigned char volatile code * )0)
#define DBYTE ((unsigned char volatile data * )0)
#define PBYTE ((unsigned char volatile pdata * )0)
#define XBYTE ((unsigned char volatile xdata * )0)
```

借助于这些指针可以对指定的地址进行直接访问。

3.7 C51 函数

一个较大的程序一般应由若干程序模块组成,每一个模块用来实现一个特定的功能。所有的高级语言都有子程序,正是通过这些子程序实现模块的功能。在 C 语言中,子程序的作用是由函数来完成的。

3.7.1 C51 函数及其定义

1. 函数及其分类

1) 函数

在程序设计中,通常将一些常用的功能模块编写成函数,并可放在函数库中以供选用,这样可以减少重复程序段的工作量。

一个完整的 C 程序可由一个主函数和若干个函数组成,由主函数调用其他函数,其他函数也可以相互调用。同一个函数可以被一个或多个函数多次调用。C 语言中的主函数为 main()。对于函数有如下说明:

(1) 一个源程序文件由一个或多个函数组成。

(2) 一个 C 程序由一个或多个源程序文件组成。对于较大的程序,通常不希望把所有源程序全部放在一个文件中,而是将函数和其他内容分别放入若干个文件中,再由这些文件组合成一个完整的 C 程序。这样可以分别编写、编译,而且一个源文件也可供多个程序使用,从而提高效率。

(3) C 程序的执行从 main()函数开始。

(4) 所有函数都是平行的,即在定义函数时是相互独立的,一个函数并不从属于另一个函数,即函数不能嵌套定义。函数间可以相互调用,但不能调用 main()函数。

2）函数的分类

（1）从形式上看，函数可以分为以下两种。

- 无参函数。即主函数不向被调用函数传递参数，这类函数只是完成一定的操作功能。无参函数可以有返回值，但大多数的无参函数通常也没有返回值。
- 有参函数。在调用函数时，主函数将一些数据传递给被调用函数，通常被调用函数会对这些数据进行处理，然后进行不同的操作，最后还可能有返回值。

（2）从用户使用的角度上看，函数可以分为以下两种。

- 标准函数，即库函数。这是由编译系统（如 Keil 软件）提供的，用户不必自己编写这些函数。如 sin 函数提供正弦函数计算功能。
- 用户函数。这是用户根据自己的需要而编写的特定功能的函数。

2. 函数的定义

1）定义

C51 函数的定义与 ANSI-C 中基本相同，唯一不同的是函数的后面可能带若干 C51 专用的关键字。

C51 函数的定义格式如下，其中方括号内是可选项。

```
[return _ type] funcname([args ])[ {small | compact | large } ] [reentrant] [interrupt n][using n]
{
  声明部分
  语句
}
```

各参数说明如下：

- return_type——返回值类型（数据类型标识符）。
- funcname——函数名。
- args——形式参数。
- {small | compact | large}——函数模式选择，在没有显示选择函数模式的情况下，使用默认的模式来编译。
- reentrant——再入函数。
- interrupt n——中断函数。
- using n——寄存器组选择，CPU 可以通过切换到一个不同的寄存器组来执行程序而不需要对若干寄存器进行保存。

声明部分：声明部分定义要使用的变量，此外还对将要调用的函数做声明。

例如，

```
int max(int x,int y)
{   int z:
    z = x > y?x: y;
    Return(z);
}
```

这是一个求 x 和 y 两者中哪个数值较大的函数。函数名 max 前面的 int 表示函数的返回值是一个整型数。括号中有两个形式参数 x 和 y，它们都是整型的。大括号里是函数体，它包括声明部分和语句部分。在声明部分定义要使用的变量 z。return(z)的作用是将 z 的值作为返回值带回主调函数中。函数被定义为 int 型的，z 也是 int 型，两者是一致的。

再如：

```
long factorial(int n) reentrant
void time0_int(void) interrupt 1 using 1
```

2）空函数

C 语言允许有空函数，空函数的定义形式为：

```
类型标识符函数名()
{ }
```

调用空函数表示什么工作也不做。

例如，

```
void dummy()
{ }
```

在程序设计中往往根据需要确定若干个模块，分别由一些函数来实现，而在第一阶段只设计最基本的模块，即先把架子搭起来，细节留待进一步的完善。以这样的方式编写程序时，可以在将来准备扩充功能的地方定义一个空函数，表示这些函数未编写好，只是先占一个位置，以后用一个编写好的函数替代它。这样做可使程序的结构清楚，可读性好，以便以后扩充新功能，而对程序结构影响不大。

3.7.2　C51 的中断服务函数

中断是指当计算机执行正常程序时，由于系统中出现某些紧急处理的情况或特殊请求时，计算机打断当前正在运行的程序，转而对这些紧急情况进行处理。处理完毕后，再返回继续执行被打断的程序。

51 系列单片机的中断共分 2 个优先级，5 个中断源：外部中断请求 0，由 $\overline{\text{INT0}}$ 输入；外部中断请求 1，由 $\overline{\text{INT1}}$ 输入；定时器/计数器 0 溢出中断请求；定时/计数器 1 溢出中断请求；串口发送/接收中断请求。每个中断源的优先级都是可以编程的。

对于 52 系列单片机来说，除了以上 5 个中断外，还增加了一个定时/计数器 2 溢出中断请求。

1. 中断服务函数程序的定义

Keil C51 支持在 C 语言源程序中直接编写 51 单片机的中断服务程序，为此 Keil C51 对函数的定义进行了扩展，增加了一个扩展关键字 interrupt。其定义形式为：

```
类型标识符 函数名(形式参数)[interrupt m] [using n]
```

（1）函数名可以是任意合法的字母或数字组合。

（2）m：关键字 interrupt 后面的中断号取值范围是 0～4 或 0～5。Keil C51 编译器从 8m+3 处产生中断向量，即当响应中断申请时，程序会根据中断号自动转入地址为 8m+3 的位置，执行相对应的中断服务子程序。51 单片机的中断号、中断源和中断入口地址如表 3-6 所示。

表 3-6　51 单片机的中断号、中断源和中断入口地址

m	中　断　源	中断入口地址 8m+3
0	外部中断 0	0003H
1	定时/计数器 0 溢出	000BH
2	外部中断 1	0013H
3	定时/计数器 1 溢出	001BH
4	串口中断	0023H
5	定时/计数器 2 溢出	002BH

表 3-6 中第 5 号中断定时/计数器 2 溢出仅对 52 系统具有 3 个定时/计数器的单片机有效。

中断服务函数可以被放置在程序的任意位置。因为 Keil C51 在最后进行代码连接时会自动将服务函数定位到中断入口处，实现中断服务响应。

由于各个中断入口地址相距较近，Keil C 编译时会自动在对应的中断入口地址单元中安排一条转移类指令，以便转入到中断服务程序。此外，51 编译器在对中断函数进行编译时，也会根据需要自动将 PC 寄存器压入堆栈，在中断服务程序的最后自动安排一条 RETI 指令，以便将响应中断时所置位的优先级状态触发器清 0，然后从堆栈弹出程序计数器 PC，从原来打断处继续执行被中断的程序。

（3）n：51 系列单片机可以在内部 RAM 中使用 4 个不同的工作寄存器组，称为 0～3 组。每个寄存器组都包含 8 个工作寄存器（R0～R7）。可以通过关键字 using 来选择不同的工作寄存器组。using 后面的 n 取值为 0～3 的整数，分别代表 4 个不同的工作寄存器组。

注意：*m 和 n 必须是整数，不能是表达式。*

在单片机响应中断进入中断服务函数时，特殊功能寄存器 ACC、B、DPH、DPL、PSW 都将被压入堆栈。如果不使用寄存器组切换，则中断函数中所用到的全部工作寄存器也都会入栈。函数返回前，所有的寄存器内容再依次出栈。但如果在中断函数定义时用 using 指定了工作寄存器组，那么发生中断时，平时默认的工作寄存器组就不会被压栈，也就是说，系统直接切换寄存器组而不必进行大量的 PUSH 和 POP 操作，这将节省 32 个处理周期，因为每个寄存器入栈和出栈都需要两个处理周期。由此可以节省 RAM 空间，加速 MCU 执行时间。但这样也有缺点，就是所有调用中断的过程都必须使用指定的同一个寄存器组，否则参数传递会发生错误。因为对于 using 的使用应根据情况灵活取舍。

2. 规定

编制中断函数时应遵循以下规定：

（1）中断函数不能进行参数传递。

（2）中断函数没有返回值。

（3）中断服务函数不能被其他函数调用，只能由硬件产生中断后自动调用。

如果在中断函数中调用其他函数，则必须保证被调用函数所使用的寄存器组与中断函数一样，否则会产生不正确的结果。另外，由于中断的产生不可预测，中断函数对其他函数的调用有可能会形成递归调用，为了避免产生递归调用，尽量不要在中断服务函数内使用函数调用。如果确实需要调用其他函数，应保证此函数为中断服务独自专用，或者用扩展关键字 reentrant 将被中断函数调用的其他函数定义为再入函数。

（4）如果中断函数中用到浮点运算，必须保存浮点寄存器的状态，当没有其他程序执行浮点运算时可以不保存。在 Keil C 编译器的数学函数库 math. h 中，专门提供了保存浮点寄存器状态的库函数 fpsave 和恢复浮点寄存器状态的库函数 fprestore，可供用到浮点运算的中断函数使用。

(5) 在中断函数程序执行过程中，对其他可能在此产生的中断并不响应，因而为了系统能够及时地响应各种中断，提高实时性能，中断函数的执行时间不宜过长，因此中断函数应尽量简洁。

3.7.3 C51 库函数

库函数并不是 C 语言的一部分，它是由编译软件开发公司根据需要编制并提供给用户使用的。本节只介绍了 C51 提供的库函数的一小部分，其余库函数请查阅相应的手册。

1. C51 库函数的测试方法

不同类型的函数运行时要采用不同的方法观察其测试结果。

(1) 如果在测试函数中用到了 print()函数，那么首先要用#include < stdio. h >将头文件 stdio. h 包含到源程序中，其次要在 main()函数中设置串口，利用 Keil 软件的串行窗口进行输出，以便于观察。而要设置串口，又必须用#include < reg51. h >或#include < reg52. h >将头文件 reg51. h 或 reg52. h 加入源程序中，否则无法通过编译。

(2) 使用 get()、getchar()之类的输入函数时，采用与上述相同的方法处理，可以在串行窗口中输入所需要的字符，这些字符可以被有关函数接受。

(3) 如果测试函数有 printf()之类的输出函数，那么可以直接观察输出以确定结果，也可以观察变量窗口以确定函数的工作是否正常。

(4) 部分函数测试时定义了大容量的数组，因此在设置工程时，必须将 Memory Model 由默认的 Small 模式改为 Large 模式，否则无法通过编译和链接。

2. 绝对地址访问 absacc. h

使用这一类函数时，应该把 absacc. h 头文件包含到源程序文件中。

1) CBYTE、DBYTE、PBYTE、XBYTE 函数

原型：

```
#define CBYTE(unsigned char volatile code * )0)
#define DBYTE(funsigned char volatile idata * )0)
#define PBYTE(unsigned char volatile pdata * )0)
#define XBYTE(funsigned char volatile xdata * )0)
```

描述：上述宏定义用来对 8051 系列单片机的存储器空间进行绝对地址访问，可以作为字节寻址。CBYTE 寻址 CODE，DBYTE 寻址 DATA 区，PBYTE 寻址分页 PDATA 区，XBYTE 寻址 XDATA 区。

例如，若访问外部数据存储器区域的 0x1000 处的内容，则可以使用如下指令：

```
val = XBYTE[0x1000];
```

2) CWORD、DWORD、PWORD、XWORD 函数

原型：

```
#define CWORD (unsigned int char volatile code * )0)
#define DWORD (unsigned int char volatile idata * )0)
#define PWORD (unsigned int char volatile pdata * )0)
#define XWORD (unsigned int char volatile xdata * )0)
```

描述：这个宏与前面的一些宏类似，只不过数据类型为 unsigned int 型。

3.8 C51程序设计实例——实现单片机控制流水灯

1. 硬件电路设计

硬件电路如图3-2所示。P1口的8个引脚经限流电阻分别接了8个发光二极管的阴极，这8个发光二极管的阳极共同接+5V电源。规定这8个发光二极管的点亮顺序是：先点亮P1.0引脚接的发光二极管，随后依次点亮P1.1～P1.7引脚所接的发光二极管，然后

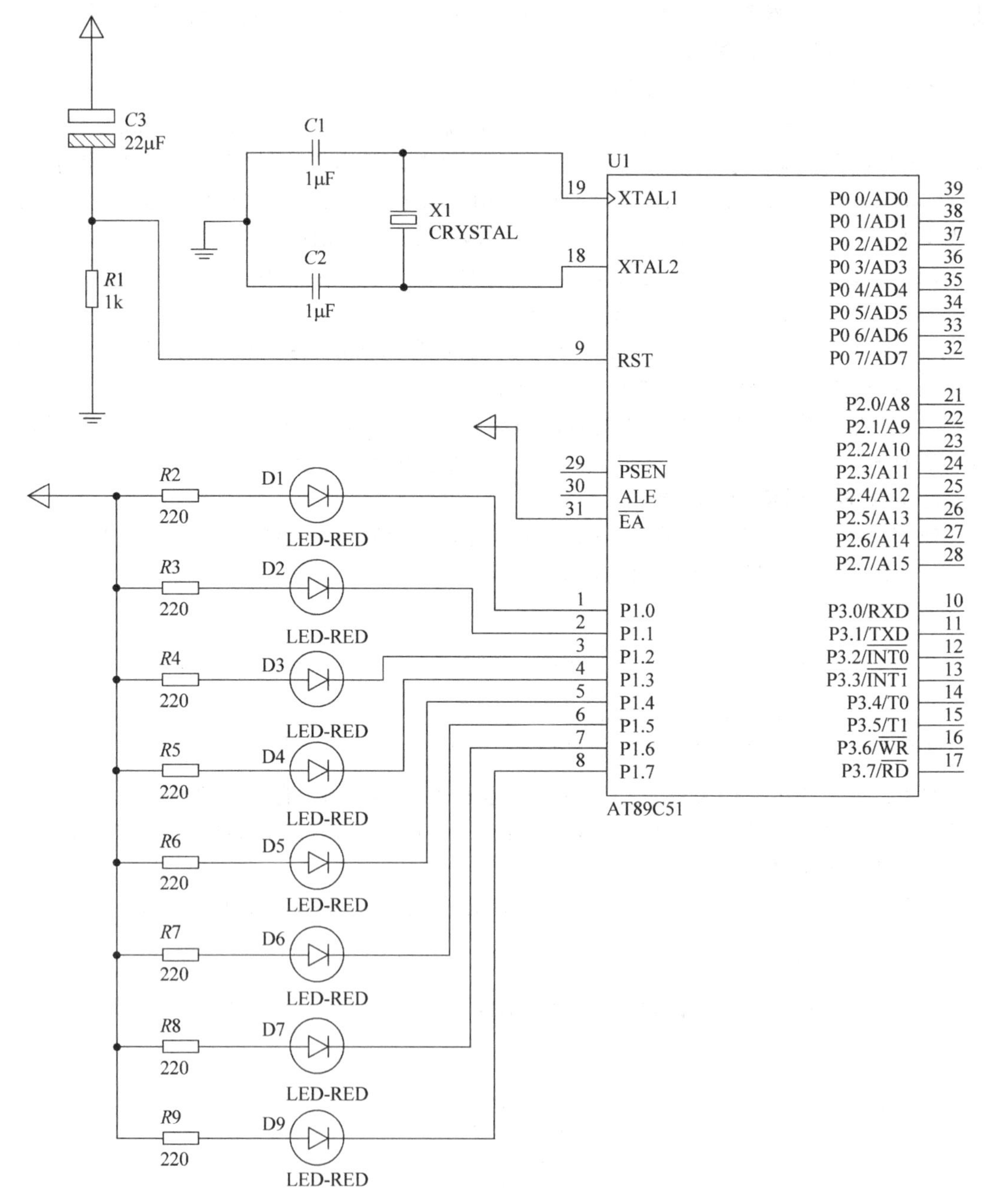

图3-2 硬件电路

倒序，先从 P1.7 所接的发光二极管，依次过渡到 P1.0 所接的发光二极管进行点亮，然后依次循环。由于 8 个发光二极管共阳，所以点亮哪个发光二极管只需要所对应阴极向对应的 P1 口引脚输送低电平即可。

2. 程序设计

实现该功能的 C51 程序清单如下：

```
#include <reg51.H>
unsigned char i;
unsigned char temp;

void delay(void)
{
        unsigned char m,m,s;
        for(m = 20; m > 0; m -- )
           for(n = 20; n > 0; n -- )
               for(s = 248; s > 0; s -- );
}
void main(void)
     {
        while(1)
        {
           temp = 0xfe;
           P1 = temp;
           delay ();
         }
         For(i = 1; i < 8; i++)
         {
              a = temp >> i;
              P1 = a;
              delay();
```

以上 C51 源代码是不能够直接在单片机上执行的，单片机系统能够运行的为可执行程序，也就是经编译器译成的二进制文件。要实现从源代码编译成可执行文件，需要 C51 编译器及对应的集成开发环境。后面两章将介绍相应的编译器及集成开发环境的使用方法。

本章小结

C51 是面向 51 系列单片机所使用的程序设计语言，使 MCS-51 单片机的软件具有良好的可读性和可移植性。具有操作直接、简洁和程序紧凑的优点，为大多数 51 单片机实际应用最为广泛的语言。

C51 系列单片机在物理上有 3 个存储空间，即程序存储器、片内数据存储器、片外数据存储器。C51 在定义变量和常量时，需说明它们的存储类型，将它们定位在不同的存储区中。单片机常用的存储类型有 data、bdata、idata、pdata、xdata 和 coda 6 个具体类别。默认类型由编译模式指定。

C51 编译器已经把 MCS-51 系列单片机的特殊功能寄存器、特殊位和 4 个 I/O 口(P0～P3)进行了声明，放在 reg51.h 或 reg52.h 头文件中。用户在使用之前用一条预处理命令

“#include <reg51.h>”把这个头文件包含到程序中，就可以使用特殊功能寄存器名和特殊位名称了，而对于未定义的位，使用之前必须先定义。

C51提供了一组宏定义，包括CBYTE、DBYTE、XBYTE、PBYTE、CWORD、DWORD、XWORD和PWORD来对单片机进行绝对寻址，同时也可以使用_at_关键字对指定的存储器空间的绝对地址进行访问。

C51支持基于存储器的指针和一般指针两种指针类型。基于存储器的指针可以高效访问对象，且只需1～2B。而一般指针需占用3B，其中1B为存储器类型，2B为偏移量，具有兼容性。

C51语言中断函数的定义中使用了关键字interrupt、using、中断号、寄存器组号等；并且C51也提供了一些常用的库函数，如I/O函数库、标准库函数、内部函数库、数学函数库、绝对地址访问函数库等。

思考题与习题

3-1 C51语言的变量定义包含哪些关键因素？

3-2 C51与汇编语言的特点各有哪些？怎样实现两者的优势互补？

3-3 定义变量为有符号字符型变量数据类型为________，无符号整型变量数据类型为________。

3-4 定时器T0中断号为________。

3-5 关键字bit和sbit有何区别？

第 4 章 Keil μVision4 集成开发环境及其应用

CHAPTER 4

Keil μVision 是美国 Keil Software 公司出品的 51 系列兼容单片机 C 语言软件开发系统，包括 C51 编译器、宏编译器、连接器/定时器和目标文件至 Hex 格式转换器。它支持众多公司的 MCS-51 架构的芯片开发，集成了代码编辑、程序编译、仿真分析等多元化功能，易于操作和使用。

单片机不认识用 C51 等语言所写的程序，可用 Keil C51 进行调试、编译，生成用十六进制数表示的目标代码，即 Hex 文件，然后用下载器写入单片机应用系统的程序存储器，单片机即可运行程序。本章介绍了 Keil μVision4 软件的使用，重点讲解了 Keil μVision4 的 C51 开发流程。

4.1 Keil μVision4 软件概述

1. Keil μVision 简介

常用的单片机及嵌入式系统编程语言有两种，即汇编语言和 C 语言。汇编语言的运行及其代码生成效率很高，但可读性却并不强，复杂一点的程序就更是很难读懂。C 语言在大多数情况下，其机器代码生成效率和汇编语言相当，但可读性和可移植性却远远超过汇编语言，而且 C 语言还可以嵌入汇编语言来解决高时效性的代码编写问题。就开发周期来说，用 C 语言在功能性、结构性、可读性、可维护性上有明显优势，因而易学易用。由此可见，使用 C 语言编写程序是一种非常好的选择。

使用 C 语言肯定要用到 C 编译器，以便把写好的 C 程序编译为机器码，这样单片机才能执行编写好的程序。用过汇编语言后再使用 C 语言来开发，体会更加深刻。Keil μVision4 是众多单片机应用开发软件中最优秀的软件之一，它支持众多公司的 MCS-51 架构的芯片，它集编辑、编译、仿真等功能于一身，同时还支持 PLM、汇编和 C 语言的程序设计，它的界面与微软 VC++ 的界面相似，界面友好，易学易用。

Keil μVision4 是美国 Keil Software 公司出品的 51 系列兼容单片机 C 语言软件开发系统。Keil μVision4 软件提供了丰富的库函数和功能强大的集成开发调试工具，采用全 Windows 界面。

另外，只要看一下编译后生成的汇编代码，就能体会到 Keil μVision4 生成目标代码的效率非常高，多数语句生成的汇编代码很紧凑，容易理解。在开发大型软件时，更能体现采用高级语言的优势。

Keil μVision4 标准 C 编译器为 8051 微控制器的软件开发提供了 C 语言环境，同时保留了汇编代码高效、快速的特点。C51 编译器的功能不断增强，使用户可以增加“贴近”CPU 本身及其他的衍生产品的机会。C51 已被完全集成到 μVision4 的集成开发环境中，这个集成开发环境包括编译器、汇编器、实时操作系统、项目管理器和调试器，μVision4 IDE 可以为它们提供单一而灵活的开发环境。

C51 是一种专门为 8051 单片机设计的高级语言 C 编译器，支持符合 ANSI 标准的 C 语言程序设计，同时针对 8051 单片机的自身特点做了一些特殊扩展。

2009 年 2 月发布 Keil μVision4。Keil μVision4 引入灵活的窗口管理系统，使开发人员能够使用多台监视器，监控窗口的任何地方。新的用户界面可以更好地利用屏幕空间并且更有效地组织多个窗口，提供一个整洁、高效的环境来开发应用程序。新版本支持更多最新的 ARM 芯片，还添加了一些新功能。

Keil μVision4 开发环境的特点如下。

(1) C51 编译器和 A51 汇编器。由 Keil μVision4 IDE 创建的源文件，可被 C51 编译器或 A51 编译器处理，生成可重定位的 Object 文件。Keil μVision4 编译器遵从 ANSI C 语言标准，支持 C 语言的所有标准特性。另外，还增加了几个可直接支持 8051 结构的特性，Keil A51 宏汇编器支持 8051 及其派生系列的所有指令集。

(2) LIB51 库管理器。LIB 库管理器可从由汇编器和编译器创建的目标文件建立目标库。这些库是按规定格式排列的目标模块，可在以后被链接使用。当链接器处理一个库时，仅仅使用库中程序使用过的目标模块，而不是全部加以引用。

(3) BL51 连接器/定位器。BL51 链接器使用从库中提取出来的目标模块和由编译器、汇编器生成的目标模块，创建一个绝对地址目标模块。绝对地址目标文件或模块包括不可重定位的代码和数据。所有代码和数据都被固定在具体的存储器单元中。

(4) Keil μVision4 软件调试器。Keil μVision4 软件调试器能十分理想地进行快速、可靠的程序调试。调试器包括一个高速模拟器，可使用它整个模拟 8051 系统，包括片上外围元器件和外部硬件。当用户从元器件数据库选择元器件时，该元器件的属性会被自动配置。

(5) Keil μVision4 硬件调试器。Keil μVision4 硬件调试器提供了集中在实际目标硬件上测试程序的方法。安装 Monitor51 目标监控器到目标系统，并通过 Monitor51 接口下载程序；使用高级 GDI 接口，将 Keil μVision4 硬件调试器与类似于 DP-51PROC 单片机综合仿真实验仪或 TKS 系列仿真器的硬件系统连接，通过 Keil μVision4 的人机交互环境指挥连接的硬件完成仿真操作。

(6) RTX51 实时操作系统。RTX51 实时操作系统是针对 8051 微控制器系列的一个多任务内核。PTX51 实时内核简化了需要对实时事件进行反应的复杂应用的系统设计、编程和调试。这个内核完全集成在 C51 编译器中，使用非常简单。任务描述表和操作系统的一致性由 BL51 链接器、定位器自动进行控制。

此外，Keil μVision4 还具有极为强大的软件环境、友好的操作界面和简单快捷的操作方法，其主要优势表现在以下几点。

(1) 丰富的菜单栏。

(2) 可以快速选择命令按钮的工具栏。

(3) 一些源代码文件窗口。

(4) 对话框窗口。

(5) 直观明了的信息显示窗口。

2. 启动 Keil μVision4

启动 Keil μVision4 的方法非常简单,只要运行 Keil μVision4 的执行程序即可,如图 4-1 所示,在 Windows 中依次选择“开始”→“所有程序”→Keil μVision4 菜单命令,即可启动 Keil μVision4。

启动 Keil μVision4 还有其他简便方法:可以直接双击 Windows 桌面上的 Keil μVision4 图标来启动应用程序;或者直接选择 Windows“开始”菜单中的 Keil μVision4 命令。

图 4-1　启动 Keil μVision4

3. Keil μVision4 工作界面及窗口

启动 Keil μVision4 软件后,即进入 Keil μVision4 集成开发环境工作界面,如图 4-2 所示,各种调试工具、命令菜单都集成在此开发环境中。Keil μVision4 的软件界面包括四大组成部分,即菜单工具栏、项目管理窗口、文件窗口和输出窗口。以下仅针对组成结构进行简单介绍。

图 4-2　Keil μVision4 操作界面及窗口

(1) 菜单工具栏。菜单为标准的 Windows 风格，Keil μVision4 共有 11 个下拉菜单。

(2) 项目管理窗口。项目管理窗口用于管理项目文件目录，它由 5 个子窗口组成，可通过子窗口下方的标签进行切换，它们分别是文件窗口、寄存器窗口、帮助窗口、函数窗口及模板窗口。

(3) 文件窗口。文件窗口用于显示打开的程序文件，多个文件可以通过窗口下方的文件标签进行切换。

(4) 输出窗口。输出窗口用于输出编译过程中的信息，由 3 个子窗口组成，可以通过子窗口下方的标签进行切换，它们分别是编译窗口、命令窗口和搜寻窗口。

为了掌握程序运行信息，Keil 软件在调试程序时还提供了许多信息窗口，包括输出窗口、观察窗口、存储器窗口、反汇编窗口以及串行窗口等。

为了能够直观地了解单片机中定时器、中断、并口、串口等常用外设的使用情况，Keil 还提供了一些外围接口对话框。

然而，Keil 的这些调试手段都是通过数值变化来监测程序运行的，很难直接看出程序的实际运行效果，特别是对于包含测量、控制、人机交互等外部设备的单片机应用系统来讲，它缺乏直观性。

4. 关闭 Keil μVision4

关闭 Keil μVision4 的方法很简单，主要有两种：一是选择 File→Exit 菜单命令，即可退出运行中的 Keil μVision4 软件；二是单击软件右上角的“×”按钮来退出应用程序。需要注意的是，在退出或关闭 Keil μVision4 软件前应先保存所编写的工程文件(.uvproj)等，否则，软件将弹出“Save changes to 'lx. c'?”(注：lx.c 为文件名)提示用户保存信息的对话框，如图 4-3 所示。

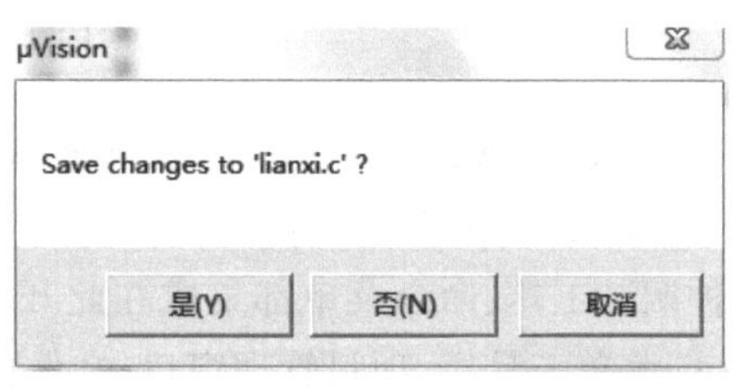

图 4-3 提示用户保存信息的对话框

4.2 Keil μVision4 的 C51 开发流程

1. Keil μVision4 的基本操作过程

在 Keil μVision4 集成开发环境下使用工程的方法来管理文件，而不是使用单一文件的模式。所有文件包括源程序(包括 C 语言程序、汇编语言程序)、头文件，甚至说明性的技术文档，都可放在工程项目文件中统一管理。换言之，在 Keil μVision4 开发环境下，无论是使用汇编语言还是 C 语言进行程序设计，无论所设计的程序只是一个文件还是含有多个文件，都要建立一个独立的工程文件，即一个任务或问题对应一个工程，这与该任务或问题的大小以及复杂程度无关。没有工程文件，就不能进行编译和仿真。在使用 Keil μVision4 前，应习惯并了解这种工程的管理方式。

创建工程文件之后，才能进入后续的程序编译、调试、仿真以及结果分析等操作流程，所以对于刚使用 Keil μVision4 的用户来说，学会工程文件的创建和管理尤为重要，一般可按照下面的步骤来创建一个自己的 Keil C51 应用程序。

(1) 新建一个工程项目文件。

(2) 为工程选择目标元器件。

(3) 为工程项目设置软硬件调试环境。

(4) 创建源程序文件并输入程序代码。

(5) 保存创建的源程序项目文件。

(6) 将源程序文件添加到项目中。

2. Keil μVision4 软件工程应用实例

下面就以 Keil μVision4 集成开发环境为平台，通过创建一个具体的新工程，完成利用单片机控制 P0 口由 P0.0→P0.1→P0.2→P0.3→…→P0.7 后再回到 P0.0→P0.1→P0.2→P0.3→…→P0.7，依次点亮流水灯电路原理的工程建立过程，通过该例子详细介绍如何建立一个 Keil μVision4 的应用程序。

1) 建立一个工程

Keil μVision4 是 Windows 版的软件，无论是用汇编语言还是 C 语言，无论是只有一个文件的程序还是有多个文件的程序，都要建立一个工程文件。没有工程文件，就不能进行编译和仿真。建立一个新的工程文件的步骤如下。

(1) 执行菜单命令 Project→New μVision Project，如图 4-4 所示。

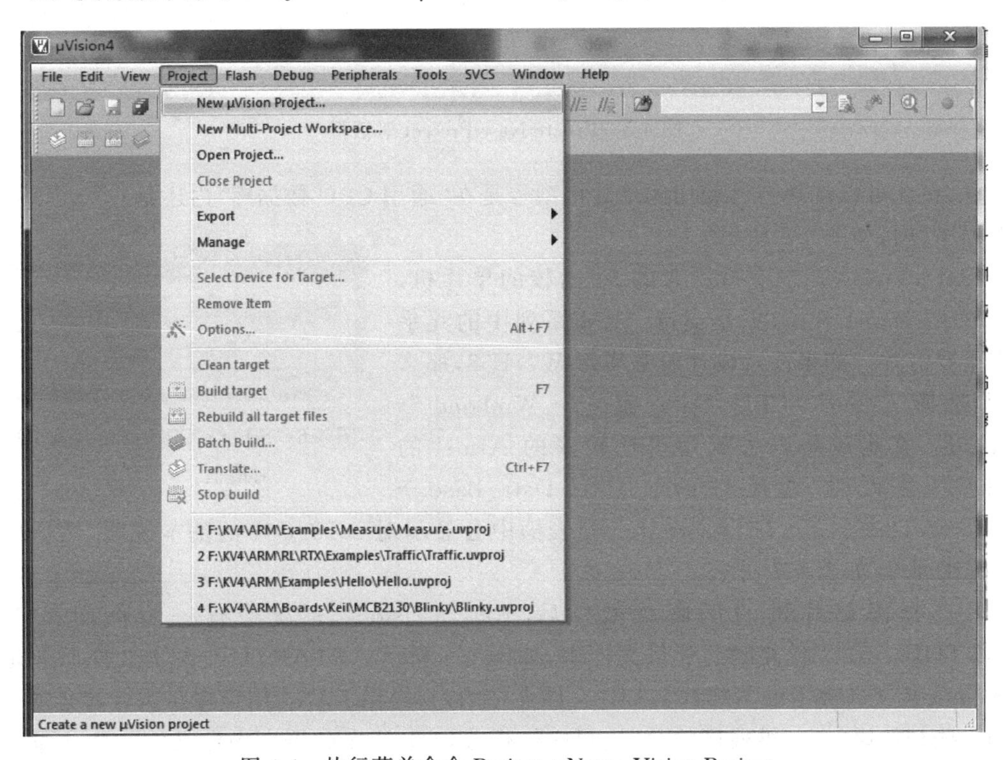

图 4-4　执行菜单命令 Project→New μVision Project

(2) 选择要保存的路径，输入工程文件的名字。例如，保存到前面介绍的流水灯文件夹里工程文件的名为 lianxi.uvproj(注：.uvproj 为 Keil μVision4 工程文件默认的文件后缀名，不需要读者输入，系统会自动生成)的文件，然后单击“保存”按钮，这样一个新的工程文件就保存好了，如图 4-5 所示。

2) 单片机选型

在 Create New Project 对话框中单击“保存”按钮后，弹出 Select a CPU Data Base File

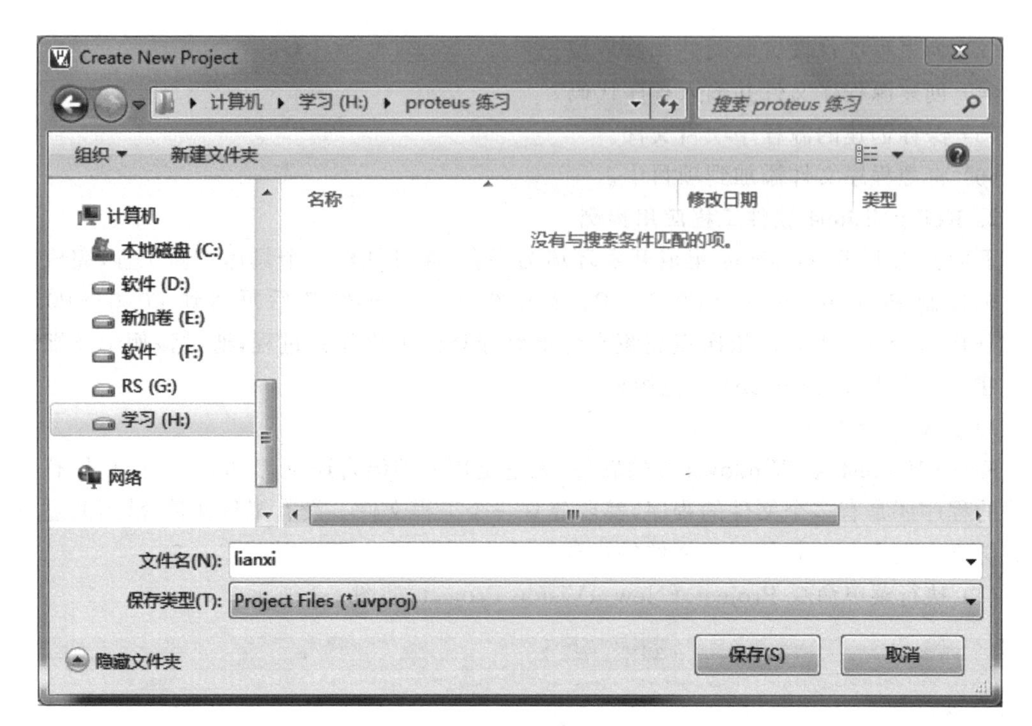

图 4-5　Create New Project 对话框

对话框，在此可以选择自己使用的单片机型号是在“通用 CPU 数据库”内还是在“STU 单片机数据库”内，如图 4-6 所示。

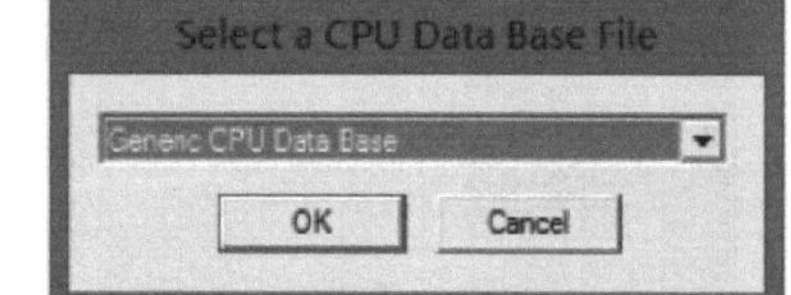

图 4-6　Select a CPU Data Base File 对话框

Keil μVision 几乎支持所有的 51 内核的单片机，从 Keil μVision4 开始，更是支持 ARM 系列中的几乎所有重要芯片。如果读者设计的是华邦 W77E58，那么可以选择 Generic CPU Data Base→Winbond→W77E58。在此还是以大家用得比较多的 Atmel 的 AT89C51 来说明，选择 Generic CPU Data Base→Atmel→AT89C51 后，在 Description 列表框中会显示对 AT89C51 的基本说明，然后单击 OK 按钮即可，如图 4-7 所示。

在选择完单片机的厂商及型号后，Keil μVision4 系统会进一步询问是否将 STARTUP. A51 文件复制到项目文件中，如图 4-8 所示。STARTUP. A51 文件原来是放在 Keil 安装文件夹下的 Keil/C5/LIB 文件夹中的，它提供了 C51 用户程序执行前必须先执行的一些初始语句，如堆栈区的设置、程序执行首地址以及 C 语言中定义的一些变量和数组的初始化等。若单击“是”按钮，系统就会把 STARTUP. A51 文件复制到项目文件中；若单击“否”按钮，就不会复制此文件。一般来说，若程序是用 C 语言编写的，则可以不将此文件复制到项目文件中；若是用汇编语言编写的，则需要将此文件复制到项目文件中。

此例中是用 C 语言程序进行编写的，故单击“否”按钮，此时项目管理窗口会出现 Target1 字样，代表已创建的项目信息。

3）创建源程序

下面需要新建一个源程序文件(汇编或 C 文件)。当然，也可以将已经有的源程序文件

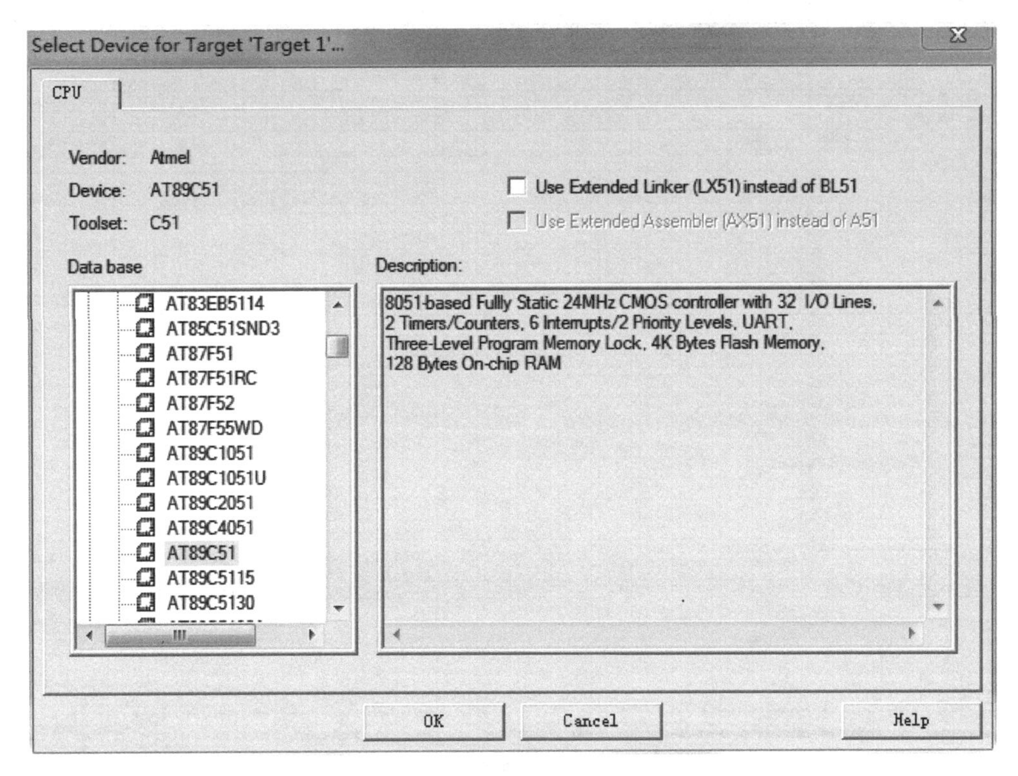

图 4-7 选择 AT89C51 单片机对话框

图 4-8 选择是否将 STARTUP.A51 文件复制到项目文件中

添加到工程文件中，读者可以自行尝试，此处不再赘述。要新建一个源程序文件，可执行 File→New 菜单命令，即出现图 4-9 所示的新文本框，默认的文件名为 Text1。

(1) 根据项目设计要求，编写 C 语言程序，在新的文本框中输入以下程序：

```
//C 语言程序文件名：Text.c
#include <reg51.h>
#define uint unsigned int
#define uchar unsigned char
/*********************************************
函数名：延时函数
调用 delay(?)
参数：延时的大概时长
返回值：无
```

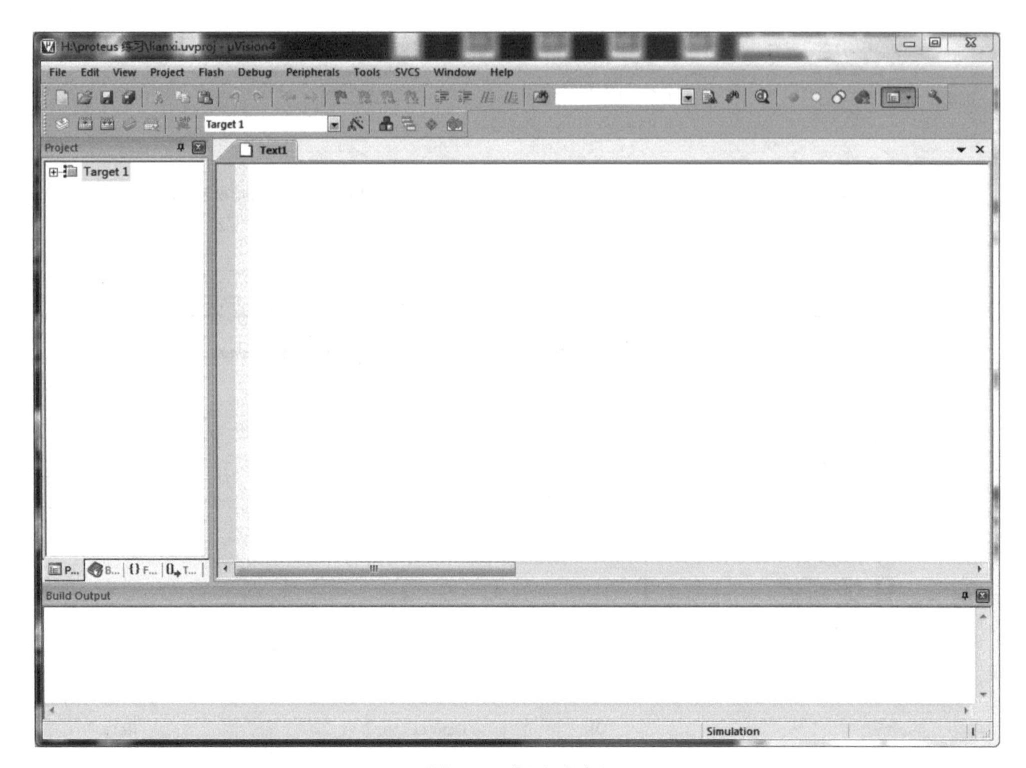

图 4-9　新文本框

```
结果：延时
*******************************************/
void delay(unsigned int i)
{
  While(i - )
}
/*******************************************
```

结果：完成利用单片机控制 P0 口由 P0.0→P0.1→P0.2→P0.3→…→P0.7 后再回到 P0.0→P0.1→P0.2→P0.3→…→P0.7 依次点亮流水灯

```
*******************************************/
void main()
{
    uchar a = 0x01;
    while(1)
    {
       P0 = ～a
        delay(40000);
        a = a << 1;
        if(a == 0)
        a = 0x01;
    }
}
```

输入程序后的窗口如图 4-10 所示。

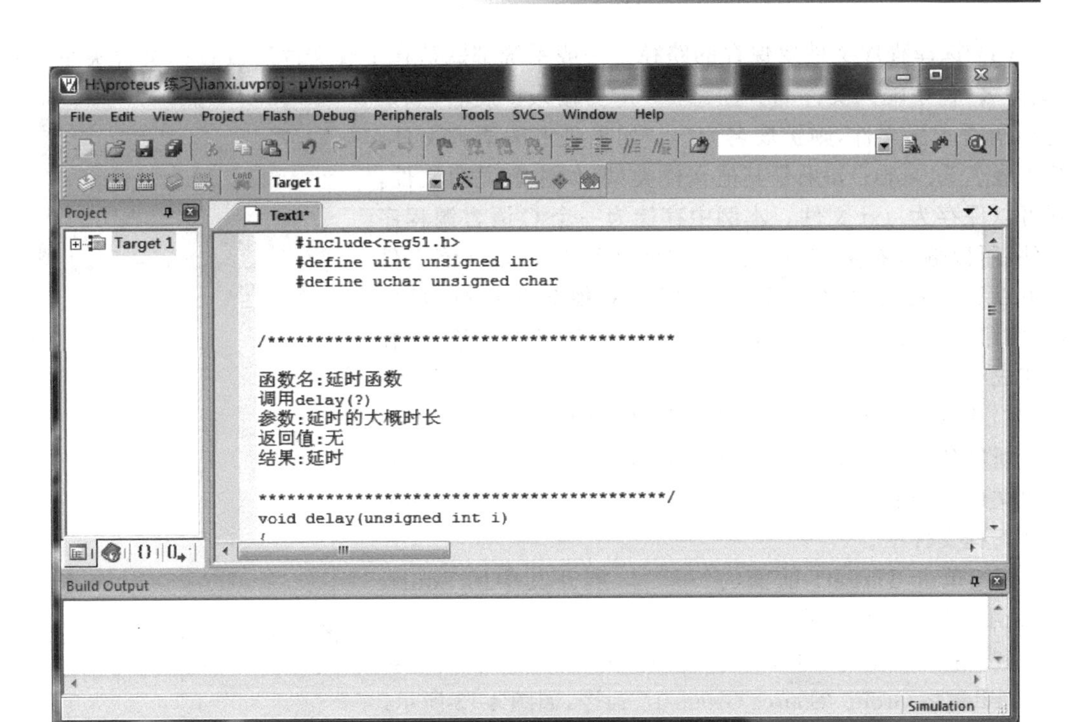

图 4-10　输入程序后的窗口

(2) 保存 C 语言程序文件。执行 File→Save 菜单命令，弹出 Save As 对话框，如图 4-11 所示。

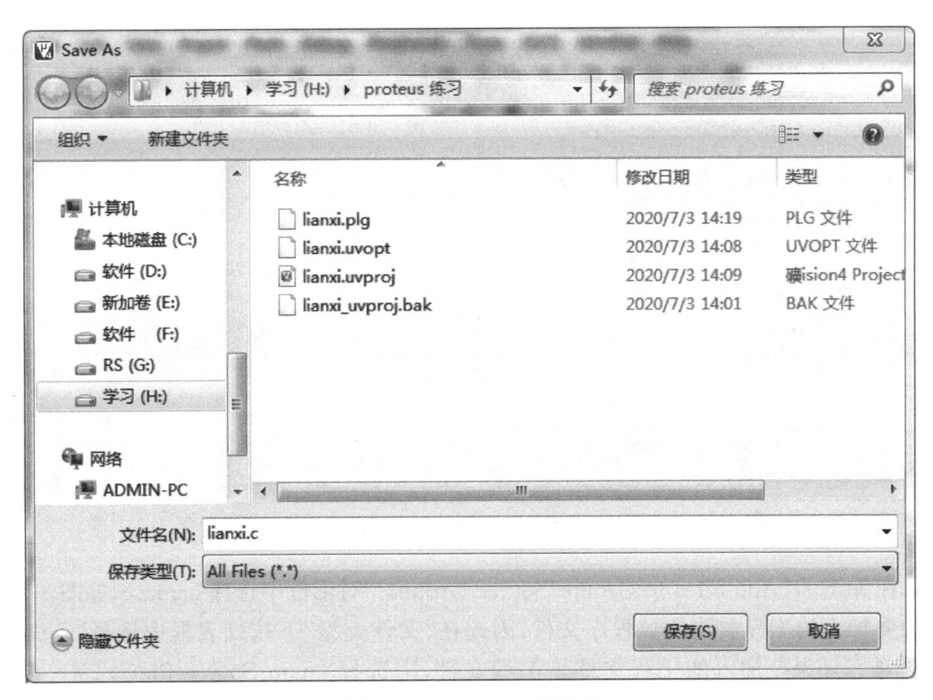

图 4-11　Save As 对话框

（3）选择程序文件要保存的路径。一般系统都默认在工程文件所放置的文件夹下。在“文件名”栏中输入文件名。注意：一定要输入扩展名，如果是C语言程序文件，则扩展名为.c。如果是汇编语言文件，则扩展名为.asm；如果是其他文件类型，如注解说明文件，则可以保存为.txt文件。本例中存储为一个C语言源程序文件，所以输入扩展名.c。保存文件名为lianxi.c（该文件名可以和工程文件名一样，也可以为其他名字），单击“保存”按钮。保存后，程序文件中的关键字会变成蓝色，注释会变成绿色。

4）把新创建的源程序加入工程文件中

新创建的C语言程序文件或汇编程序文件在保存后和工程文件并没有直接的关系，需要将创建的源程序文件加入到工程文件中。

（1）单击Target1前面的“+”号，展开其中的Source Group1，如图4-12所示。

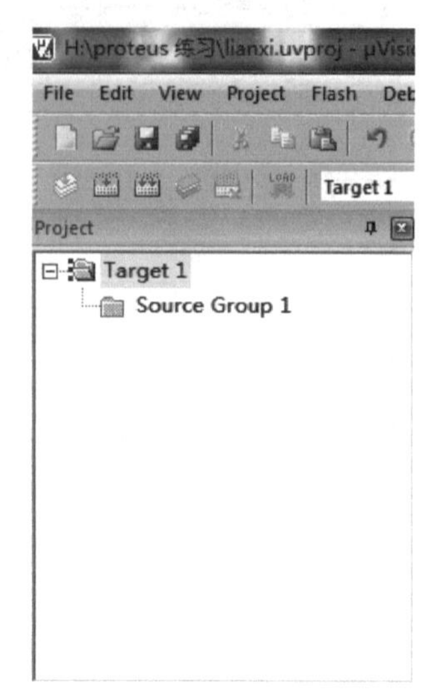

图4-12 单击Target1前面的“+”号后显示的内容

（2）右击Source Group 1，在弹出的快捷菜单中选择“Add Files to Group 'Source Group 1'”命令，如图4-13所示。

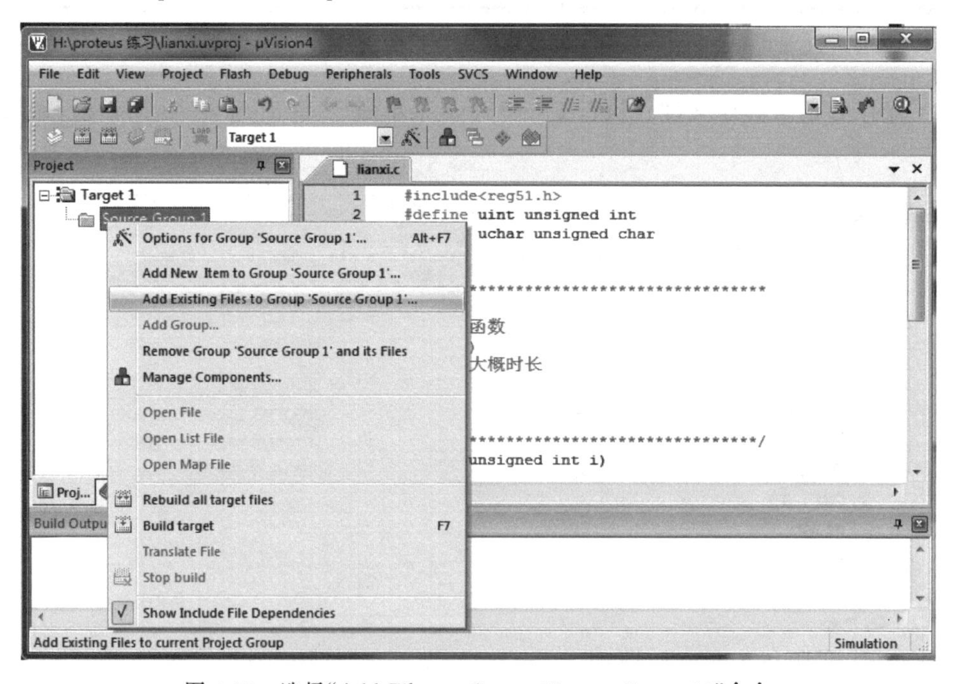

图4-13 选择“Add Files to Group 'Source Group 1'”命令

（3）在弹出的“Add Files to Group 'Source Group1'”对话框中选择lianxi.c，如图4-14所示。

因为要加入的工程文件是C程序文件，因此在“文件类型”下拉列表框中选择“C Source file（*.c）”选项。如果要加入的工程文件是汇编文件，则选择“Asm Source file（*.s*；*.src；*.a*）”选项。然后单击Add按钮，此时“Add Files to Group 'Source Group1'”对话框不会消失，可以继续添加多个文件，添加完毕后，单击Close按钮关闭该对话框，如图4-15所示。

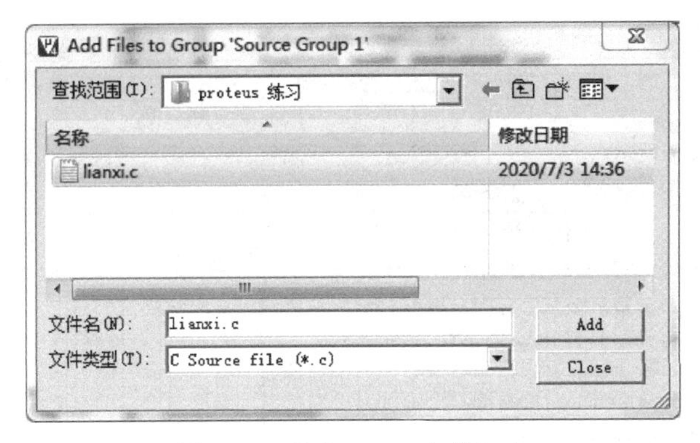

图 4-14　将 lianxi. c 文件加入

(4) 这时在 Source Group1 文件夹中就有了 lianxi. c 文件,如图 4-16 所示。

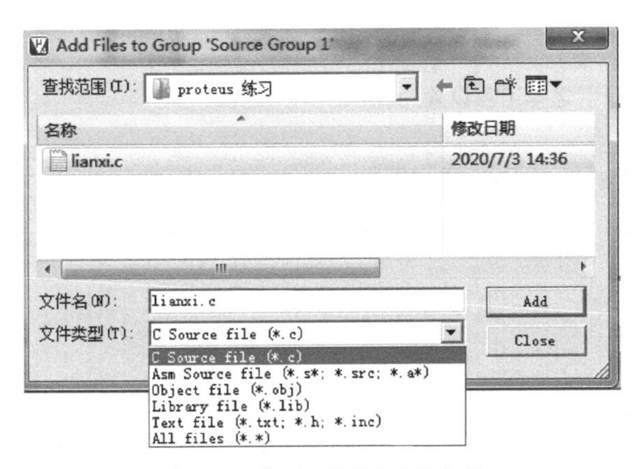

图 4-15　加入不同类型的文件

图 4-16　在 Source Group1 文件夹中的 lianxi. c 文件

5) 工程的设置

在建立工程项目后,要对工程进行设置。右击 Target 1,在弹出的快捷菜单中选择“Options for Target 'Target 1'”命令,或直接单击工具栏按钮,如图 4-17 所示。

此时会弹出“Options for Target 'Target 1'”对话框,如图 4-18 所示。

“Options for Target 'Target 1'”对话框共有 11 个选项卡,这些复杂的选项大部分都可以采用默认值,只有以下几个与实际相关的选项要设置。

(1) Target 选项卡。

Xtal(MHz):单片机的工作频率。默认为 24.0MHz,如果单片机的晶振频率为 11.0592MHz,则在此文本框中输入 11.0592(单位是 MHz)。本例为 12MHz。

Use-On-chip ROM(0x0-0xFFF):使用片上的 Flash ROM。AT89C51 有 128B 的 Flash ROM。是否选中此选项取决于用户的应用系统,如果单片机的 EA 引脚接高电平,那

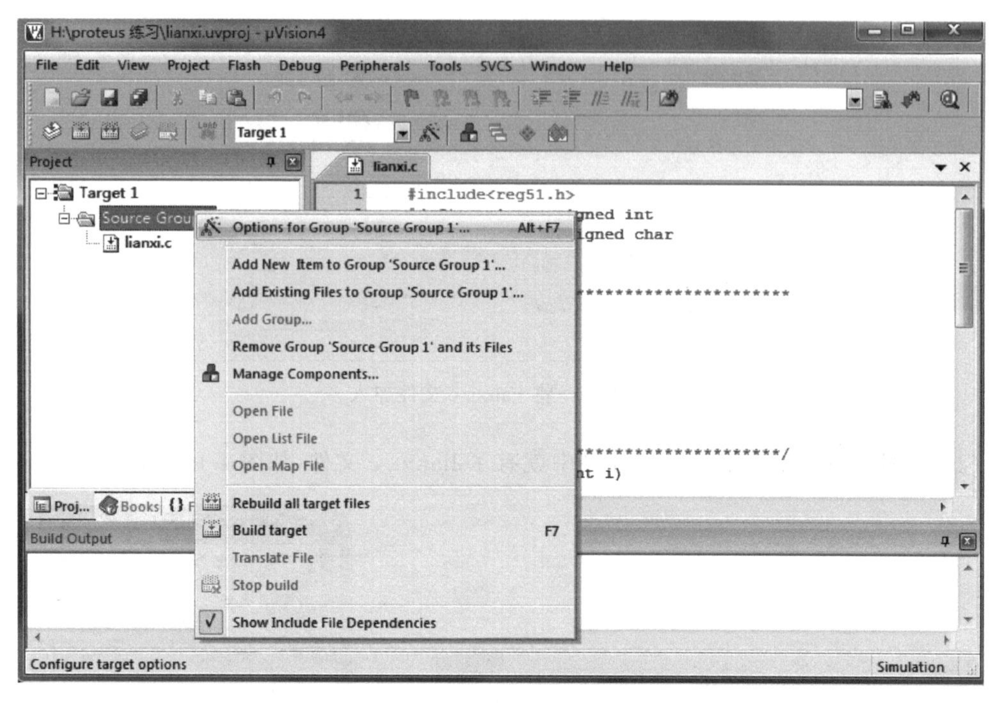

图 4-17　选择工程设置

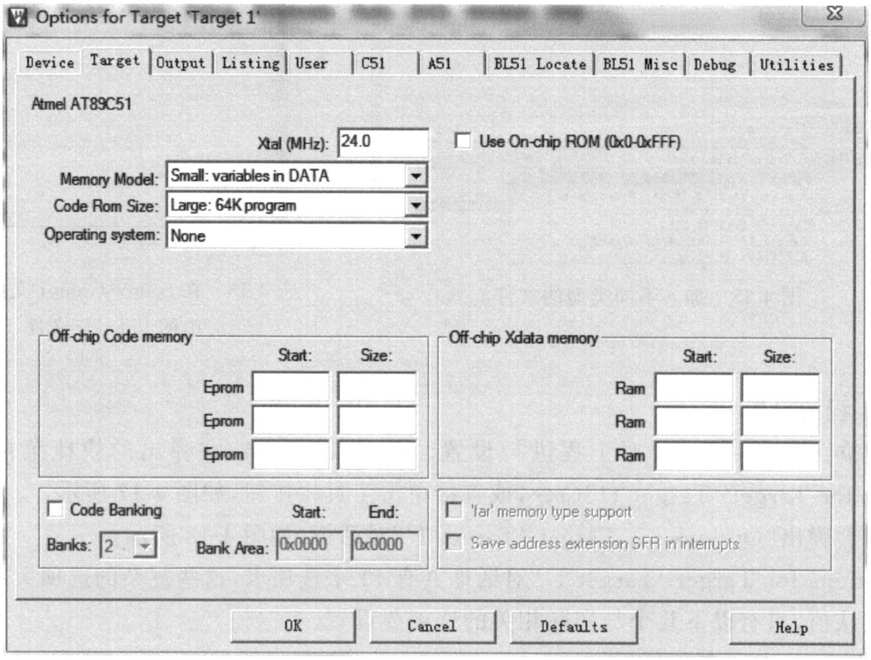

图 4-18　“Options for Target 'Target 1'”对话框

么应选中该复选框；如果单片机的 EA 引脚接低电平，表示使用外部 ROM，那么不要选中该复选框。本例中应选中此复选框。

Off-chip Code memory：在片外接的 ROM 的开始地址和大小。在此假设使用一个片外的 ROM,地址从 0x8000 开始(注意,不要输入 8000,否则会被当作十进制数；此处要输入十六进制数),Size 为外接 ROM 大小,假设接了一个 0x1000B 的 ROM,应在 Ram 后面的“Start:”文本框中输入 0x8000,在“Size:”文本框中输入 0x1000。最多可以外接 3 块 ROM。如果没有外接程序存储器,就不要输入任何数据。

Off-chip Xdata memory：外接 Xdata(片外数据存储器)的起始地址的大小。本例指定 Xdata 的起始地址为 0x2000,大小为 0x8000,因此应在 Ram 后面的“Start:”文本框中输入 0x8000,在“Size:”文本框中输入 0x1000。如果没有外接数据存储器,就不要输入任何数据。

Code Banking：使用 Code Banking 技术。Keil 可以支持程序代码超过 64KB 的情况,最大可以有 2MB 的程序代码。如果代码超过 64KB,就要使用 Code Banking 技术,以支持更多的程序空间。Code Banking 是一个高级的技术,支持自动的 Bank 切换,是建立一个大型系统的必要技术。例如,要在单片机中实现汉字字库,实现汉字输入法,都要用到该技术。在这里不选中该复选框。

Memory Model：单击 Memory Model 栏的下三角按钮,会出现图 4-19 所示的 3 个选项。

① Small：variables in DATA,表示变量存储在内部 RAM。

② Compact：variables in PDATA,表示变量存储在外部 RAM,使用 8 位间接寻址。

③ Large：variables in XDATA,表示变量存储在外部 RAM,使用 16 位间接寻址。

一般使用 Small 方式来存储变量,即单片机优先把变量存储在内部 RAM,只有内部 RAM 不够了,才会存到外部 RAM。

Compact 方式用户通过程序来指定页的高位地址,编程比较复杂。如果外部 RAM 很少,只有 256B,那么对 256B 的读取就比较快,Compact 模式适用于外部 RSM 比较少的情况下。Large 模式是指变量会优先分配到外部 RAM。要注意的是,3 种存储方式都支持内部 256B 和外部 64KB 的 RAM,区别是变量的优先(或默认)存储位置不同。除非不想把变量存储在内部 RAM,才会使用 Compact 或 Large 模式。因为变量存储进内部 RAM 的运算速度比存储在外部 RAM 的运算速度要快得多,大部分的应用都选择 Small 模式。

Code Rom Size：单击 Code Rom Size 栏的下三角按钮,会出现如图 4-20 所示的 3 个选项。

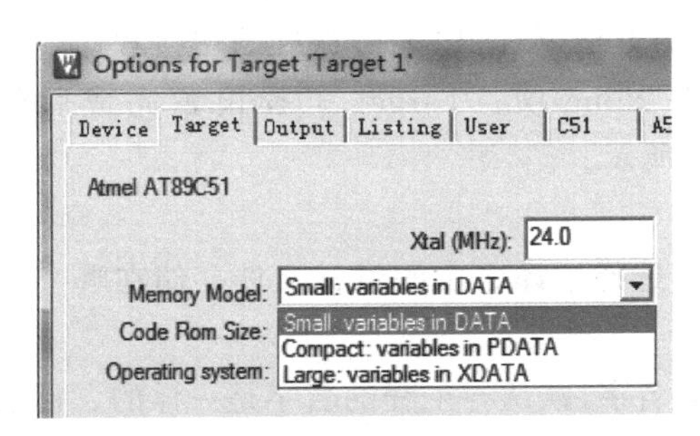

图 4-19 Memory Model栏的下拉列表框

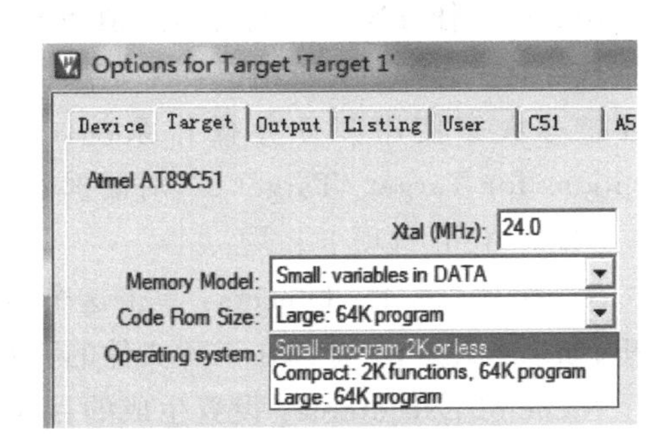

图 4-20 Code Rom Size栏的下拉列表框

① Small：program 2K or less，适用于 AT89C2051。AT89C2051 只有 2KB 的代码空间，所有跳转地址只有 2KB，编译时会使用 ACALL、AJMP 这些短跳转指令，而不会使用 LCALL、LJMP 指令。如果代码跳转超过 2KB，则会出错。

② Compact：2K functions，64K program，表示每个子函数程序的大小不超过 2KB，整个工程可以有 64KB 的代码。就是说在 main()中可以使用 LCALL、LJMP 指令，但在子程序里只会使用 ACALL、ATMP 指令。除非确认每个子程序不会超过 2KB，否则不要用 Compact 方式。

③ Large：64K program，表示程序或子函数都可以大到 64KB(使用 Code Bank 时还可以更大)，通常都选用该方式。Large 方式的速度不会比 Small 的慢很多，所以一般没有必要选择 Compact 或 Small 方式。

本例选择 Large 模式。

Operating system：单击 Operating System 栏的下三角按钮，会出现如图 4-21 所示的 3 个选项。

① None：表示不使用操作系统。

② RTX-51 Tiny：表示使用 Tiny 操作系统。

③ RTX-51 Full：表示使用 Full 操作系统。

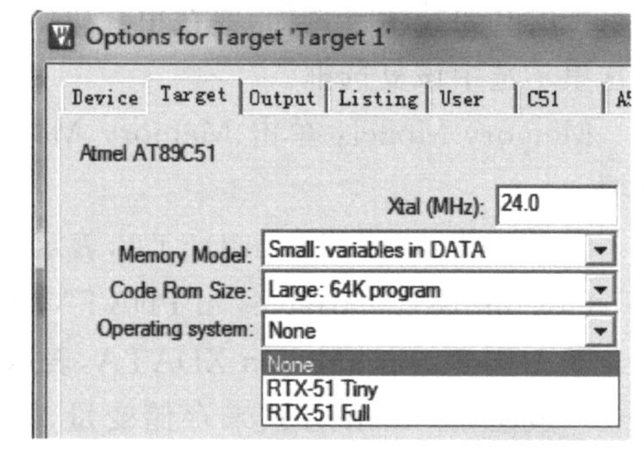

图 4-21　Operating system 栏的下拉列表框

Keil μVision4 提供了 Tiny 系统(Demo 版没有 Tiny 系统，正版软件才有)，Tiny 系统是一个多任务操作系统，使用 Timer0 来做任务切换。一般用 11.0592MHz 时，切换任务的速度为 30ms。如果有 10 个任务同时运行，那么切换时间为 300ms。同时，不支持中断系统的任务切换，也没有优先级。因为切换的时间太长，实时性大打折扣，多任务情况下(如 5 个)，完成一轮切换就要 150ms，150ms 才处理一个任务。连键盘扫描任务都无法实现，更不要说串口接收数据、外部中断等。同时切换需要大概 1000 个机器周期，对 CPU 资源的浪费很大，对内部 RAM 的占用也很厉害。实际上用到多任务操作系统的情况少之又少。多任务操作系统一般适合于 16 位或 32 位的 CPU，不适合于 8 位的 CPU。

Keil μVision4 Full Real-Time OS 是比 Tiny 要好一些的系统，支持中断方式的多任务和任务优先级，但需要使用外部 RAM。Keil μVision4 不提供该运行库，需要另外购买。

Keil 的多任务操作系统的思想值得学习，特别是任务切换的算法，如何切换任务和保存堆栈等有一定的研究价值。如果熟悉了其切换的方法，就可以编写更好的切换程序。本书不推荐大家使用多任务操作系统，本例选择 None 项。Target 工程设置完成后的“Options for Target 'Target 1'”对话框如图 4-22 所示。

(2) Output 选项卡。

Select Folder for Objects：单击这个按钮可以选择编译之后的目标文件存储在哪个目录里，如果不设置，就存储在工程文件的目录中。

Name of Executable：设置生成的目标文件的名字，默认与工程的名字是一样的。目标文件可以生成库或 obj、hex 的格式。

Create Executable：生成 OMF 及 HEX 文件。

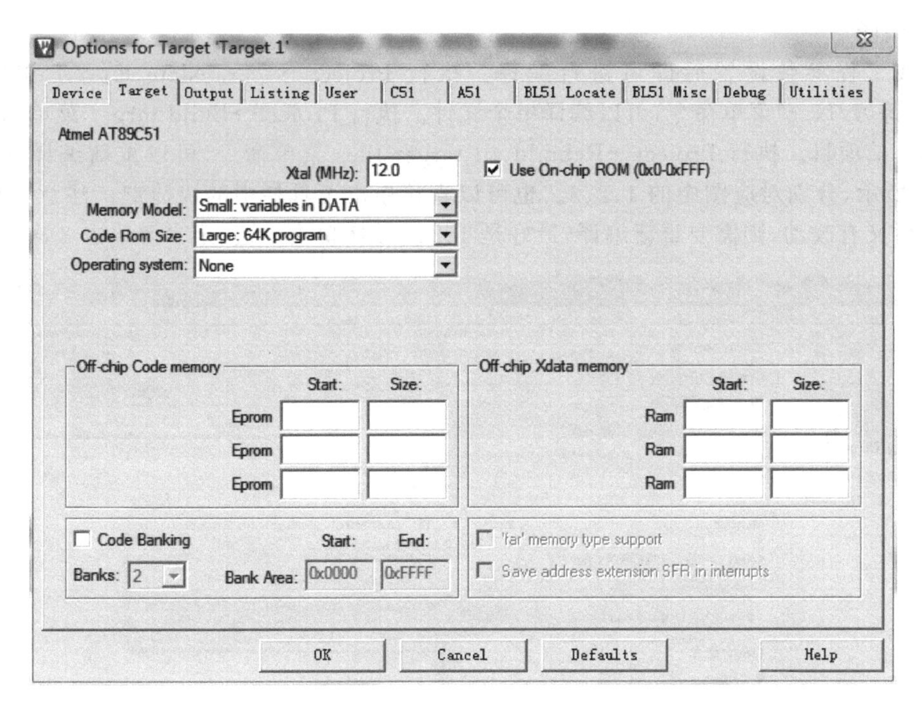

图 4-22 Target 工程设置完成后的“Options for Target 'Target 1'”对话框

① Debug Information、Browse Information：一般要选中这两个选项，这样才有详细调试所需要的信息。例如，要做 C 语言程序的调试，若不选中这两项，那么调试时将无法看到高级语言程序。

② Create Hex File：要生成 Hex 文件，必须选中此选项。

③ Create Library：选中此选项时，将生成 lib 库文件。一般的应用不需要生成库文件。

After Make：生成 OMF 及 Hex 文件后的 3 个选项。

① Beep When Complete：编译完成后，发出“嘟”的声音。

② Start Debugging：马上启动调试(软件仿真或硬件仿真)。一般不选中。

③ Run User Program #1、Run User Program #2：可以设置编译完成后运行别的应用程序，如有些用户自己编写的烧录芯片的程序(编译完便执行将 Hex 文件写入芯片的操作)，或者调用外部的仿真程序。根据自己的需要进行设置。

(3) Listing 选项卡

Keil μVision4 在编译后除了生成目标文件外，还生成 *.lst 和.m51 的文件。这两种扩展名的文件对了解程序用到了哪些 idata、data、bit、xdata、code、ram、stack 等有很重要的作用。有些用户想知道自己的程序需要多大的代码空间，就可以从这两个文件中寻找答案。若不想生成某些内容，可以取消选中相应的选项。

Assembly Code：选中会生成汇编的代码。

Select Folder for Listings：选择生成的列表文件存放的目录。若不选择，则使用工程文件所在的目录。

除上述 3 个选项卡外，C51、A51 等 8 个选项卡一般都不用设置，采用默认值即可。

上述设置完成后，单击“确定”按钮返回到主界面，工程设置完毕。

6）编译

完成工程参数设置后即可进行编译。执行 Project→“Translate E：/工作/书稿/Proteus 练习/lx. c”菜单命令，可以编译单个文件。执行 Project→Build target 菜单命令，可以编译当前项目。执行 Project→Rebuild all target files 菜单命令，可以重新编译项目，如图 4-23 所示，分别对应图中的 1、2、3。也可以直接单击工具栏中的快捷键。注意：若程序在编译后又有改动，则需要重新编译，最好是 1、2、3 依次单击一遍，至少要单击 3 次。

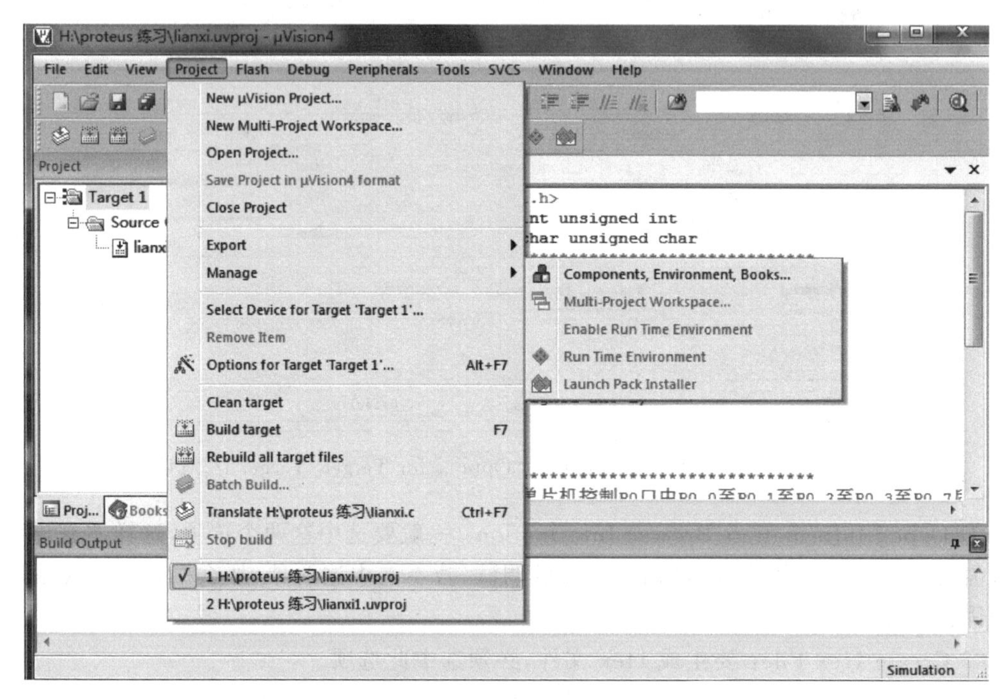

图 4-23　编译命令及工具快捷键标识

一般编译成功需要产生. hex 文件，则当编译完成后，输出窗口中出现如图 4-24 所示的信息时，显示产生了工程的. hex 文件，并且程序既无错误又无警告。

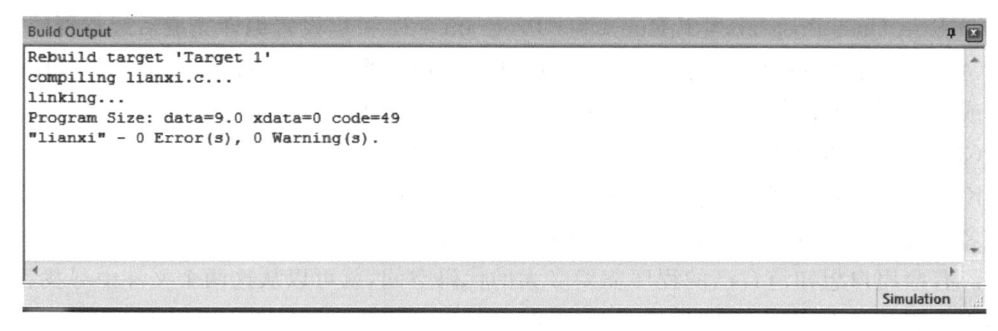

图 4-24　程序编译输出结果

语法错误分为两类：一类是致命错误，以 Error(s)表示，如果程序中有这类错误，就通不过编译，无法形成目标程序，即. hex 文件，更谈不上运行了；另一类是轻微错误，以 Warning(s)(警告)表示，这类错误不影响生成目标程序和可执行程序，但有可能影响运行结果，因此也应当改正。要保证程序既无 Error(s)又无 Warning(s)。

7）调试

编译成功只能说明程序没有语法错误，并不能说明程序没有逻辑错误，要经过测试，不断发现和排除逻辑错误，这样才能使程序逐渐实现预期的功能。执行 Debug→Start/Stop Debug Session 菜单命令，或按 Ctrl+F5 组合键，即可进入调试状态。如果用的是评估版软件，就会弹出如图 4-25 所示的提示框，提示限制代码大小为 2KB，单击“确定”按钮，提示框消失，进入调试状态。

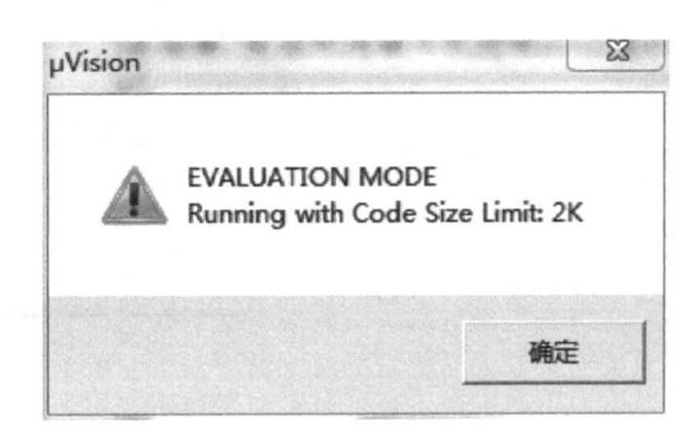

图 4-25 评估版软件限制代码大小对话框

进入调试状态后的界面与编辑状态相比有明显的变化，Debug 菜单项中原来不能用的命令现在已经可以使用了，工具栏会多出一个用于运行和调试的工具条，如图 4-26 所示。

图 4-26 调试状态相关工具条

图 4-26 中第一个按键是复位，模拟芯片的复位，使程序回到最开头执行。第二个按键为运行，当程序处于停止状态时才有效。第三个按键为停止，当程序处于运行状态时才有效。

调试程序也就是执行程序，可以采取多种方式进行：单步执行中、过程单步执行、单步执行到函数外、运行到光标所在行和全速执行。当然，这些工具条中的调试按钮都一一对应于 Debug 菜单中的菜单命令。

单步执行：是每单击一下执行一个指令，若遇到函数（子程序），则跳入该函数，同样一条一条地执行函数中的指令。

过程单步执行：单击一下执行一个指令，若遇到函数（子程序），如汇编语句中的子程序或 C 语言的函数，就将该函数（或子程序）作为一个语句全速执行。

单步执行到函数外：先完成当前所执行的函数，然后跳出该函数，返回主程序。

运行到光标所在行：单击一下后程序就从当前 PC 所在位置，全速执行到光标所在行。

全速执行：所有程序语句被一条条运行，直到执行完为止，中间不停止。

注意：程序只有全速执行时通过，才算调试通过。在调试中如果发现报措，可以直接修改源程序，但是，要使修改后的代码起作用，必须先退出调试环境，重新对程序进行编译、链接后，方可再次进入调试状态。

Keil μVision4 软件在调试程序时可以借助一些调试观察窗口来实时了解、验证程序执行的状态以及结果是否达到预期，调试窗口主要包括观察窗口、寄存器窗口、存储器窗口、反汇编窗口、串口窗口等。

(1) 观察窗口（Watch Window）。可在此窗口设置所要观察的变量、表达式等。如果想要观察程序中某个变量在单步工作时的数值变化，就在观察窗口中按 F2 键，然后输入变量名，如本例程中添加 P0 到观察窗口 Watch 1，这样在程序单步执行中就能看到该变量的数值变化，如图 4-27 所示。

(2) 寄存器窗口（Register Window）。可显示单片机内部寄存器的内容、程序运行次数、程序运行时间等，如图 4-28 所示。

(3) 存储器窗口（Memory Window）。显示所选择的内存空间中的数据，如图 4-29 所示。通过在窗口的 Address 文本框中输入“字母：数字”即可显示相应内存中的数据，其中，

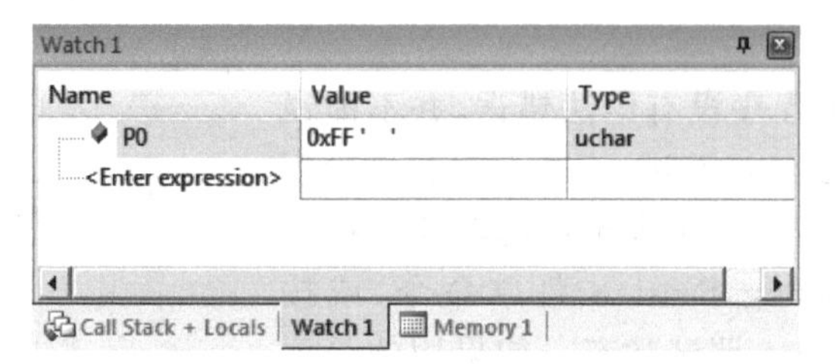

图 4-27 观察窗口

字母可以是 C、D、I、X，分别代表代码存储空间、直接寻址的片内存储空间、间接寻址的片内存储空间和扩展的外部 RAM 空间，数字代表想要查看的空间起始地址。例如，在 Address 文本框中输入“D：0”，在图中即可观察到从地址 0x00 开始的片内 RAM 单元值。

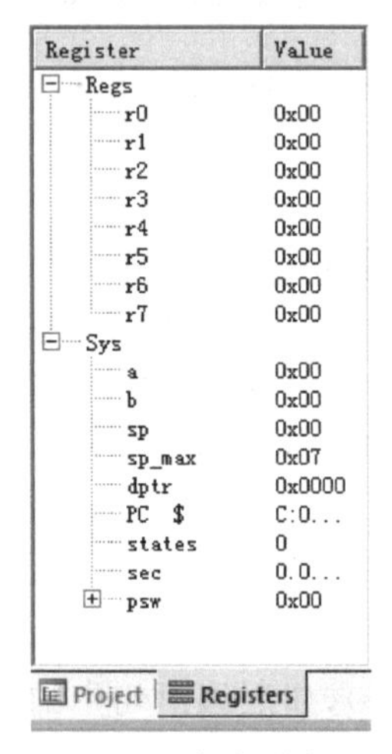

图 4-28 寄存器窗口

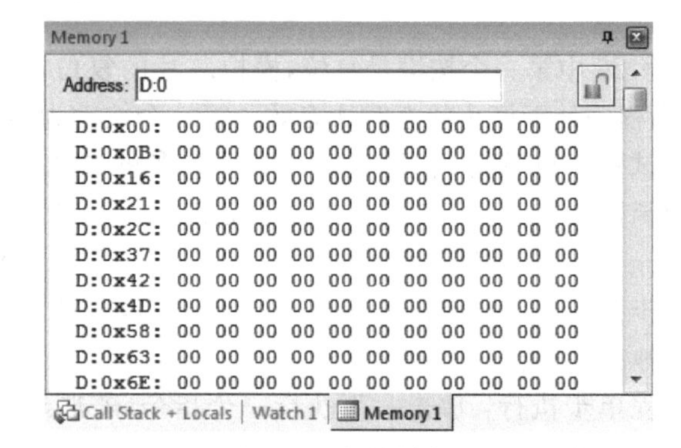

图 4-29 存储器窗口

（4）反汇编窗口（Disassembly Window）。提供源程序的反汇编码，如图 4-30 所示。

（5）串口窗口（Serial Window）。显示串口接收和发送的数据，调试串口通信程序时常用到。

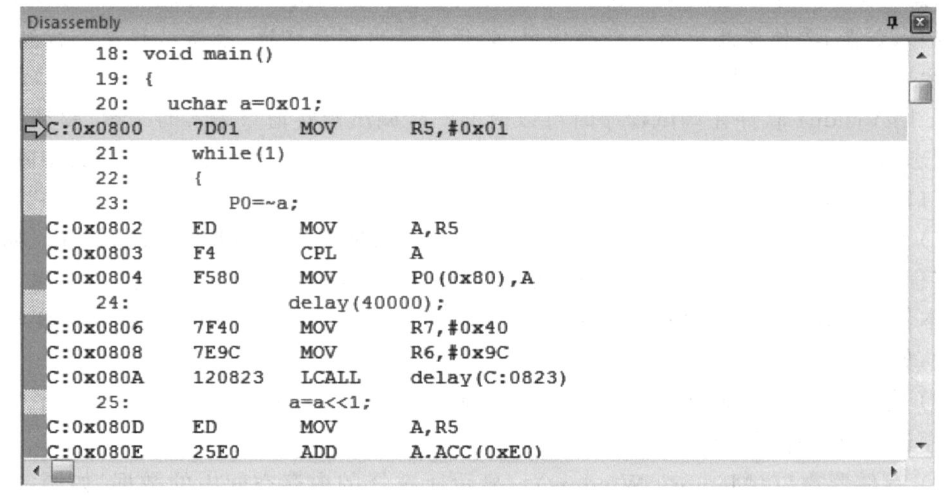

图 4-30 反汇编窗口

本章小结

本章主要学习使用单片机的开发平台 Keil μVision4。Keil μVision4 是目前单片机开发常用的一个平台，应该熟练掌握。单片机学习的一个重要特点是应用，因此需要相应的单片机设计开发平台进行应用。本章以 AT89C51 为例，详细介绍了单片机设计开发平台和开发板的应用，示范了单片机设计开发的一般过程，明确了单片机设计开发的基本目标和任务，对掌握单片机知识具有重要的价值和意义。

思考题与习题

4-1　在 Keil μVision4 软件中，如何将输入的.c 文件添加到工程中？

4-2　在 Keil μVision4 软件中，如何操作可生成.hex 文件？

4-3　在 Keil μVision4 软件中编译及链接后出现以下错误，该如何修改错误？

lx.c(14)：error C100：unprintable character 0xA3 skipped

lx.c(14)：error C100：unprintable character 0xBB skipped

第 5 章 Proteus ISIS 仿真设计工具

CHAPTER 5

Proteus 是英国 Labcenter Electronics 公司研发的多功能 EDA 软件,具有功能很强的 ISIS 智能原理图输入系统,有非常友好的人机互动界面及丰富的操作菜单和工具,能方便地完成 MCS-51 单片机系统的硬件设计、软件设计、单片机源代码级调试与仿真。本章对 Proteus ISIS 软件进行了介绍,重点在于如何使用 Proteus 软件对 MCS-51 单片机进行编译和仿真。

5.1 Proteus ISIS 软件概述

1. Proteus ISIS 简介

Proteus ISIS 是一款集单片机仿真和 SPICE 分析于一体的 EDA 仿真软件,于 1989 年由英国 LabCenter Electronics Ltd. 研发成功,经过十几年的发展,现已成为当前 EDA 市场上性价比最高、性能最强的一款软件。Proteus ISIS 现已在全球 50 多个国家得到应用,广泛应用于高校学生的电子教学与实验以及公司实际电路设计与生产中。

Proteus 除了具有和其他 EDA 工具一样的原理图设计、PCB 自动生成及电路仿真的功能外,其最大特点是 Proteus VSM(Virtual System Modeling)实现了混合模式的 SPICE 电路仿真,它将虚拟仪器、高级图表仿真、微处理器软仿真器、第三方的编译器和调试器等有机结合起来,在世界范围内第一次实现了在硬件物理模型搭建成功之前,即可在计算机上完成原理图设计、电路分析与仿真、系统测试以及功能验证。

Proteus ISIS 主要由 ISIS(Intelligent Schematic Input System)和 ARES(Advanced Routing and Editing Software)两部分组成。ISIS 的主要功能是原理图设计及电路原理图的交互仿真,ARES 主要用于印制电路板(PCB)的设计,产生最终的 PCB 文件。

本书主要针对于 Proteus ISIS 的原理图设计和利用 Proteus ISIS 实现数字电路、模拟电路及单片机实验的仿真,故只对 ISIS 部分进行详细介绍,关于 ARES 可参考相关资料。

ISIS 提供了 Proteus VSM 的编译环境,是进行交互仿真的基础,其主要特点如下:

(1) 自动布线和连接点设置。

(2) 强大的元器件选择工具和属性编辑工具。

(3) 完善的总线支持。

(4) 元器件清单和电器规则检查。

(5) 适合主流 PCB 设计工具的网络表输出。

(6) 支持参数化子电路元器件值的层次设计。

(7) 自动标注元器件标号功能。

(8) ASCII 数据输入功能。

(9) 管理每个项目的源代码和目标代码。

(10) 支持图表操作以进行传统的时候、频域仿真。

2. 启动 Proteus ISIS

启动 Proteus ISIS 的方法非常简单,只要运行 Proteus ISIS 的执行程序即可。如图 5-1 所示。在 Windows 桌面选择“开始”→“所有程序”→Proteus 7.5 professional→ISIS 7.5 Professional 菜单命令,即可启动 Proteus ISIS。

图 5-1 启动 Proteus ISIS

接下来便进入如图 5-2 所示的 ISIS 主窗口。

启动 Proteus ISIS 还有其他的简便方法:可以直接双击 Windows 桌面上的 ISIS7 Professional 图标来启动应用程序,如图 5-3 所示;或者直接单击 Windows“开始”菜单中的 ISIS 7 Professional 图标。

3. Proteus ISIS 工作界面

Proteus ISIS 启动后,将进入工作界面,Proteus ISIS 的工作界面是一种标准的 Windows 界面,如图 5-4 所示,包括标题栏、菜单栏、工具栏、生成网表并切换到 ARES 按钮、状态栏、对象选择按钮、仿真控制按钮、对象预览窗口、对象选择窗口和图形编辑窗口。

1) 菜单栏

菜单栏中 File、View、Edit、Tools、Design、Graph、Source、Debug、Library、Template、System、Help 分别对应为文件、视图、编辑、工具、图表、源代码、调试、库、模板、系统、帮助。当光标移至它们时,都会弹出下级菜单。

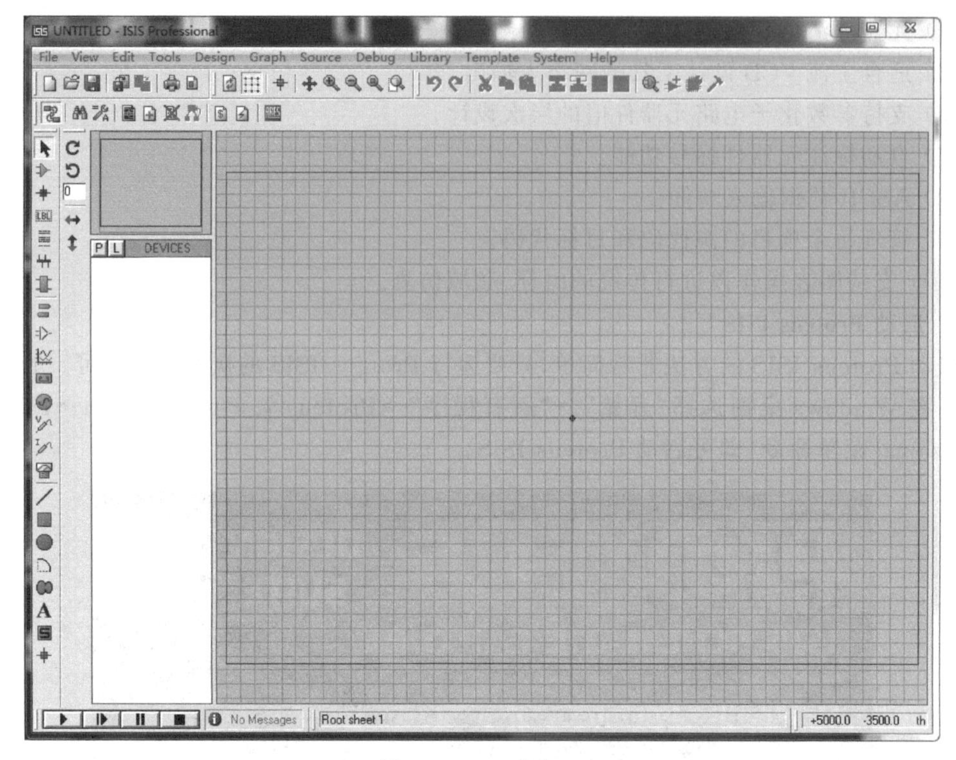

图 5-2 ISIS 主窗口

图 5-3 从 Windows 桌面快捷图标启动 ISIS

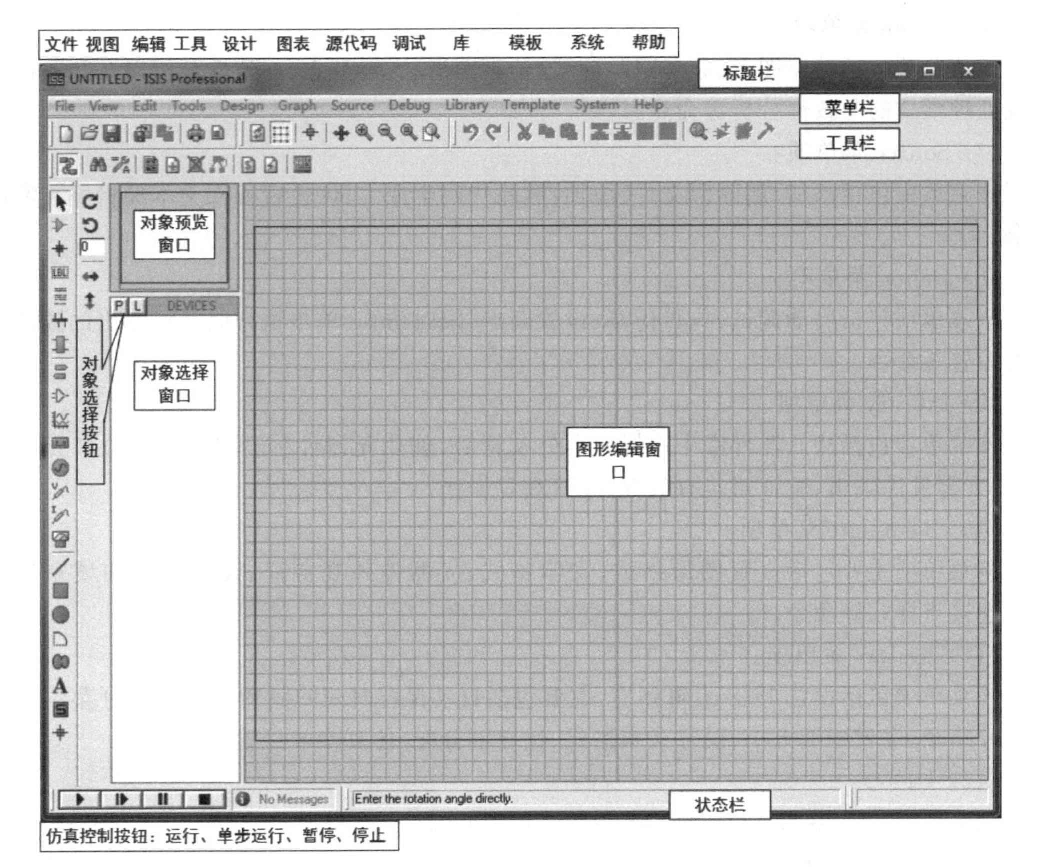

图 5-4　Proteus ISIS 的工作步骤

(1) File 菜单项。

该菜单项包括新建设计文件、打开(装载)已有的设计文件、保存设计文件、导入/导出部分文件、打印设计、显示最近的设计文件以及退出 ISIS 系统等常用操作。其中 ISIS 设计文件的后缀名为.DSN,部分文件的后缀名为.SEC。

(2) View 菜单项。

该菜单项包括重绘当前视图、通过元器件栅格、鼠标显示样式(无样式、"×"号样式、大"+"号样式)、捕捉间距设置、原理图缩放、元器件平移以及各个工具栏是否显示。

(3) Edit 菜单项。

该菜单项包括撤销/恢复操作、通过元器件名查找元器件、剪切、复制、粘贴,以及分层设计原理图时元器件上移或下移一层操作等。

(4) Tools 菜单项。

该菜单项包括实时注解、实时捕捉栅格、自动布线、搜索标签、属性分配工具、全局注解、导入 ASCII 数据文件,生成元器件清单、电气规则检查、网络表编译、模型编译等命令。

(5) Design 菜单项。

该菜单项包括编辑设计属性,编辑当前图层的属性,进行设计注释、电源端口配置、新建一个图层、删除图层、转到其他图层以及层次化设计时在父图层与子图层之间的转换等命令。

(6) Graph 菜单项。

该菜单项包括编辑图形、添加跟踪曲线、仿真图形、查看日志、一致性分析以及某路径文件批处理模式的一致性分析等命令。

(7) Source 菜单项。

该菜单项包括添加/删除源文件、添加/删除代码生成工具、设置外部文本编辑器和编译命令。

(8) Debug 菜单项。

该菜单项包括启动调试、执行仿真、设置断点、限时仿真、单步执行以及对弹出的调试窗口的设置等命令。

(9) Library 菜单项。

该菜单项包括从元器件库中选择元器件及符号、创建元器件、元器件封装、分解元器件操作、元器件库编辑、验证封装有效性、库管理等操作。

(10) Template 菜单项。

该菜单项主要包括设置图形格式、文本格式、元器件外观特征(线条颜色和填充颜色等)、连接点样式等命令。

(11) System 菜单项。

该菜单项包括设置 ISIS 编辑环境(主要包括自动保存时间间隔和初始化部分菜单)、选择文件路径、设置图纸大小、设置文本格式、快捷键分配、仿真参数设置等命令。

(12) Help。

该菜单项主要包括系统信息、ISIS 教程文件和 Proteus VSM 帮助文件以及设计实例等。

2) 图形编辑窗口

它占的面积最大,是用于绘制原理图的窗口。编辑区的蓝色方框称为图纸边界,在其中可以编辑设计电路(包括单片机系统电路),并进行 Proteus 仿真。

3) 对象选择窗口

对象选择窗口用来放置从库中选出的待用元器件、终端、图表和虚拟仪器等。原理图中所用元器件、终端、图表和虚拟仪器等,要先从库里选至此窗口。

4) 对象预览窗口

对象预览窗口可以显示两部分内容:一是在元器件列表中选择一个元器件时,显示该元器件的预览图;二是光标落在图形编辑窗口时,显示整张原理图的缩略图。

5) 工具栏、工具按钮及其功能

工具栏、工具按钮及其功能如图 5-5 所示,它提供了方便的可视化操作环境。

6) 仿真控制按钮

仿真运行控制按钮一般在 ISIS 窗口下方,从左至右依次是运行、单步运行、暂停、停止。

4. Proteus ISIS 原理图设计中的若干注意事项

1) 建立、保存、打开文件

选择 File→New Design 菜单命令,弹出如图 5-6 所示的 Create New Design(创建新设计)对话框。单击 OK 按钮,则以默认的 DEFAULT 模板建立一个新的图纸尺寸为 A4 的空白文件。若单击其他模板(如 Landscape A1),再单击 OK 按钮,则以 Landscape A1 模板建立一个新的图纸尺寸为 A4 的空白文件。

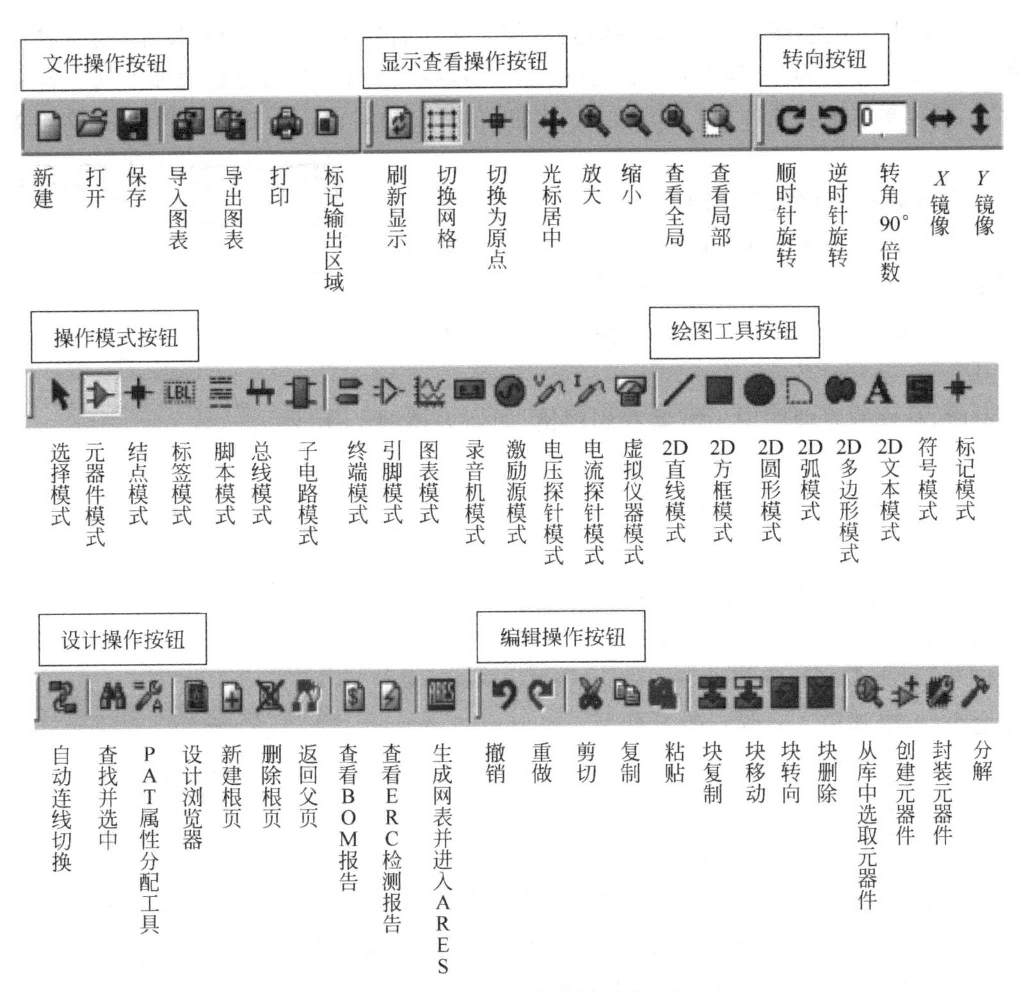

图 5-5 工具栏、工具按钮及其功能

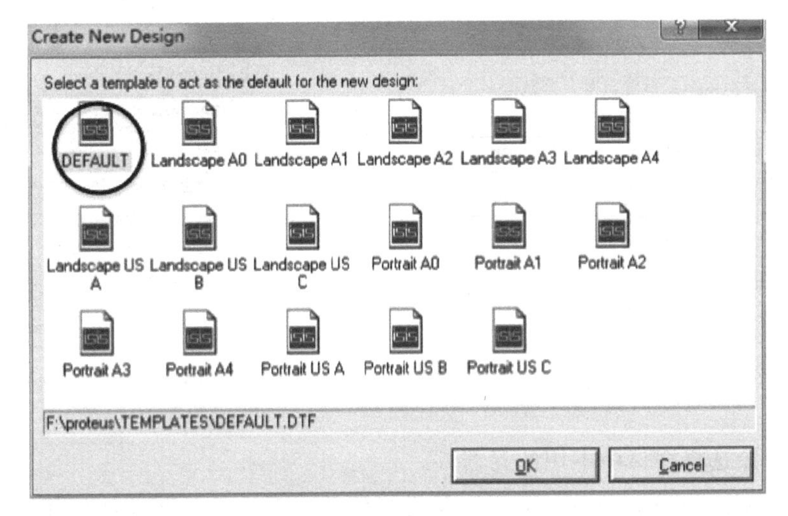

图 5-6 创建新设计文件

单击工具栏中的“保存”按钮，选择路径、输入文件名后再单击“保存”按钮，则完成新建文件操作，文件格式为 *.DSN（如 RCZDQ.DSN），后缀 DSN 是系统自动加上的。若文件已存在，则可单击工具栏中的“打开文件”按钮，在弹出的对话框中选择要打开的设计文件（*.DSN）。

2）设定网格单位和去掉网格

如图 5-7 所示，选择 View→Snap 0.1in 菜单命令，可将网格单位设定为 100th（0.1in＝100th＝2.54mm）。若需要对元器件做更精确的移动，可将网格单位设定为 50th 或 10th。

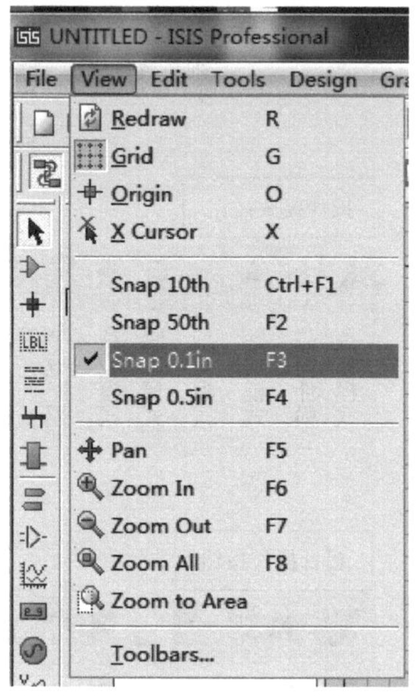

图 5-7 网格单位的设定

有时，画好的原理图中不需要看到网格，如何去掉网格呢？很简单，只需在图中单击网格图表，原理图中就看不到网格了。当然，再单击网格图表，就又看到网格了。

3）设置、改变图纸大小

在画图之前，一般要设定图纸的大小。Proteus ISIS 默认的图纸尺寸是 A4（长×宽为 10in×7in）。若要改变这个图纸尺寸，如改为 A3，则可选择 System→Set Sheet Size 菜单命令，出现如图 5-8 所示的对话框。可以选择 A0～A4 其中之一，也可以选中 User（自定义）复选框，再按需要更改右边的长和宽数据。

4）去掉图纸上的< TEXT >

画好原理图后，图纸上所有元器件的旁边都会出现< TEXT >，这时可选择 Template→Set Design Defaults 菜单命令，如图 5-9 所示，在打开的对话框中取消选中“Show hidden text?”复选框，如图 5-10 所示，即可快速隐藏所有的< TEXT >。

Sheet Size Configuration

A4	10in	by	7in
A3	15in	by	10in
A2	21in	by	15in
A1	32in	by	21in
A0	44in	by	32in
User	7in	by	10in

OK　Cancel

图 5-8 图纸大小设置

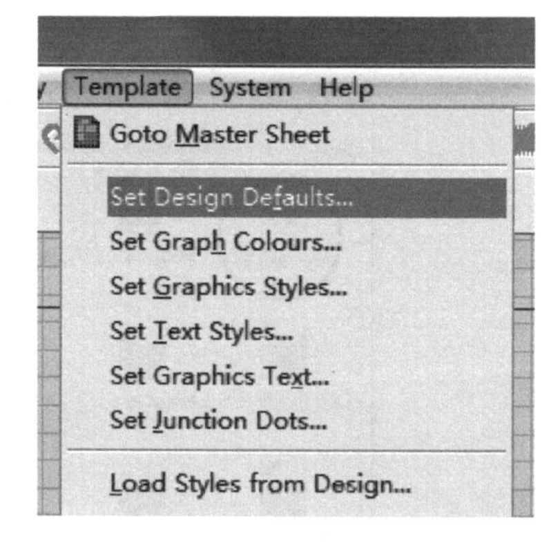

图 5-9 选择 Set Design Defaults 菜单命令

5）去掉对象选择窗口中不用的元器件

在设计电路原理图的过程中，有时对象选择窗口中多选了元器件，画图时并没有用；或者开始用过，后来删掉了。现在想把这些未用的元器件从对象选择器中去掉，方法如下：把

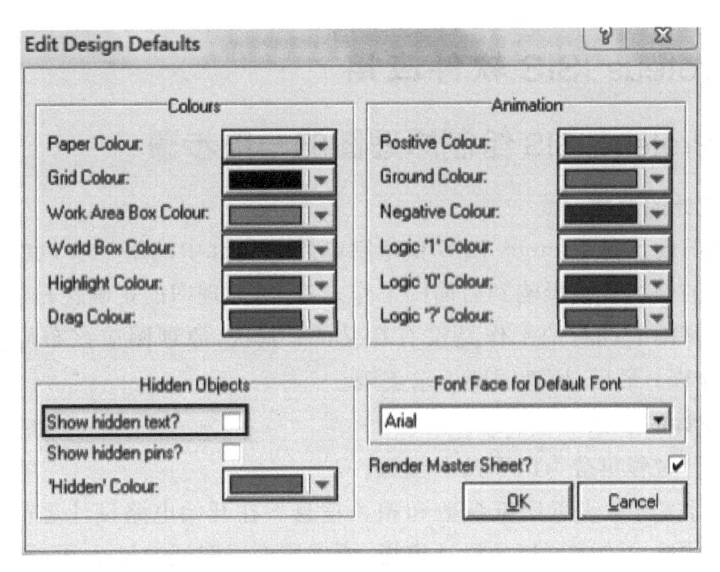

图 5-10　Edit Design Defaults 对话框

光标移到对象选择窗口中待删元器件名称上，右击，在弹出快捷菜单中（见图 5-11）选择 Tidy 命令，再单击 OK 按钮就把对象选择窗口中所有不用的元器件删除了。

5. 关闭 Proteus ISIS

关闭 Proteus ISIS 的方法很简单，主要有两种：一种是选择 File→Exit 菜单命令，即可退出运行中的 Proteus ISIS 软件；另一种是单击软件右上角的退出按钮退出应用程序。需要注意的是，在退出或关闭 Proteus ISIS 软件前应先保存所编译的电路原理图文件（.DSN）等；否则，软件将弹出“Save changes to current design?”的提示用户保存信息的对话框，如图 5-12 所示。

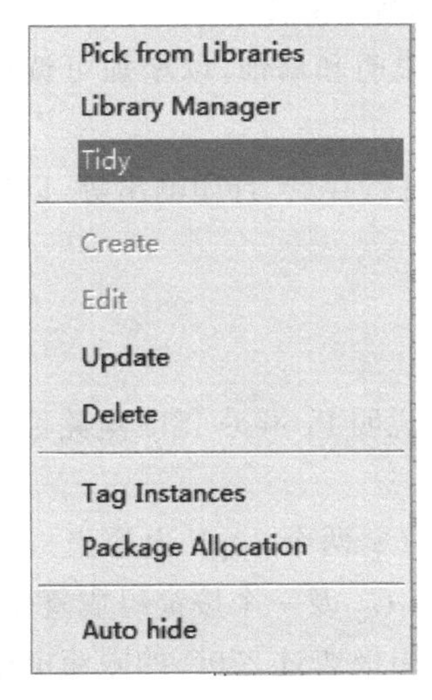

图 5-11　对象选择器中弹出的快捷菜单

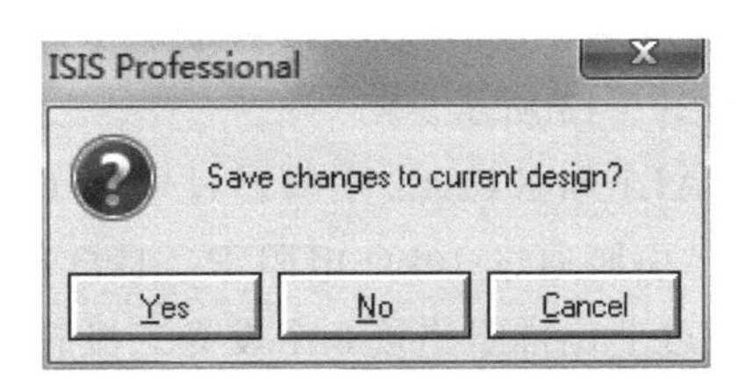

图 5-12　用户保存信息对话框

5.2 Proteus ISIS 软件应用

5.2.1 Proteus ISIS 绘制原理图的一般步骤

1. 原理图设计的要求

电路原理图的设计是 Proteus ISIS 和印制电路板设计中的第一步，也是非常重要的一步。原理图设计的好坏直接影响到后面的工作。首先，原理图的正确性是最基本的要求，因为在一个错误的基础上进行的工作是没有意义的；其次，原理图应该布局合理，以便于读图、查找和纠正错误；最后，原理图要力求美观。

2. 原理图设计的步骤

原理图的设计过程可分为以下几个步骤。

(1) 新建设计文件并设置图纸参数和相关信息。在开始电路设计之前，用户根据电路图的复杂度和具体要求确定所用的设计模板，或直接设置图纸的尺寸、样式等参数以及文件头等与设计有关的信息，为以后的设计工作建立一个合适的工作平面。

(2) 放置元器件。根据需要从元器件库中查找并选择所需的元器件，然后从对象选择器中将用户选定的元器件放置到已建立好的图纸上，并对元器件在图纸上的位置进行调整，对元器件的名称、显示状态、标注等进行设定，以方便下一步的布线工作。

(3) 对原理图进行布线。该过程实际上是将事先放置好的元器件用具有意义的导线、网络标号等连接起来，使各元器件之间具有用户所设计的电气连接关系，构成一张完整的电路原理图。

(4) 调整、检查和修改。在该过程中，利用 ISIS 提供的电气规则检查命令对前面所绘制的原理图进行检查，并根据系统提供的错误报告修改原理图、调整原理图布局，以同时保存原理图的正确和美观。最后视实际需要，决定是否生成网络表文件。

(5) 补充完善。在该过程中，主要是对原理图做一些说明和修饰，以增加可读性和可视性。

(6) 存盘和输出。该过程主要是对设计完成的原理图进行存盘、打印输出等，以供在以后的工作中使用。

5.2.2 Proteus ISIS 软件应用实例

现在以单片机 AT89C51 控制流水灯电路原理图为例，说明 Proteus ISIS 电路原理图的画法，如图 5-13 所示。

XTAL1 和 XTAL2 引脚通过外接 12MHz 晶振和 C_1、C_2 两个 30pF 电容组成晶振电路；RST 引脚通过 10kΩ 电阻 R_1，1kΩ 电阻 R_2，10μF 电容 C_3 及一个按键组成复位电路；$P0$ 口通过上位排阻连接 8 个发光二极管阴极，发光二极管阳极通过 220Ω 的限流电阻连接到 V_{CC} 电源。

根据电路原理图，所使用的元器件清单如表 5-1 所示。

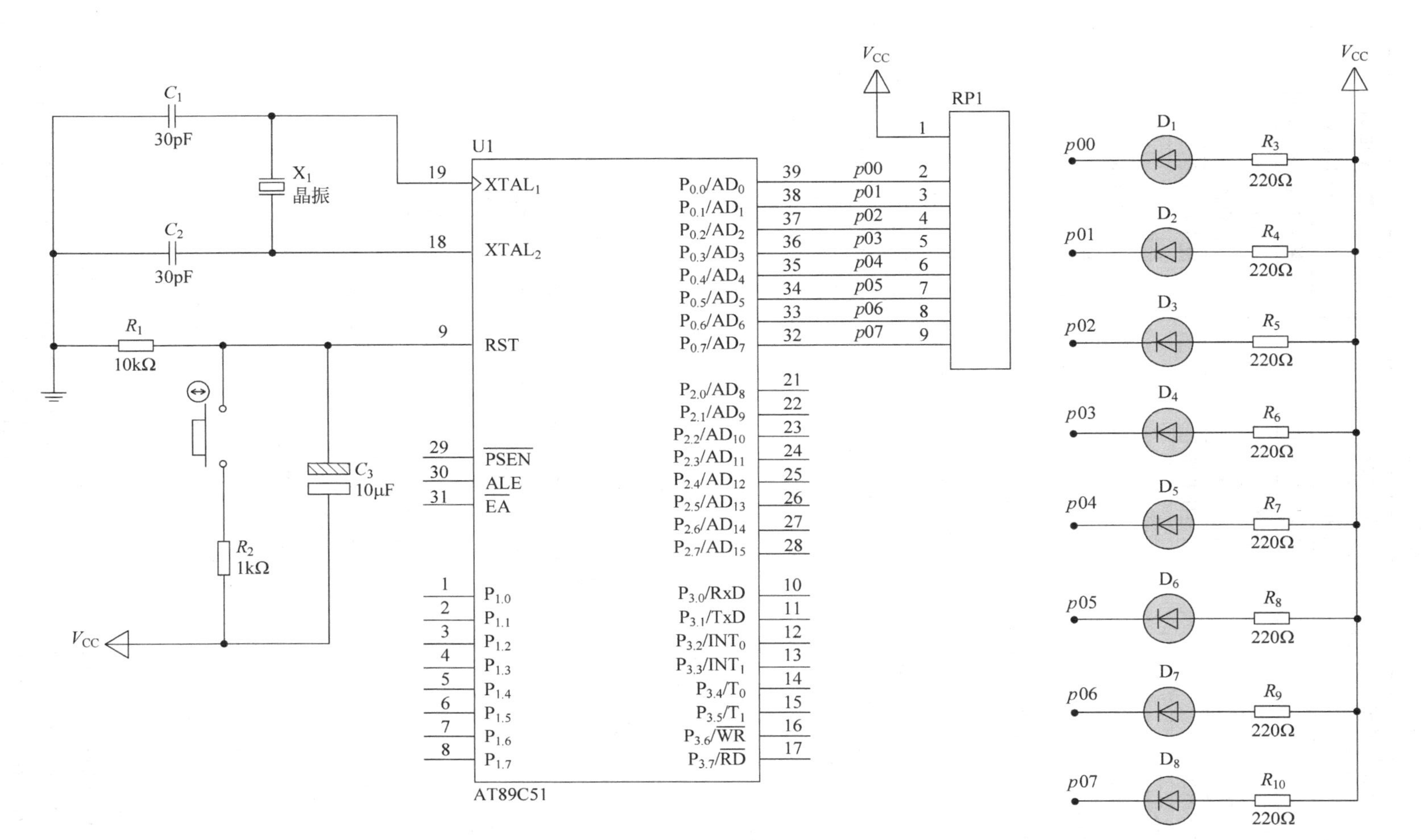

图 5-13 单片机 AT89C51 最小系统及控制流水灯电路原理图

表 5-1　元器件列表

Proteus 元器件名称	实际元器件	所 属 电 路
AT89C51	单片机	单片机最小系统
RES	电阻	复位电路，流水灯电路
CAP	电容	晶振电路
CAP-ELEC	电解电容	复位电路
RESPACK-S	8 电阻排阻	流水灯电路
CRYSTAL	晶振	晶振电路
LED-RED	红色发光二极管	流水灯电路
BUTTON	按键	复位电路

下面详细讲解电路原理图的一般绘制过程。

1）新建及保存设计文件

打开 Proteus ISIS 工作界面，选择菜单中的 File→New Design 命令，如图 5-14 所示，弹出选择模板对话框，选择 DEFAULT 模板，如图 5-15 所示，单击 OK 按钮，然后选择菜单中的 File→Save Design 命令，弹出如图 5-16 所示的 Save ISIS Design File 对话框。从中选好保存路径，在“文件名”框中输入 liushuideng 后，单击“保存”按钮，即完成新建设计文件的保存，文件自动保存为 liushuideng. DSN 文件，注意，文件的扩展名被自动设置为. DSN，如图 5-17 所示。

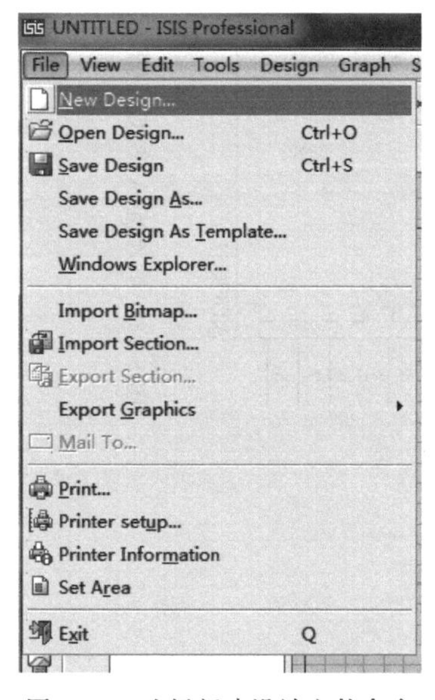

图 5-14　选择新建设计文件命令

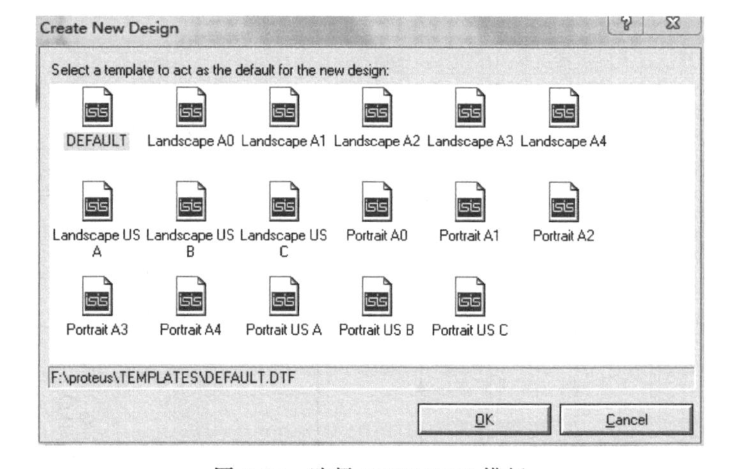

图 5-15　选择 DEFAULT 模板

2）放置元器件

在绘制电路原理图之前，应将图中多次使用的元器件从元器件库中选出来。同一个元器件不管图中使用多少次，只取一次即可。从元器件库中选择元器件时，可输入所需元器件的全称或部分名称，从元器件拾取窗口可以进行快速查询。

图 5-16　保存 ISIS 设计文件

图 5-17　文件保存为 liushuideng. DSN 格式

单击对象选择窗口上方的 P 按钮(见图 5-4),弹出如图 5-18 所示的 Pick Devices 对话框。

(1) 添加单片机。在如图 5-19 所示的 Pick Devices 对话框的 Keywords 文本框中输入 AT89C51,然后从 Result 列表框中选择所需要的型号。此时元器件的预览窗口中分别显示

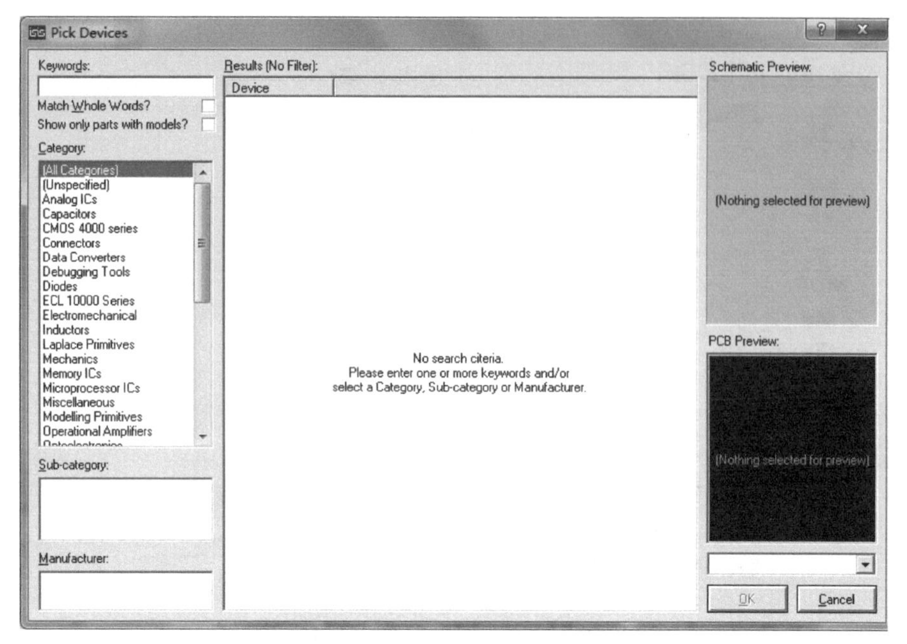

图 5-18　Pick Devices 对话框

元器件的原理图和封装图。单击 OK 按钮或直接双击 Result 列表中的 AT89C51 都可将选中的元器件添加到对象选择器中。

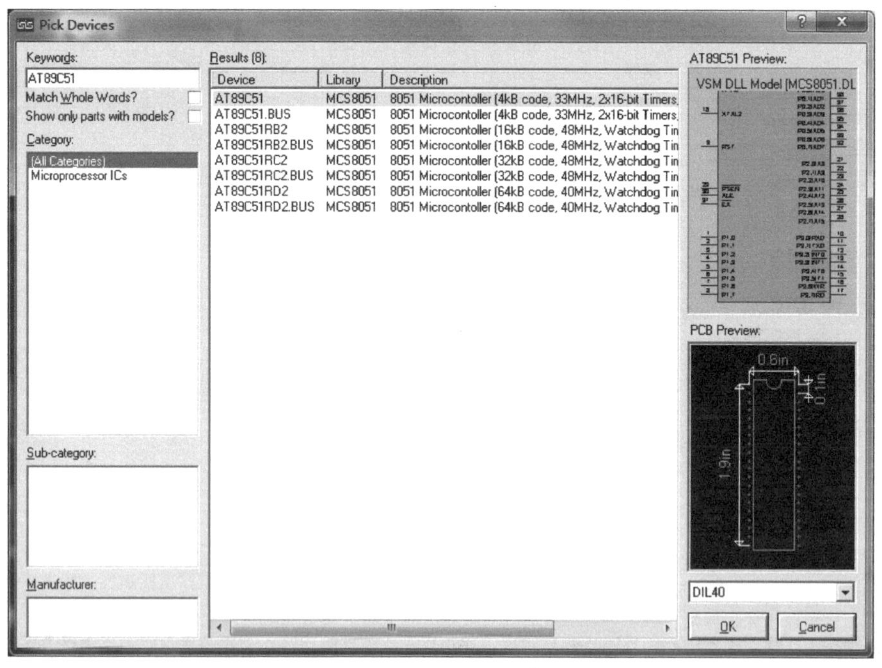

图 5-19　添加 AT89C51 单片机

(2) 放置单片机 AT89C51。在对象选择器中单击 AT89C51，然后将光标移入图形编码窗口，在任意位置单击即可出现一个随光标浮动的元器件原理图符号。移动光标到适当的位置，单击即可完成该元器件的放置，如图 5-20 所示。

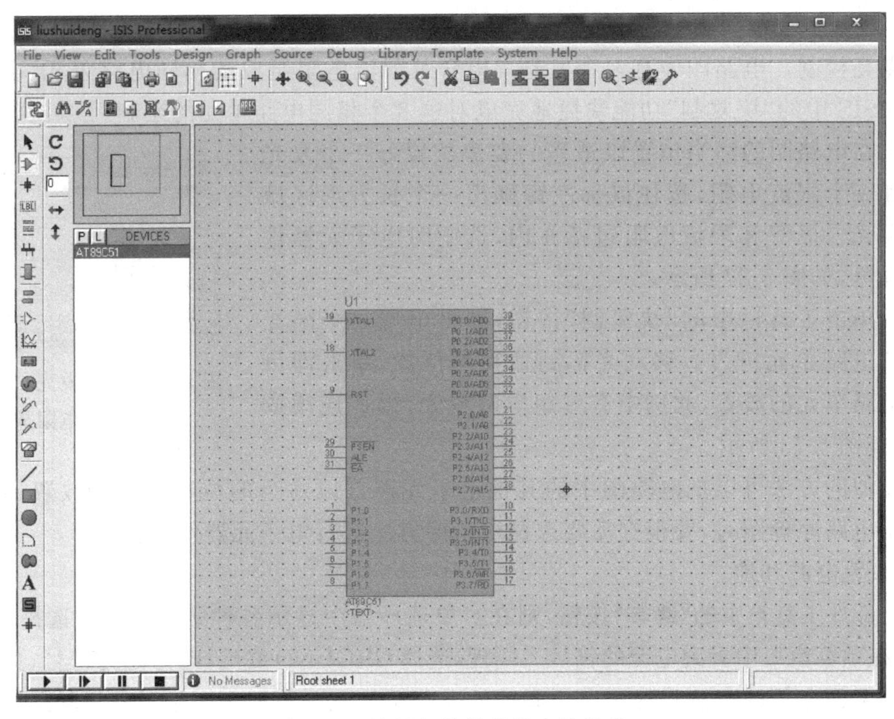

图 5-20 放置好的单片机电路符号

(3) 元器件的移动、旋转和删除。右击 AT89C51 单片机，弹出如图 5-21 所示的快捷菜单。此快捷菜单中有移动、以各种方式旋转和删除等命令。若需要对单片机上下翻转兼左右翻转，则选择 X-Mirror 和 Y-Mirror 命令。

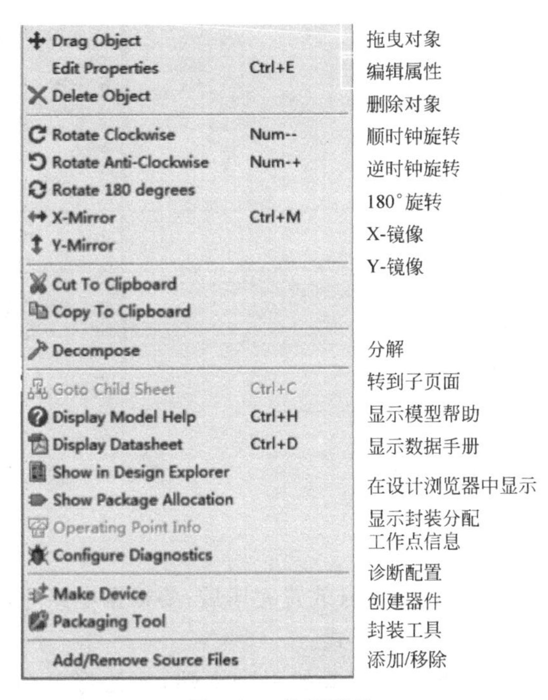

图 5-21 快捷菜单

(4) 放置多个相同的电路单元。在此例中，通过 $P0$ 口的 8 个 I/O 对 8 个发光二极管进行流水点亮控制。电路图中有 8 个发光二极管及限流电阻组成的相同电路单元，可以使用 Proteus ISIS 中的“块复制”功能快捷地完成对这 8 个相同电路单元的绘制。

首先在电路图的适当位置以适当的姿势放置好一个发光二极管和一个限流电阻，按住鼠标左键画出一个长方形区域将这组发光二极管和限流电阻包括在内，选中时电子元器件边缘呈红色，如图 5-22 所示。

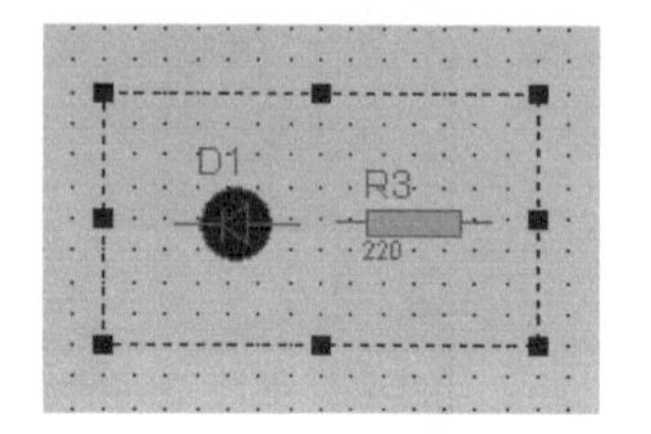

图 5-22 一组发光二极管和限流电阻放置

然后单击工具栏中的“块复制”按钮，即可出现一个随光标浮动的电路单元符号。移动光标到适当的位置，单击即可完成该电路单元的放置，此例中有 8 组电路单元，因此连续放置 7 次，如图 5-23 所示。

用类似的方法可以把电路图中的其他电子元器件以适当的位置和姿势放置到电路图中。绘制电路原理图时，要根据需要选择合适的方法进行电子元器件的放置。

3) 放置电源和地

单击部件工具箱中的“终端”按钮，则在对象选择器中显示各种终端。从中选择 POWER 终端，可在预览窗口中看到电源的符号。同理，选择 GROUND 终端，即为地的符号，如图 5-24 所示。用上面介绍的方法将这些电源和地的电路符号放置到原理图编辑窗口的适当位置。

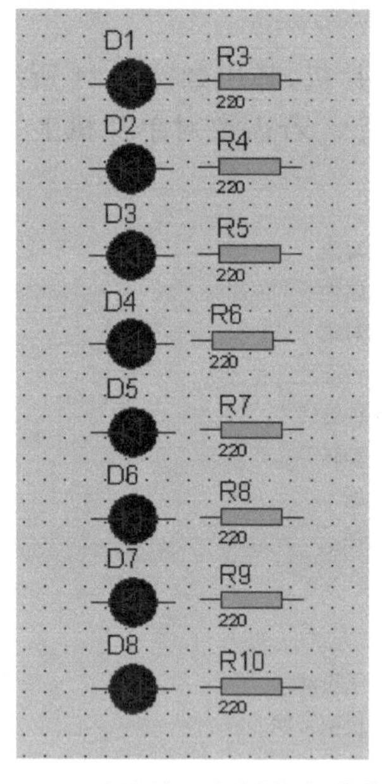

图 5-23 连续放置相同的电路单元

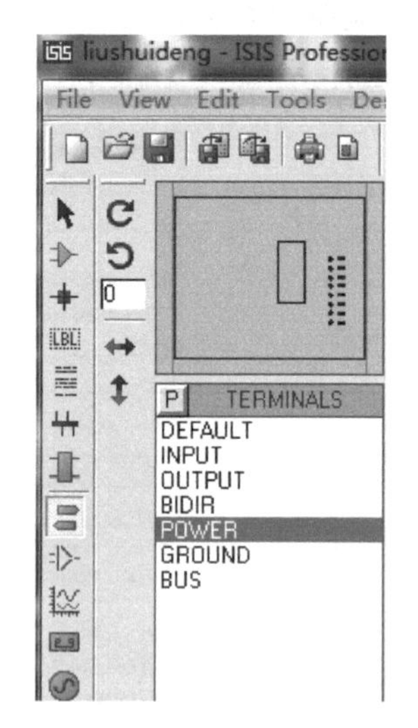

图 5-24 预览窗口中电源的符号

4) 连线

将电子元器件、电源和地的电路符号放置完毕后，要根据电路原理图将电气中相连的部分用连线连接起来。主要有以下 3 种形式。

(1) 直接连线。将光标靠近一个对象的引脚末端，该处将自动出现一个红色小方块。按下并拖动，放在另一个对象的引脚末端。该处同样出现这个红色小方块时，单击鼠标左键，就可以将上述两个引脚末端画出一根连线来。如在拖动鼠标画线时需要拐弯，只需要在拐弯处单击即可。

(2) 通过网络标号连线。可以给每个引出的线添加网络标号。在 Proteus 仿真时，系统会认为网络标号相同的引脚是连在一起的。可以选择用直接连线法已经连好的线，也可以重新绘制并没有直接连线接连在一起的对象。将光标靠近一个对象的引脚末端，该处将自动出现一个红色小方块。按下鼠标左键并拖动，在空白处双击，则可以看到连线的另一端有一个节点，即将该对象的引脚处引出一条连线。单击绘制工具栏中的标号按钮，把光标移到需要放置网络标号的电子元器件连线上，连线上出现"×"号时，单击，即会弹出如图 5-25 所示的 Edit Wire Label 对话框，在 String 文本框中输入网络标号，如 p00，再单击 OK 按钮，即可完成一个网络标号的添加，其他网络标号的方法与此类似，此处不再赘述。

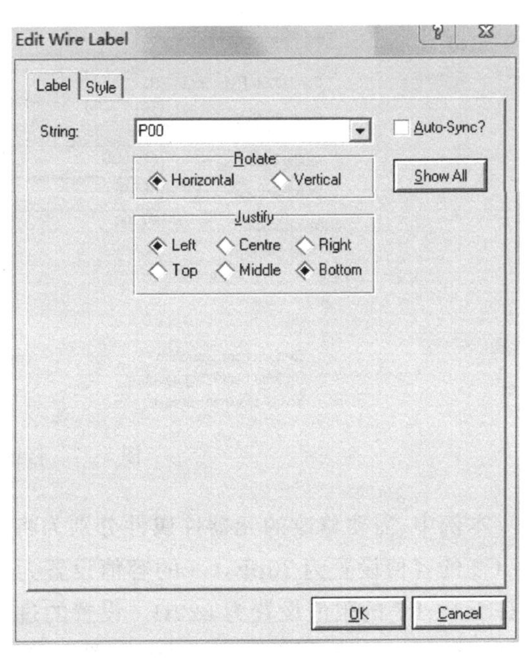

图 5-25　网络标号的添加

(3) 通过总线连接。单击绘制工具栏的"总线"按钮，可在原理图中放置总线。将需要连接的电子元器件引脚引出连线连接至总线上，并添加网络标号。注意：系统会认为网络标号相同的引脚是连在一起的(本例中没有用到总线连线，读者可以自行练习)。连线工作完成后的电路原理图如图 5-26 所示。

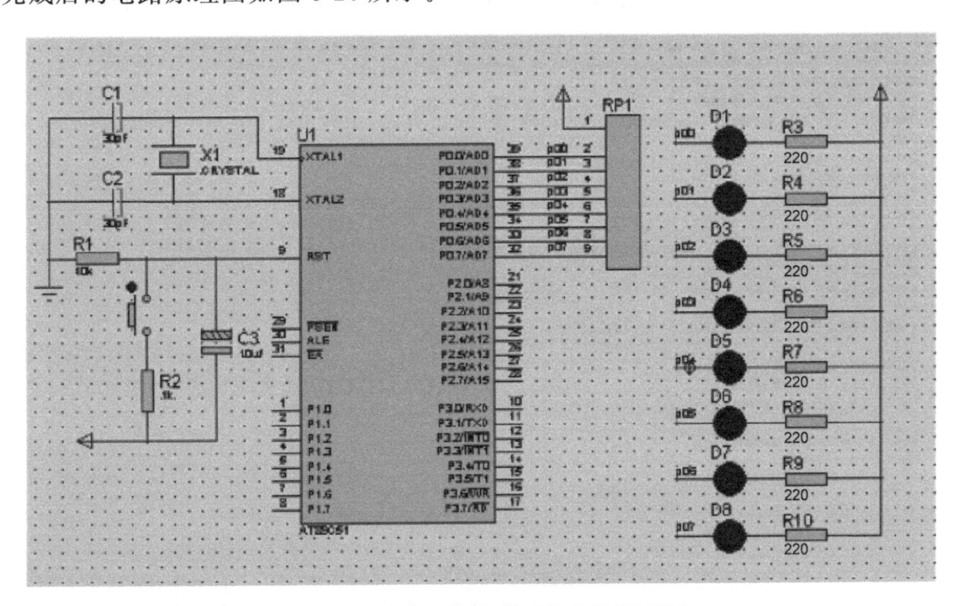

图 5-26　连线工作完成后的电路原理图

5）设置、修改元器件属性

在需要修改属性的元器件上双击，即可弹出 Edit Component 对话框，在此对话框中设置或修改元器件属性。例如，要修改如图 5-26 中 R3 电阻的阻值为 220Ω，如图 5-27 所示。

Edit Component

Component Reference: R3 Hidden:
Resistance: 220 Hidden:
Model Type: ANALOG Hide All
PCB Package: RES40 ? Hide All
Stock Code: M470R Hide All
Other Properties:
Exclude from Simulation
Exclude from PCB Layout
Edit all properties as text
Attach hierarchy module
Hide common pins
OK
Help
Cancel

图 5-27 修改元器件属性

本例中，需要修改的元器件属性分别为将晶振(Crystal)X1 的频率设置为 12MHz，电容 C1、C2 的容值设置为 30pF，C3 的容值设置为 10μF，电阻 R1、R2 的阻值分别设置为 10kΩ、1kΩ，R3～R7 的阻值设置为 220Ω。设置的过程可以在放置该元器件后就立即进行，也可以绘制完整个电路原理图后逐一对各元器件进行设置。

6）电气规则检查

设计完电路原理图后，选择菜单中的 Tools→Electrical Rules Check 命令，则弹出如图 5-28 所示的电气规则检查结果对话框。如果电气规则无误，则系统会给出 No ERC errors found 的提示信息；如果电气规则有误，则系统会给出 ERC errors found 的提示信息，并指出错误所在。

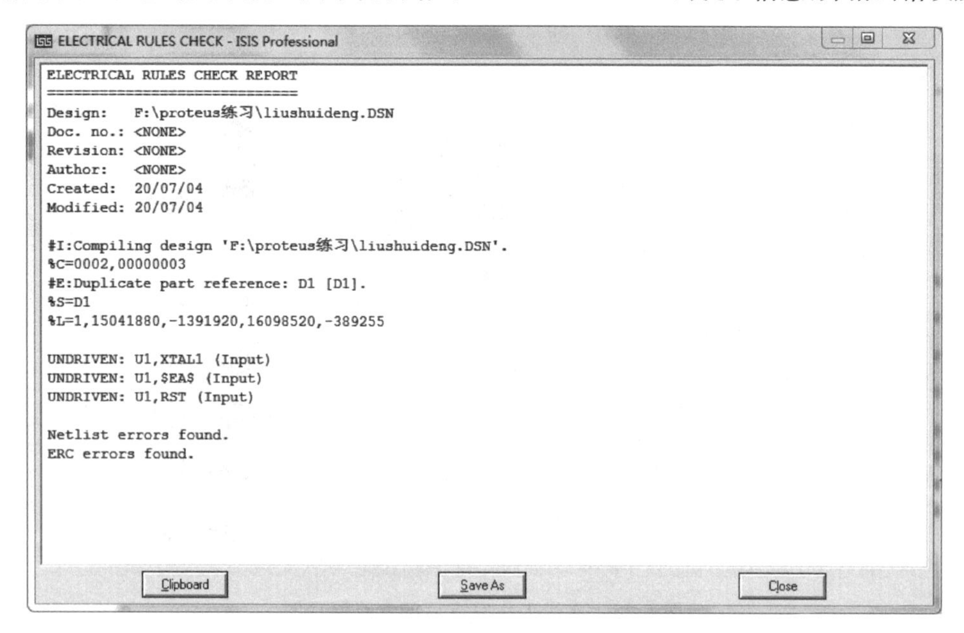

ELECTRICAL RULES CHECK - ISIS Professional

```
ELECTRICAL RULES CHECK REPORT
=============================
Design:   F:\proteus练习\liushuideng.DSN
Doc. no.: <NONE>
Revision: <NONE>
Author:   <NONE>
Created:  20/07/04
Modified: 20/07/04

#I:Compiling design 'F:\proteus练习\liushuideng.DSN'.
%C=0002,00000003
#E:Duplicate part reference: D1 [D1].
%S=D1
%L=1,15041880,-1391920,16098520,-389255

UNDRIVEN: U1,XTAL1 (Input)
UNDRIVEN: U1,$EA$ (Input)
UNDRIVEN: U1,RST (Input)

Netlist errors found.
ERC errors found.
```

Clipboard Save As Close

图 5-28 电气规则检查结果对话框

在图 5-28 中，有一个错误，是 U1 上 $\overline{EA}$ 输入端未接入。这个错误不影响仿真运行。因为在 Proteus ISIS 中绘制电路原理图时，$\overline{EA}$ 引线可以直接省略，不影响仿真效果。更进一步地，晶振电路、复位电路与电源的连接都可以省略。

7）标题栏、说明文字和头块的放置

按照惯例，设计图中都应该有一个标题栏和说明文字用来说明该电路的功能以及一个头块来说明如设计名、作者、设计日期等信息。

（1）标题栏的放置步骤。

单击 2D 图形模式工具栏中的 A 图标按钮，在对象选择器中选择 MARKER 选项即可弹出如图 5-29 所示的对话框，在 String 文本框中直接输入标题名称 liushuideng，或者输入"@DTITLE"表示该文本框的值，该值将显示在 Edit Design Properties 对话框的 Title 文本框中。同时，在该对话框中可以设置标题栏的位置、字体样式、字高、粗体、斜体、下画线和突出显示等，在下方的示例区可以预览用户所选择的样式。

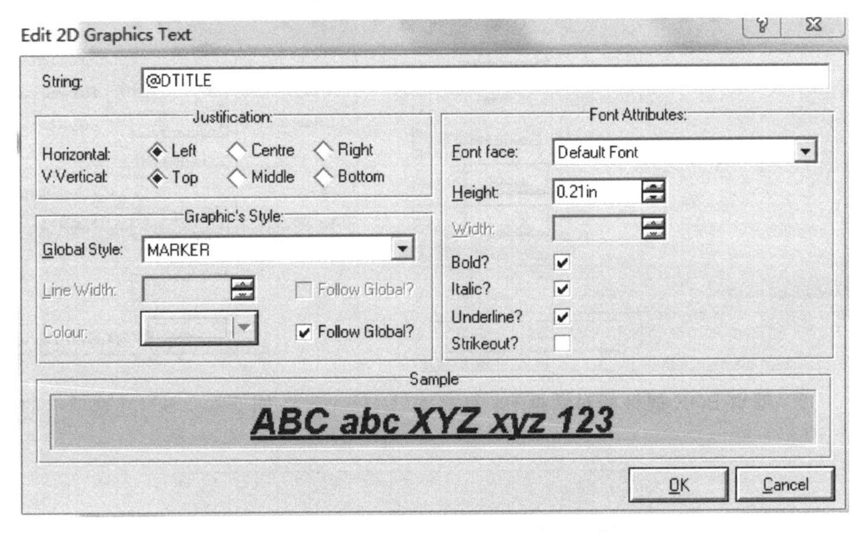

图 5-29　2D 图形文本编辑对话框

选择 Design→Edit Design Properties 菜单命令，弹出如图 5-30 所示的对话框，在该对话框中输入该设计的标题等信息，在原理图中可以看到标题如图 5-31 所示。

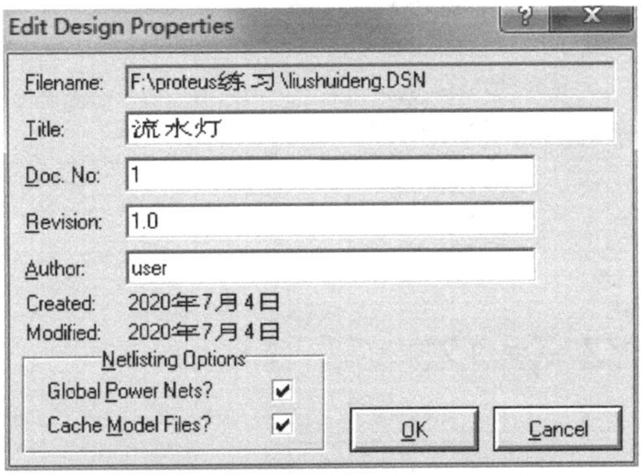

图 5-30　编辑设计属性对话框

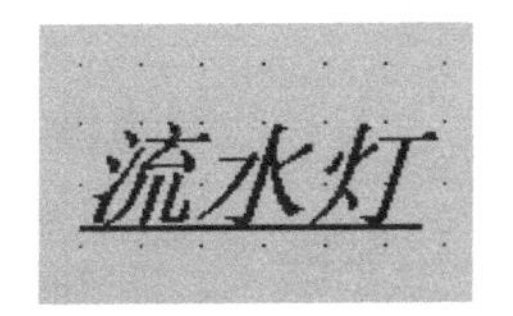

图 5-31　设计的标题

(2) 说明文字的添加步骤。

单击 2D 图形工具栏中方块图标按钮，在原理图中拖放出一个标题块区域。

右击选中该对象，并单击，按图 5-32 编辑该 BOX 属性。

单击主模式工具栏中图标按钮，在上述标题块区域单击，在弹出的对话框中编辑说明文字属性，如图 5-33 所示，选择 Style 选项卡，可对文字样式进行设置，如图 5-34 所示。最终电路图中呈现的实际效果如图 5-35 所示。

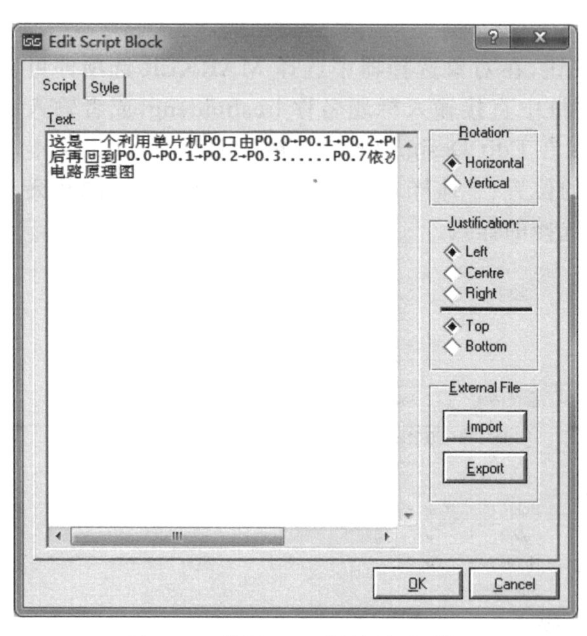

图 5-32 编辑 BOX 属性的对话框

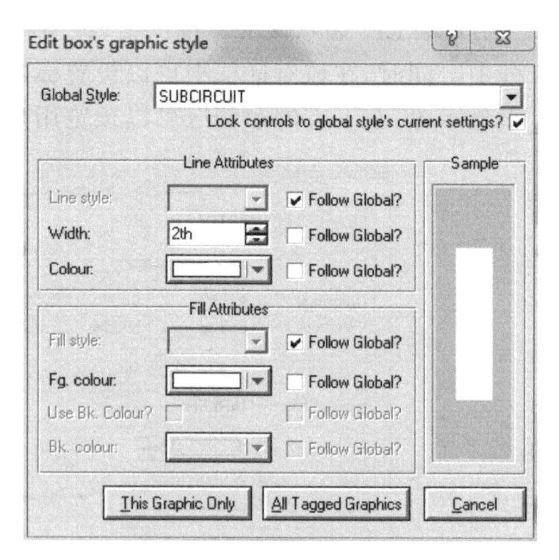

图 5-33 Script 选项卡的设置

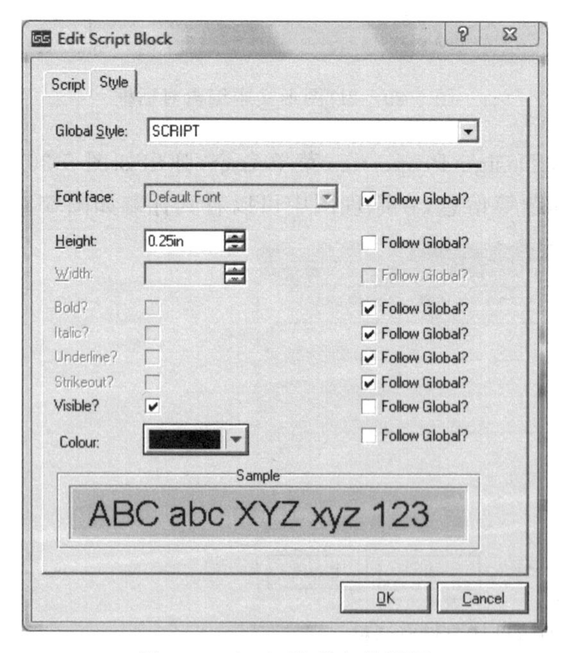

图 5-34 Style 选项卡的设置

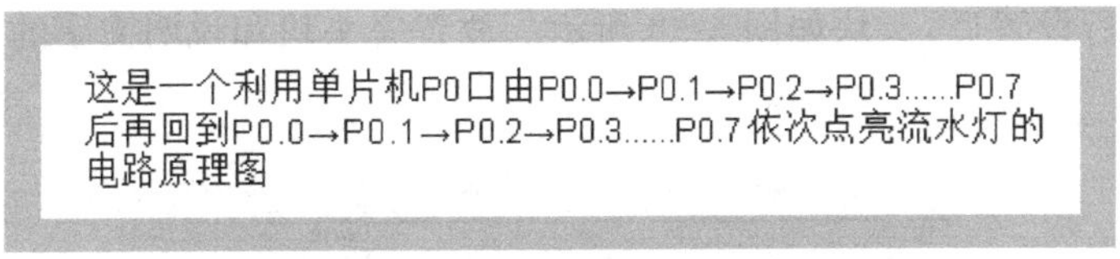

这是一个利用单片机P0口由P0.0→P0.1→P0.2→P0.3......P0.7后再回到P0.0→P0.1→P0.2→P0.3......P0.7依次点亮流水灯的电路原理图

图 5-35　说明文字添加后完成的效果

(3) 在原理图中放置头块。

用户可以直接放置 ISIS 提供的 HEADER 或者按照放置标题块区域自行设计头块格式。

直接放置 HEADER 头块：

① 选择 Design→Edit Design Properties 菜单命令，弹出如图 5-36 所示的对话框，在该对话框中填写头块中相关项目的具体信息；

② 单击 2D 图形工具栏中的 S 图标按钮；

③ 单击对象选择器中的 P 按钮，出现 Pick Symbols 对话框；

④ 在 Libraries 列表框中选择 SYSTEM，在 Objects 列表框中选择 HEADER，如图 5-37 所示；

⑤ 在原理图编辑窗口的合适位置单击放置头块，头块包括图名、作者、版本号、日期和图纸页数。

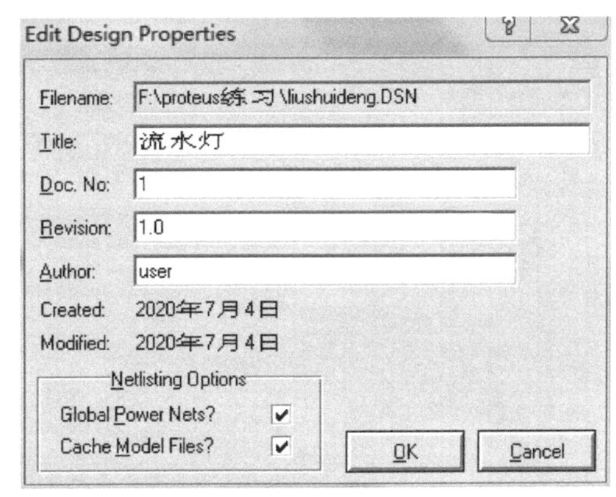

图 5-36　编辑设计属性对话框

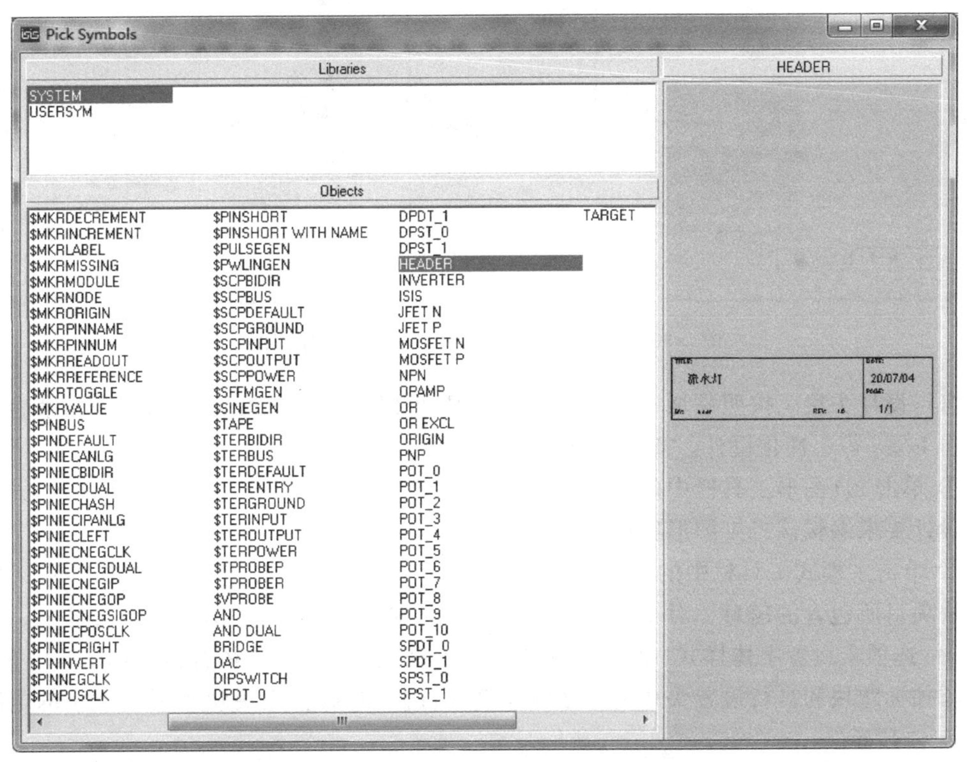

图 5-37　选择 HEADER 头块对话框

按照上述进行设置后，头块如图 5-38 所示。放置完头块和说明文字的电路图如图 5-39 所示。

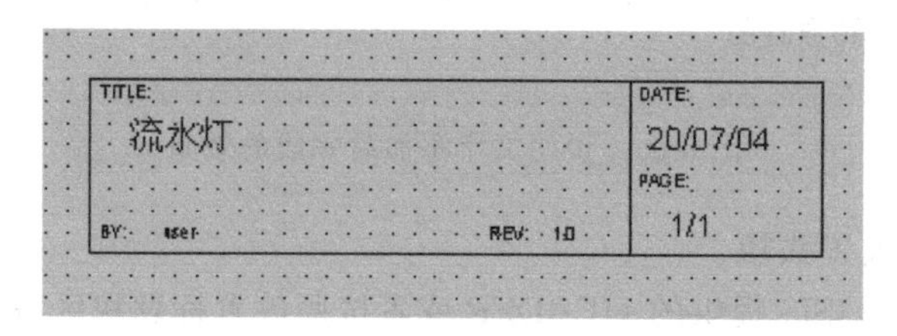

图 5-38 设计完成的头块

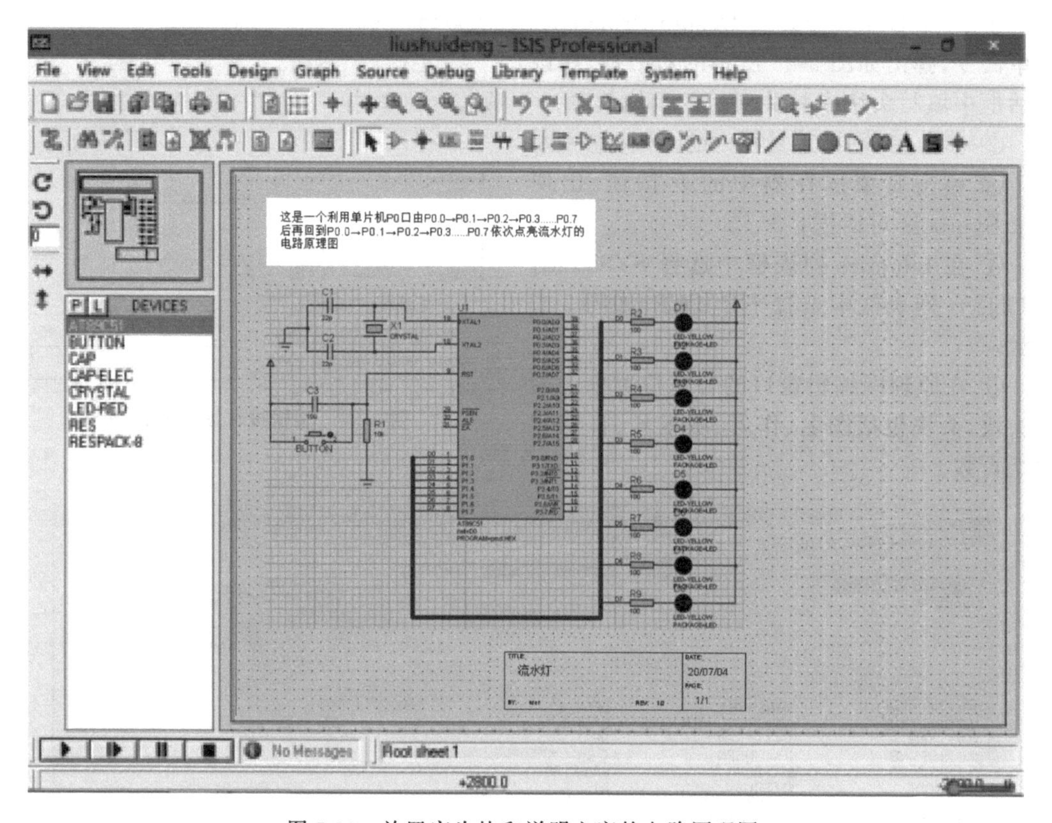

图 5-39 放置完头块和说明文字的电路原理图

自行设计头块。按照添加标题块同样的步骤，可以自行设计头块，该方法非常适合于放置公司 Logo 等个性化设计。步骤如下：

① 单击 2D 图形工具栏中的方块图标按钮，在原理图中拖放出一个标题块区域，并按照具体设计要求编辑该二维图形区域属性；

② 单击主模式工具栏中的横线图标按钮，在上述标题块区域单击，在弹出的对话框输入头块项目所包含的信息。对于不同样式的文字要求，可以多次使用图标进行输入。并单击 Style 选项卡设置字体样式、文字颜色、粗细、下画线、斜体等具体样式，如图 5-40 所示。按照添加标题块和自行设置头块的方法对本例进行修饰，放置完头块和说明文字的电路图如图 5-41 所示。

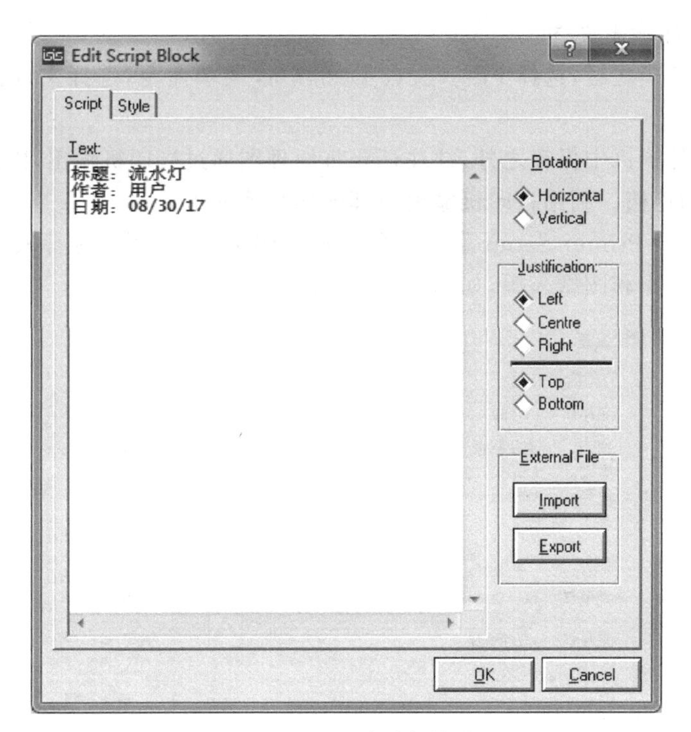

图 5-40　Script 选项卡的设置

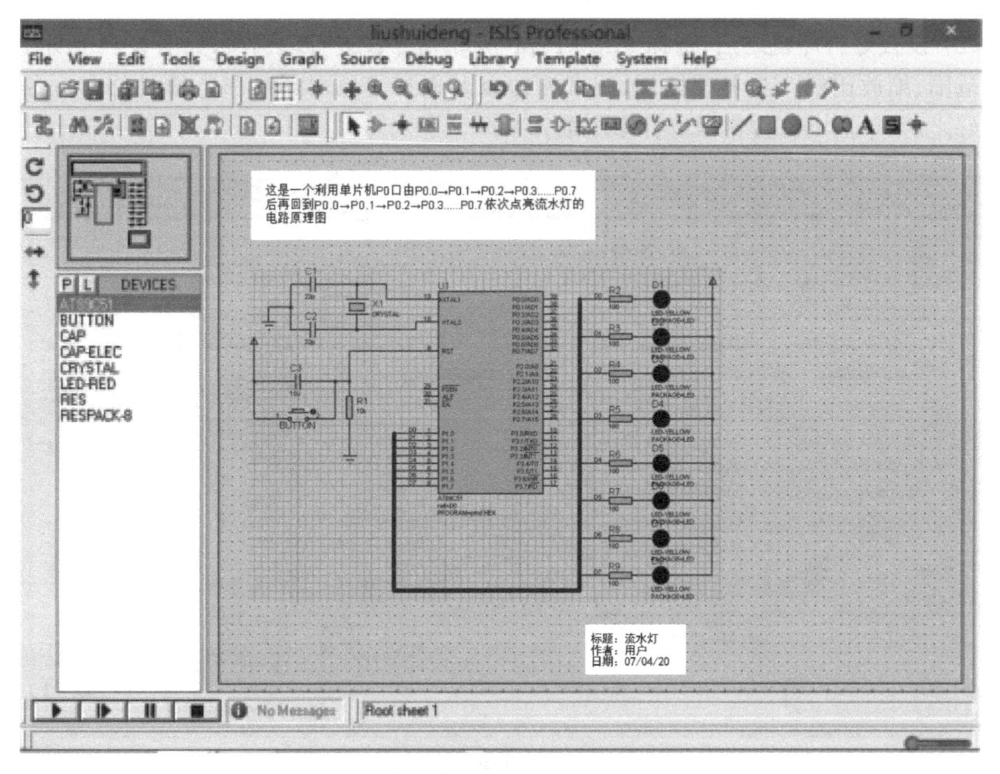

图 5-41　添加标题块和头块之后的设计图

8）存盘及打印输出文件

原理图设计完毕之后，选择 File→Save Design as 菜单命令，选择文件保存路径和文件名，进行存盘。

除了应当在计算机中保存之外，往往还要将原理图通过打印机输出，以便设计人员进行检查校对、参考和存档。利用打印机输出原理图的步骤如下。

（1）选择 File→Printer Setup 菜单命令设置打印选项，主要是选择安装的打印机以及选择输出图纸的大小和图纸来源，如图 5-42 所示。

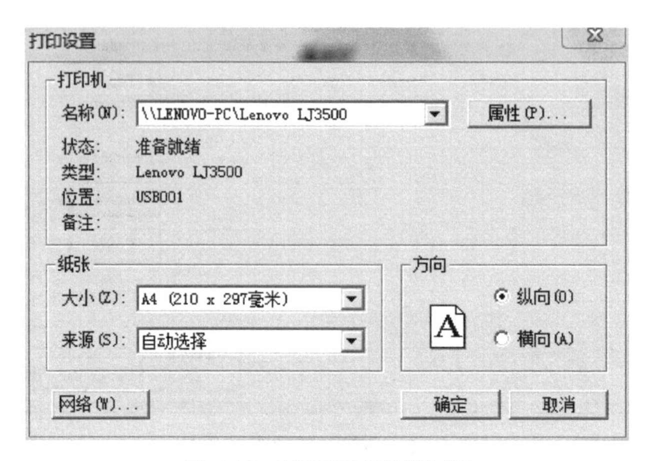

图 5-42 “打印设置”对话框

（2）设置好打印机之后，选择 File→Print 菜单命令设置打印选项，如图 5-43 所示，包括打印范围、缩放比例、XY 补偿比例、图纸方向以及选择是黑白还是彩色样式打印。各项都设置好之后，单击 OK 按钮即可打印图纸。

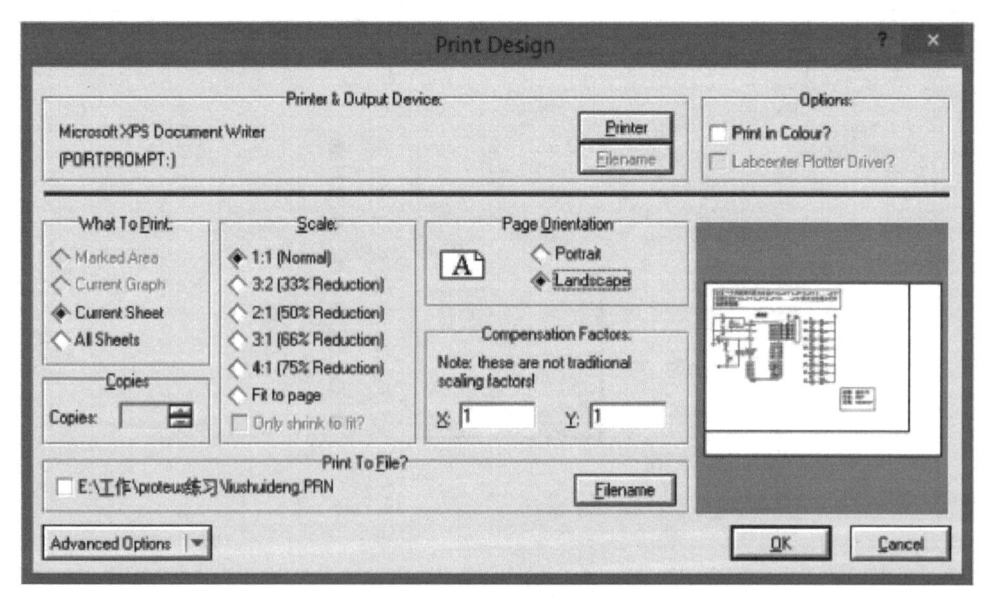

图 5-43 设置打印选项

本章小结

本章内容主要介绍单片机系统软件开发平台——Proteus ISIS，Proteus ISIS 支持各种模拟元器件、集成电路与众多型号的单片机系统的仿真、分析，可以用于电路原理图设计、印制电路板(PCB)绘制，包含 30 多个元器件库，以及丰富的虚拟仪表与观察窗口，并结合交换可视化的工作界面，得到大多数学习电子系统设计者的青睐。本章以具体实例引入，详细说明了基于 Proteus ISIS 的单片机应用系统的软件开发过程，步骤清晰，并结合图文说明，更加生动形象，易于初学者读懂。使用者只有在实际的开发应用中多加练习才能大大提高对软件的熟悉程度，从而缩短单片机应用系统的开发周期，更加高效地完成系统设计。

思考题与习题

5-1　Proteus ISIS 的工作界面中包含哪几个窗口？菜单栏中包含哪几个选项？

5-2　利用 ISIS 模块开发单片机系统需要经过哪几个主要步骤？

5-3　什么是 PCB？利用 ARES 模块进行 PCB 设计需要经过哪几个主要步骤？

5-4　在 Proteus ISIS 软件中，如何操作可去掉电路原理图中的栅格？

5-5　在 Proteus ISIS 软件中，如何使用网络标号的形式进行连线？

5-6　在 Proteus ISIS 软件中绘制 MCS-51 单片机最小系统。

第6章 MCS-51单片机的定时器/计数器

CHAPTER 6

定时和计数是两项重要的功能，在实际的应用控制系统中应用十分普遍。常见的定时器/计数器专用芯片有8253、8254等，基于应用的需要和方便，许多系列的单片机本身都带有定时器和计数器，即定时器/计数器T0和定时器/计数器T1，它们都具有定时和计数的功能，并且有4种工作方式可供选择。在单片机内部有两个专用寄存器(TMOD、TCON)用来存放控制定时器/计数器工作的相关参数，如工作方式、定时计数选择、溢出标志、触发方式等。下面介绍MCS-51系列单片机的定时器/计数器。

6.1 定时计数概念

6.1.1 计数概念

同学们选班长时，要投票，然后统计选票，常用的方法是画“正”，每个“正”字5画，代表5票，最后统计“正”字的个数即可，这就是计数。单片机有两个定时器/计数器T0和T1，都可对外部输入脉冲计数。

我们用一个瓶子盛水，水一滴滴地滴入瓶中，水滴不断落下，瓶的容量是有限的，过一段时间之后，水就会滴满瓶子，再滴就会溢出。单片机中的计数器也一样有容量，T0和T1这两个计数器分别是由两个8位的RAM单元组成的，即每个计数器都是16位的计数器，最大的计数量是65 536。

6.1.2 定时

一个钟表，秒针走60次，就是1分钟，所以时间就转化为秒针走的次数，也就是计数的次数，可见，计数的次数和时间有关。只要计数脉冲的间隔相等，则计数值就代表了时间，即可实现定时。秒针每次走动的时间是1秒，秒针走60次，就是60秒，即1分钟。

因此，单片机中的定时器和计数器是一个东西，只不过计数器记录的是外界发生的事情，而定时器则是由单片机提供一个非常稳定的计数源。

6.1.3 溢出

水滴满瓶子后，再滴就会溢出。单片机计数器溢出后将使得TF0变为1，一旦TF0由0变成1，就会引发事件，就会申请中断。

6.2 定时器/计数器的结构

视频讲解

6.2.1 总体结构

定时器/计数器 T0 和 T1 的结构如图 6-1 所示。它由加法计数器、工作方式寄存器 TMOD、控制寄存器 TCON 等组成,内部通过总线与 CPU 相连。

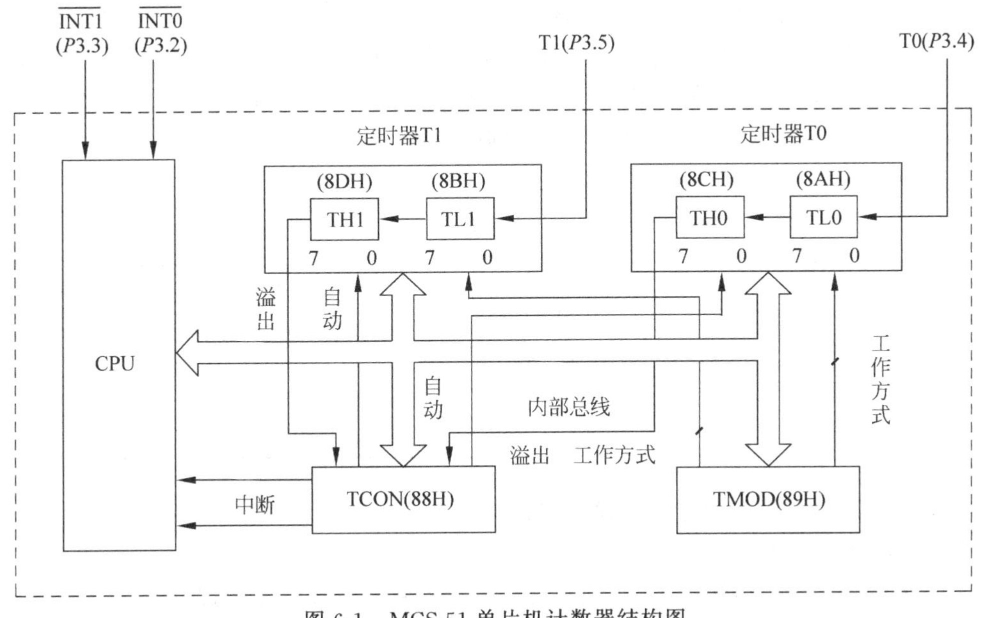

图 6-1 MCS-51 单片机计数器结构图

定时器/计数器的核心是 16 位加法计数器,图中定时器/计数器 T0 的加法计数器用特殊功能寄存器 TH0 和 TL0 表示,TH0 表示加法计数器的高 8 位,TL0 表示加法计数器的低 8 位。TH1 和 TL1 则分别表示定时器/计数器 T1 的加法计数器的高 8 位和低 8 位。每个定时器内部结构实际上就是一个可编程的加法计数器,通过编程来设置它工作在定时状态还是计数状态。

16 位加法计数器的输入端每输入一个脉冲,16 位加法计数器的值就自动加 1。当计数器的计数值超过加法计数器字长所能表示的二进制数的范围而向第 17 位进位时,计数溢出,置位定时中断请求标志,向 CPU 申请中断。

16 位加法计数器编程选择对内部时钟脉冲进行计数或对外部输入脉冲计数。对内部脉冲计数时称为定时方式,对外部脉冲计数时称为计数方式。

6.2.2 工作方式寄存器 TMOD 及控制寄存器 TCON

工作方式寄存器 TMOD,用于设置定时器的工作模式和工作方式。控制寄存器 TCON,用于启动和停止定时器的计数,并控制定时器的状态。

单片机复位时,两个寄存器的所有位都被清零。

1. TMOD 用于控制 T0 和 T1 的工作方式

如图 6-2 所示,图 6-1 中的 TMOD(89H),8 位分为两组,高 4 位控制 T1,低 4 位控制 T0。

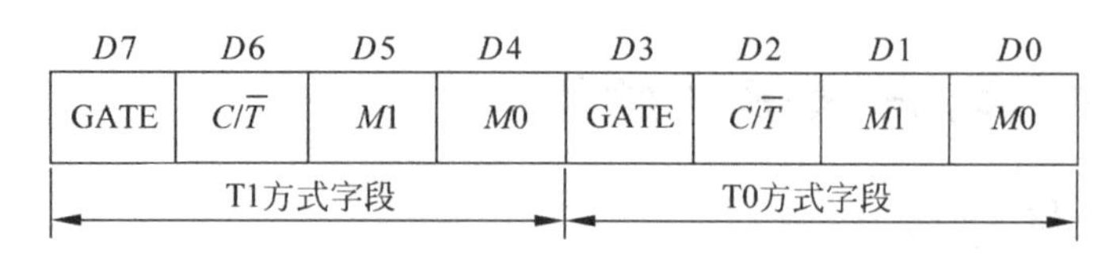

图 6-2 TMOD(89H)

各位功能如下:

GATE——门控位,用来决定是由软件还是硬件启动/停止计数。当 GATE=1 时,计数器的启停受 TRx(x 为 0 或 1,下同)和外部引脚外部中断的双重控制,只有两者都是 1 时,定时器才能开始工作。控制 T0 运行,控制 T1 运行。当 GATE=0 时,计数器的启停只受 TRx 控制,$\overline{T}$ 不受外部中断输入信号的控制。

$M1$、$M0$——工作方式选择位,如表 6-1 所示。

表 6-1 工作方式选择位

$M1$	$M0$	工作方式
0	0	方式 0,13 位定时器/计数器
0	1	方式 1,16 位定时器/计数器
1	0	方式 2,8 位常数自动重新装载
1	1	方式 3,仅适用于 T0

$C/\overline{T}$——计数器模式和定时器模式选择位。$C/\overline{T}=0$,设置为定时器工作方式;$C/\overline{T}=1$,设置为计数器工作方式。

需要注意的是,TMOD 不能位寻址,只能按字节操作设置工作方式。

2. 控制寄存器 TCON 用于控制定时器的启动和停止

TCON(88H)各位名称如表 6-2 所示,其中高 4 位用于定时器/计数器,低 4 位用于单片机的外部中断,低 4 位会在外部中断相关内容中介绍。TCON 支持位操作。

表 6-2 TCON(88H)

TCON	$D7$	$D6$	$D5$	$D4$	$D3$	$D2$	$D1$	$D0$
位名称	TF1	TR1	TF0	TR0	IE1	IT1	IE0	IT0

各位功能如下:

TF1——定时器 1 溢出标志,T1 溢出时由硬件置 1,并申请中断,CPU 响应中断后,又由硬件清零,TF1 也可由软件清零。

TF0——Timer0 溢出标志,功能与 FT1 相同。

TR1——定时器 1 运行控制位,可由软件置 1 或清零来启动或停止 T1。

TR0——Timer0 运行控制位,功能与 TR1 相同。

IE1——外部中断 1 请求标志。

IE0——外部中断 0 请求标志。

IT1——外部中断 1 触发方式选择位。

IT0——外部中断 0 触发方式选择位。

6.3　定时器/计数器的初始化

MCS-51 单片机的定时器/计数器是可编程的，但在进行定时或计数之前要对程序进行初始化，具体步骤如下。

(1) 对 TMOD 赋值，以确定定时器的工作模式。

(2) 置定时器/计数器初值，直接将初值写入寄存器的 TH0、TL0 或 TH1、TL1。

(3) 根据需要，对 IE 置初值，开放定时器中断。

(4) 对 TCON 寄存器中的 TR0 或 TR1 置位，启动定时器/计数器，置位以后，计数器即按规定的工作模式和初值进行计数或开始定时。

初值计算：设计数器的最大值为 M，则置入的初值 X 为

$$X = M - \text{计数值}$$

定时方式：由 $(M-X)T=$ 定时值，得 $X=M-$ 定时值$/T$（T 为计数周期，是单片机的机器周期）。

6.4　定时器/计数器的 4 种工作方式

视频讲解

6.4.1　工作方式 0，13 位计数器

以 T0 为例说明工作方式 0 的具体控制，T0 工作于方式 0 时的逻辑框图，如图 6-3 所示。

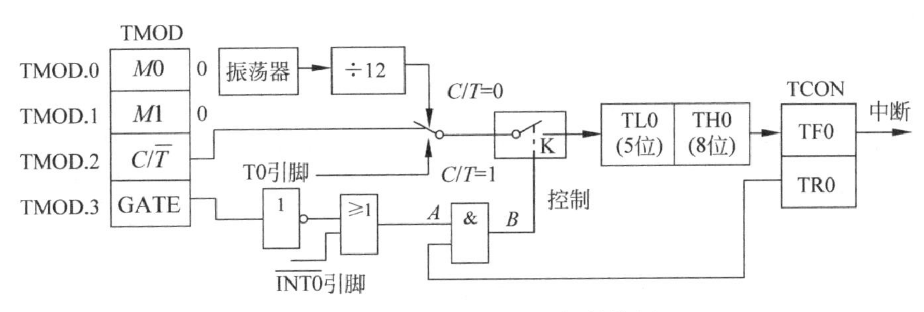

图 6-3　方式 0 计数器的逻辑结构图

在这种工作方式下，16 位的计数器（TH0 和 TL0）只用了 13 位构成 13 位定时器/计数器（为了与 MCS-48 兼容）。TL0 的高 3 位未用，当 TL0 的低 5 位计满时，向 TH0 进位，而 TH0 溢出后对中断标志位 FT0 置 1，并申请中断。T0 是否溢出可用软件查询 TF0 是否为 1。

$C/\overline{T}=0$ 时，多路开关打到上位，定时器/计数器的输入端接内部振荡器的 12 分频，即工作在定时方式，每个计数脉冲的周期等于机器周期，当定时器/计数器溢出时，其定时时间为：

$$T = \text{计数次数} \times \text{机器周期} = (2^{13} - \text{T0 初值}) \times \text{机器周期}$$

$C/\overline{T}=1$ 时，多路开关打到下位，定时器/计数器接外部 T0 引脚输入信号，即工作在计数方式。当外部输入信号电平发生从 1 到 0 跳变时，加 1 计数器加 1。

6.4.2 工作方式1,16位计数器

当$M1$、$M0$为01时,定时器/计数器工作于方式1。方式1与方式0差不多,不同的是方式1的计数器为16位,由高8位THx和低8位TLx构成。定时器T0工作于方式1时的逻辑框图如图6-4所示。方式1的具体工作过程和工作控制方式与方式0类似。

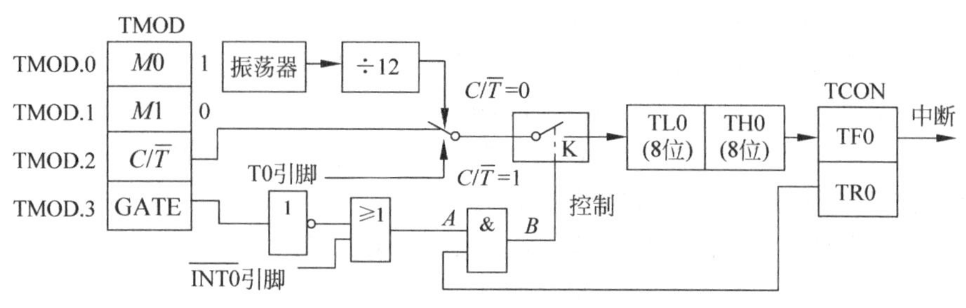

图6-4 定时器T0工作于方式1时的逻辑框图

$$T=\text{计数次数}\times\text{机器周期}=(2^{16}-\text{T0初值})\times\text{机器周期}$$

6.4.3 工作方式2,8位自动重装初值计数器

当$M1$、$M0$为10时,定时器/计数器工作在方式2。方式2为定时器/计数器工作状态。TLx计满溢出后,会自动预置或重新装入THx寄存的数据。TLi为8位计数器,THi为常数缓冲器。当TLi计满溢出时,使溢出标志TFi置1。同时将THi中的8位数据常数自动重新装入TLi中,使TLi从初值开始重新计数。定时器T0工作于方式2时的逻辑结构图如图6-5所示。

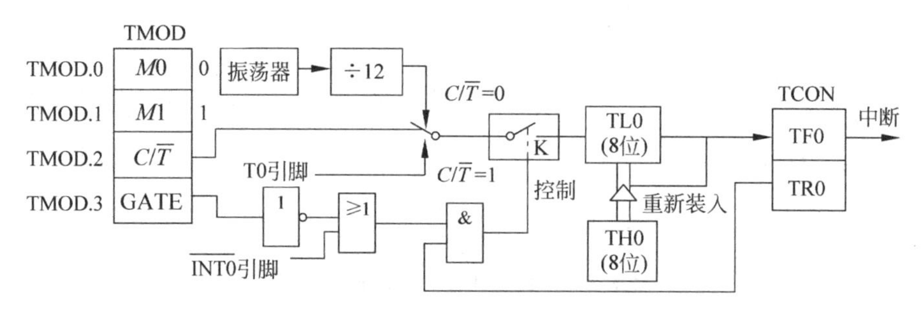

图6-5 定时器T0工作于方式2时的逻辑结构图

这种工作方式可以省去用户软件重装常数的程序,简化定时常数的计算方法,可以实现相对比较精确的定时控制。方式2常用于定时控制。如希望得到1s的延时,若采用12MHz的振荡器,则计数脉冲周期即机器周期为1μs,如果设定TL0=06H,TH0=06H,$C/T=0$,TLi计满刚好200μs,那么中断5000次就能实现。另外,方式2还可用作串口的波特率发生器。

6.4.4 工作方式3,两个独立8位计数器

当$M1$、$M0$为11时,定时器工作于方式3。方式3只适用于T0,当T0工作在方式3时,TH0和TL0分为两个独立的8位定时器,可使51系列单片机具有3个定时器/计数器,

定时器 T0 工作于方式 3 时的逻辑结构图如图 6-6 所示。

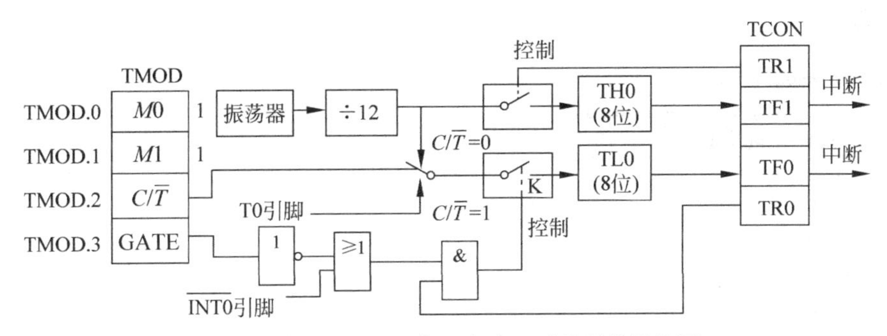

图 6-6　定时器 T0 工作于方式 3 时的逻辑结构图

此时，TL0 可以作为定时器/计数器用。使用 T0 本身的状态控制位 C/T、GATE、TR0 和 TF0，它的操作与方式 0 和方式 1 类似，但 TH0 只能作 8 位定时器用，不能用作计数器方式，TH0 的控制占用 T1 的中断资源 TR1、TF1 和 T1 的中断资源。在这种情况下，T1 可以设置为方式 0～2，此时定时器 T1 只有两个控制条件，即 C/T、$M1M0$，只要设置好初值，T1 就能自动启动和记数。

在 T1 的控制字 $M1$、$M0$ 定义为 11 时，它就停止工作。通常，当 T1 用作串口波特率发生器或用于不需要中断控制的场合，T0 才定义为方式 3，目的是让单片机内部多出一个 8 位的计数器。

6.5　定时器的编程示例

MCS-51 单片机的定时器是可编程的，但在进行定时或计数之前要对程序进行初始化，具体步骤如下。

(1) 确定工作方式字：对 TMOD 寄存器正确赋值。

(2) 确定定时初值：计算初值，直接将初值写入寄存器的 TH0、TL0 或 TH1、TL1。

初值计算：设计数器的最大值为 M，则置入的初值 X 为

$$X=M-\text{计数值}$$

定时方式：由 $(M-X)T=$定时值，得 $X=M-$定时值$/T$。

T 为计数周期，是单片机的机器周期(模式 0 M 为 213，模式 1 M 为 216，模式 2 和 3 M 为 28)。

(3) 根据需要，对 IE 置初值，开放定时器中断。

(4) 启动定时/计数器，对 TCON 寄存器中的 TR0 或 TR1 置位，置位以后，计数器即按规定的工作模式和初值进行计数或开始定时。

【例 6-1】 在定时器方式下，若 $f_{osc}=12\text{MHz}$，一个机器周期为 $12/f_{osc}=1\mu s$，则定时器最大定隔时间是多少？

方式 0，13 位定时器最大定隔时间$=2^{13}\times 1\mu s=8.192\text{ms}$；

方式 1，16 位定时器最大定隔时间$=2^{16}\times 1\mu s=65.536\text{ms}$；

方式 2，8 位定时器最大定隔时间$=2^{8}\times 1\mu s=256\mu s$。

【例 6-2】 设单片机的 f_{osc}=12MHz,要求在 $P1.0$ 脚上输出周期为 2ms 的方波,写出查询方式程序。

```
#include <reg51.h>
sbit P1_0 = P1^0; void main(void)
{ TMOD = 0x01; TR0 = 1;
for(; ; )
{TH0 =  - 1000/256;
TL0 =  - 1000 % 256;
do {} while(!TF0);
P1_0 = !P1_0;
TF0 = 0;
}
}
```

【例 6-3】 设单片机的 f_{osc}=6MHz,要求在 $P1.7$ 脚上的指示灯亮一秒灭一秒。

```
void main(void)
{P1_7 = 0; P1_0 = 1;
TMOD = 0x61;
TH0 =  - 50000/256;
TL0 =  - 50000 % 256;
TH1 =  - 5; TL1 =  - 5;
IP = 0x08;
EA = 1; ET0 = 1;
ET1 = 1; TR0 = 1;
TR1 = 1;
for (; ; ){}
}
#include
sbit P1_0 = P1^0;
sbit P1_7 = P1^7;
void timer0( ) interrupt 1 using 1
{P1_0 = !P1_0;
TH0 =  - 50000/256;
TL0 =  - 50000 % 256;
}
void timer1( ) interrupt3 using 2{P1_7 = !P1_7; }
```

本章小结

8051 单片机共有两个 16 位定时器/计数器 T0 和 T1,它们主要由 TH0、TL0、TH1、TL1、TMOD 和 TCON 几个专用寄存器组成。所谓可编程,就是通过软件设置定时器/计数器的工作方式,实现操作功能。

定时器/计数器 T0 和 T1 共有 4 种工作方式,在方式 0 中 TH0(TH1)存放 13 位数的高 8 位,TL0(TL1)存放 13 位数的低 5 位,为 13 位定时器/计数器。方式 1 为 16 位定时器/计数器。方式 2 具有自动重装初值的功能。方式 3 为 T0 独有,TL0 可作为 8 位定时计数器,TH0 只用作简单定时。

思考题与习题

6-1　MCS-51 单片机的定时器/计数器有哪几种工作方式？各有什么特点？

6-2　MCS-51 定时器作定时和计数时其计数脉冲分别由谁提供？

6-3　8051 单片机内部有几个定时器/计数器？它们由哪些功能寄存器组成？怎样实现定时功能和计数功能？

6-4　设振荡频率为 6MHz，如果用定时器/计数器 T0 产生周期为 10ms 的方波，可以选择哪几种方式，其初值分别设为多少？

6-5　当 T0 设为工作方式 3 时，由于 TR1 位已被 TH0 占用，如何控制定时器 T1 的启动和关闭？

6-6　已知 8051 单片机的 $f_{osc}=6\text{MHz}$，请利用 T0 和 $P1.2$ 输出长形波。其长形高电平宽 $50\mu s$，低电平宽 $300\mu s$。

6-7　已知 8051 单片机的 $f_{osc}=12\text{MHz}$，用 T1 定时，试编程由 $P1.2$ 和 $P1.3$ 分别输出周期为 2ms 和 $500\mu s$ 的方波。

第7章 MCS-51单片机的中断系统

CHAPTER 7

中断技术是计算机中的重要技术之一。计算机引入中断技术以后，一方面可以实时处理控制现场瞬时发生的事情，提高计算机处理故障的能力；另一方面，可以解决CPU和外设之间的速度匹配问题，提高CPU的效率。有了中断，计算机的工作更加灵活、效率更高。本章将介绍中断的概念，并以MCS-51单片机的中断系统为例介绍中断的处理过程及应用。

7.1 中断的概念

7.1.1 中断

计算机暂时中止正在执行的主程序，转去执行中断服务程序，并在中断服务程序执行完了之后能自动回到原主程序处继续执行，这个过程叫做“中断”。

中断需要解决两个主要问题：一是如何从主程序转到中断服务程序；二是如何从中断服务程序返回主程序。

大体来说，采用中断系统改善了计算机的性能，主要表现在以下几个方面。

(1) 有效地解决了快速CPU与慢速外设之间的矛盾，可使CPU与外设并行工作，大大提高了工作效率。

(2) 可以及时处理控制系统中许多随机产生的参数与信息，即计算机具有实时处理的能力，从而提高了控制系统的性能。

(3) 使系统具备了处理故障的能力，提高了系统自身的可靠性。

7.1.2 中断源

中断源是指在计算机系统中向CPU发出中断请求的来源，中断可以人为设定，也可以是为响应突发性随机事件而设置。通常有I/O设备、实时控制系统中的随机参数和信息故障源等。

7.1.3 中断优先级

中断优先级越高，则响应优先权就越高。如果当CPU正在执行中断服务程序时，又有中断优先级更高的中断申请产生，那么CPU就会暂停当前的中断服务转而处理高级中断申请,待高级中断处理程序完毕再返回原中断程序断点处继续执行,这一过程称为中断嵌套。

7.1.4 中断响应的过程

(1) 在每条指令结束后,系统都自动检测中断请求信号,如果有中断请求,且 CPU 处于开中断状态下,则响应中断。

(2) 保护现场,在保护现场前,一般要关中断,以防止现场被破坏。保护现场一般是用堆栈指令将原程序中用到的寄存器推入堆栈。

(3) 中断服务,即为相应的中断源服务。

(4) 恢复现场,用堆栈指令将保护在堆栈中的数据弹出来,在恢复现场前要关中断,以防止现场被破坏,在恢复现场后应及时开中断。

(5) 返回,此时 CPU 将推入到堆栈的断点地址弹回到程序计数器,从而使 CPU 继续执行刚才被中断的程序。

7.2 MCS-51 中断系统的结构

MCS-51 单片机的中断系统由与中断有关的特殊功能寄存器、中断入口、顺序查询逻辑电路组成,其内部结构框图如图 7-1 所示。

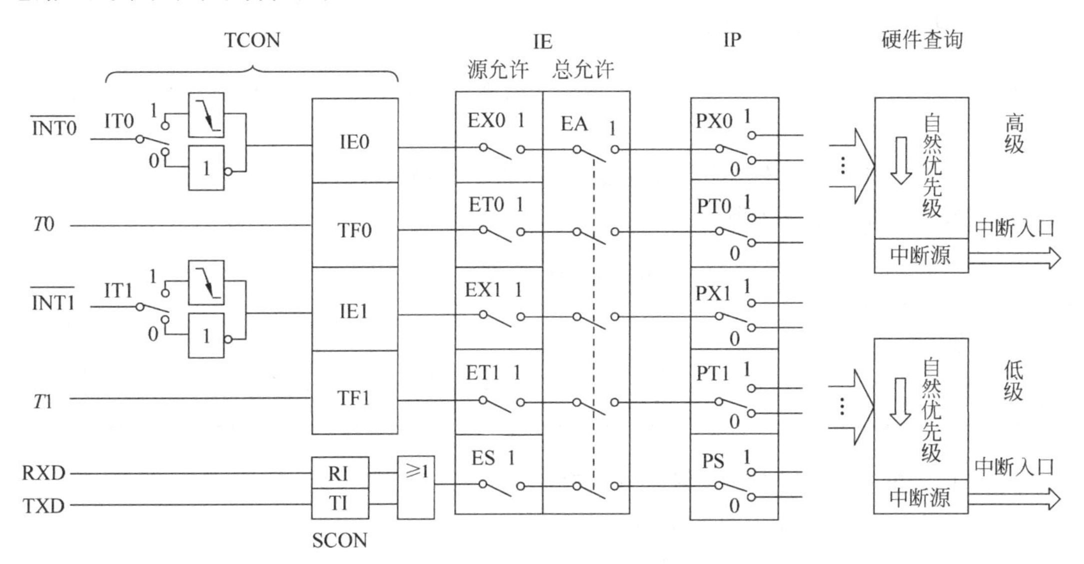

图 7-1 MCS-51 中断系统的内部框图

在单片机中,为了实现中断功能而配置的软件和硬件,称为中断系统。中断系统的处理过程包括中断请求、中断响应、中断处理和中断返回,它包括 5 个中断请求源,4 个用于中断控制和管理的可编程和可位寻址的特殊功能寄存器(中断请求源标志寄存器 TCON 及 SCON,中断允许控制寄存器 IE 和中断优先级控制寄存器 IP),并提供两个中断优先级,可实现二级中断嵌套,且每一个中断源可编程为开放或屏蔽。

7.3 中断请求源

7.3.1 中断请求源及相关的特殊功能寄存器 TCON 和 SCON

所谓中断源，就是引起中断的原因或发出中断请求的中断来源。在 51 子系列中有 5 个中断源。

(1) $\overline{\text{INT0}}$。可由 IT0(TCON.0)选择其为低电平有效还是下降沿有效。当 CPU 检测到 $P3.2$ 引脚上出现有效的中断信号时，中断标志 IE0(TCON.1)置 1，向 CPU 申请中断。

(2) $\overline{\text{INT1}}$。可由 IT1(TCON.2)选择其为低电平有效还是下降沿有效。当 CPU 检测到 $P3.3$ 引脚上出现有效的中断信号时，中断标志 IE1(TCON.3)置 1，向 CPU 申请中断。

(3) TF0(TCON.5)，片内定时器/计数器 T0 溢出中断请求标志。当定时器/计数器 T0 发生溢出时，置位 TF0，并向 CPU 申请中断。

(4) TF1(TCON.7)，片内定时器/计数器 T1 溢出中断请求标志。当定时器/计数器 T1 发生溢出时，置位 TF1，并向 CPU 申请中断。

(5) RI(SCON.0)或 TI(SCON.1)，串口中断请求标志。当串口接收完一帧串行数据时置位 RI 或当串口发送完一帧串行数据时置位 TI，向 CPU 申请中断。

7.3.2 中断请求标志

每一个中断源都有一个中断请求标志位来反映中断请求状态，这些标志位分布在特殊功能寄存器 TCON 和 SCON 中。

1. TCON 为定时/计数器控制寄存器，字节地址为 88H

TCON 位地址如表 7-1 所示。

表 7-1 TCON 位地址

位	*D*7	*D*6	*D*5	*D*4	*D*3	*D*2	*D*1	*D*0
TCON	TF1		TF0		IE1	IT1	IE0	IT0
位地址	8FH		8DH		8BH	8AH	89H	88H

IT0(TCON.0)，外部中断 0 触发方式控制位。

- 当 IT0=0 时，为电平触发方式。
- 当 IT0=1 时，为边沿触发方式(下降沿有效)。

IE0(TCON.1)，外部中断 0 中断请求标志位。

IT1(TCON.2)，外部中断 1 触发方式控制位。

IE1(TCON.3)，外部中断 1 中断请求标志位。

TF0(TCON.5)，定时器/计数器 T0 溢出中断请求标志位。

TF1(TCON.7)，定时器/计数器 T1 溢出中断请求标志位。

2. SCON 串口控制寄存器，字节地址为 98H

SCON 位地址如表 7-2 所示。

表 7-2 SCON 位地址

位	D7	D6	D5	D4	D3	D2	D1	D0
SCON							TI	RI
位地址							99H	98H

RI(SCON.0),串口接收中断标志位。当允许串口接收数据时,每接收完一个串帧,硬件置位 RI。CPU 响应中断时,不能自动清除 RI,RI 必须由软件清除。

TI(SCON.1),串口发送中断标志位。当 CPU 将一个发送数据写入串口发送缓冲器时,就启动了发送过程。每发送完一个串帧,硬件置位 TI。CPU 响应中断时,不能自动清除 TI,TI 必须由软件清除。

7.4 中断控制

7.4.1 中断允许寄存器 IE

MCS-51 对中断源的开放或屏蔽是由中断允许寄存器 IE 控制的,如表 7-3 所示,IE 的字节地址为 0A8H,可以按位寻址,当单片机复位时,IE 被清零。通过对 IE 的各位置 1 或清零操作,实现开放或屏蔽某个中断。

表 7-3 中断允许寄存器 IE

位地址	AFH	AEH	ADH	ACH	ABH	AAH	A9H	A8H
位定义	EA			ES	ET1	EX1	ET0	EX0

EA:总中断允许控制位。当 EA=0 时,屏蔽所有的中断;当 EA=1 时,开放所有的中断。

ES:串口中断允许控制位。当 ES=0 时,屏蔽串口中断;当 ES=1 且 EA=1 时,开放串口中断。

ET1:定时器/计数器 T1 的中断允许控制位。当 ET1=0 时,屏蔽 T1 的溢出中断;当 ET1=1 且 EA=1 时,开放 T1 的溢出中断。

EX1:外部中断 1 的中断允许控制位。当 EX1=0 时,屏蔽外部中断 1 的中断;当 EX1=1 且 EA=1 时,开放外部中断 1 的中断。

ET0:定时器/计数器 T0 的中断允许控制位。功能与 ET1 相同。

EX0:外部中断 0 的中断允许控制位。功能与 EX1 相同。

MCS-51 复位以后,IE 被清零,所有的中断请求被禁止。由用户程序对 IE 相应的位置 1 或清零,即可允许或禁止各中断源的中断申请。改变 IE 的内容,既可由位操作指令来实现,也可用字节操作指令实现。

7.4.2 中断优先级寄存器 IP

在 MCS-51 内部提供了一个中断优先级控制寄存器(IP),如表 7-4 所示,其字节地址为 B8H,既可按字节形式访问,又可按位形式访问,其位地址范围为 0B8H~0BFH。

表 7-4 中断优先级寄存器 IP

位地址				BC	BB	BA	B9	B8
位定义				PS	PT1	PX1	PT0	PX0

1. PS：串口中断优先级控制位

PS=1，设定串口为高优先级；PS=0，设定串口为低优先级。

2. PT1：定时器T1中断优先级控制位

PT1=1，设定T1为高优先级；PT1=0，设定T1为低优先级。

3. PX1：外部中断1中断优先级控制位

PX1=1，设定外部中断1为高优先级；PX1= 0，设定外部中断1为低优先级。

4. PT0：定时器T0中断优先级控制位

PT0=1，设定T0为高优先级；PT0=0，设定T0为低优先级。

5. PX0：外部中断0中断优先级控制位

PX0=1，设定外部中断0为高优先级；PX0=0，设定外部中断0为低优先级。

如图7-2所示，在同时收到几个同一优先级的中断请求时，中断请求是否能优先得到响应，取决于内部查询次序，这相当于在同一个优先级内，还同时存在按次序决定的第二优先级。

中断源	中断标志位	同级内优先级
外部中断0	IE0	最高
T0溢出中断	TF0	↓
外部中断1	IE1	
T1溢出中断	TF1	
串口中断	RI或TI	最低

图 7-2 优先级比较

视频讲解

7.5 中断响应的条件、过程及时间

7.5.1 中断响应的条件

一个中断源的中断请求被响应，需满足以下条件：

(1) 该中断源发出请求（中断允许寄存器IE相应位置1）。

(2) CPU开中断（即中断允许位EA=1）。

(3) 无同级或高级中断正在服务。

(4) 现行指令执行到最后一个机器周期且已结束。

(5) 若现行指令为RETI或需访问特殊功能寄存器IE或IP的指令时，执行完该指令且紧随其后的另一条指令也已执行完。

单片机便在紧接着的下一个机器周期的S1期间响应中断，否则中断响应被封锁。

7.5.2　中断响应过程

单片机一旦响应中断请求，就由硬件完成以下功能：

(1) 根据响应的中断源的中断优先级，使相应的优先级状态触发器置1。

(2) 执行硬件中断服务子程序调用，并把当前程序计数器PC的内容压入堆栈。

(3) 清除相应的中断请求标志位(串口中断请求标志RI和TI除外)。

(4) 将被响应的中断源所对应的中断服务程序的入口地址(中断向量)送入PC，从而转入相应的中断服务程序。

由表7-5可知，两个中断入口间只间隔8字节，一般难以放下一个完整的中断服务程序。因此，通常在中断入口地址处放一条无条件转移指令，使程序执行转向在其他地址存放的中断服务程序。

表7-5　中断入口地址

中　断　源	入口地址
外部中断0	0003H
定时器T0中断	000BH
外部中断1	0013H
定时器T1中断	001BH
串口中断	0023H

CPU从上面相应的地址开始执行中断服务程序直到遇到一条RETI指令为止，RETI指令表示中断服务程序的结束。

CPU执行该指令，一方面清除中断响应时所置位的优先级有效触发器，另一方面从堆栈栈顶弹出断点地址送入程序计数器PC，从而返回主程序。若用户在中断服务程序的开始处安排了保护现场指令(一般均为相应寄存器内容入栈或更换工作寄存器区)，则在RETI指令前应有恢复现场指令(相应寄存器内容出栈或更换原工作寄存器区)。

7.5.3　中断响应时间

所谓中断响应时间，是指从查询中断请求标志位到转入中断服务程序入口地址所需的机器周期数(对单一中断源而言)。

响应中断最短需要3个机器周期。若CPU查询中断请求标志的周期正好是执行1条指令的最后1个机器周期，则不需等待就可以响应。而响应中断执行1条长调用指令LCALL需要2个机器周期，加上查询的1个机器周期，共需要3个机器周期才开始执行中断服务程序。最长为8个机器周期，若CPU查询中断请求标志时，刚好开始执行RETI或访问IE或IP的指令，则需要把当前指令执行完再继续执行一条指令。

7.5.4　中断请求的撤除

CPU响应中断请求后，在中断返回前，必须撤除请求，否则会错误地再一次引起中断过程。

(1) 对于定时器T0与T1的中断请求及边沿触发方式的外部中断0和1来说，CPU在响应中断后用硬件清除了相应的中断请求标志TF0、TF1、IE0与IE1，即自动撤除了中断请求。

(2) 对于串口中断请求，应该用软件将标志位清零。

(3) 对于电平触发方式的外部中断0和1来说，CPU在响应中断后用硬件自动清除了相应的中断请求标志IE0与IE1，但外部触发电平必须外加电路来清除。

中断程序设计的基本任务有下列几项。

(1) 设置中断允许寄存器IE。

(2) 设置中断优先级寄存器IP。

(3) 若是外部中断源，还应设置中断请求触发方式IT。

(4) 编写中断服务程序，处理中断请求。

前3条是对中断系统进行初始化，一般放在主程序的初始化程序端中。

本章小结

8051单片机共有5个中断源，其中3个内部中断源，2个外部中断源。每个中断源在程序存储器中都有相应的中断向量，作为中断服务程序的入口地址。

中断系统的5个中断源可设置成两个优先级，即高优先级和低优先级。高优先级中断可以打断低优先级中断，而同级中断或低级中断不能对高级中断形成嵌套。

5个中断标志在寄存器TCON和SCON中，TCON中有6位与中断有关。

TMOD用来控制定时器的工作方式，不可位寻址，TCON控制定时器的启动和停止，定时器信号溢出中断。

思考题与习题

7-1 什么是中断、中断允许和中断屏蔽？

7-2 简述MCS-51系列单片机的中断响应过程。

7-3 8051有几个中断源？中断请求如何提出？

7-4 在8051的中断源中，哪些中断请求信号在中断响应时可以自动清除？哪些不能自动清除？应如何处理？

7-5 8051的中断优先级有几级？在形成中断嵌套时各级有何规定？

7-6 8051单片机有5个中断源，但只能设置两个中断优先级，因此，在中断优先级安排上受到一定的限制。问：以下几种中断优先级顺序的安排(级别由高到低)是否可能？如可能，则应如何设置中断源的中断级别？否则，请叙述不可能的理由。

(1) Timer0，定时器1，外中断0，外中断1，串口中断。

(2) 串口中断，外中断0，Timer0，外中断1，定时器1。

(3) 外中断0，定时器1，外中断1，Timer0，串口中断。

(4) 外中断0，外中断1，串口中断，Timer0，定时器1。

(5) 串口中断，Timer0，外中断0，外中断1，定时器1。

(6) 外中断0，外中断1，Timer0，串口中断，定时器1。

(7) 外中断0，定时器1，Timer0，外中断1，串口中断。

7-7 MCS-51单片机如果扩展6个中断源，可采用哪些方法？如何确定它们的优先级？

第8章 人机接口设计

CHAPTER 8

常用的单片机应用系统，除了CPU和存储器以外，都要用到一些外围设备，以实现人机接口，便于人们操作和掌握单片机的运行。单片机与外设的连接，就是接口问题。这是单片机系统中经常遇到的问题，也是系统设计的一个关键环节。不同的外设有不同的接口方法和电路，涉及的程序也不同。本章由易到难，顺次介绍常用的键盘、显示器、打印机与MCS-51单片机的接口技术，并以实例说明它们的使用方法。

8.1 LED显示器的结构与原理

视频讲解

LED显示是由若干个发光二极管组成的，控制不同组合的二极管导通，就能显示出各种字符。每个LED数码管由8个发光二极管LED构成的7个发光段和1个发光圆点组成，能显示多种字形，是一种廉价、可靠、耐用、方便、简单的显示元器件。

8.1.1 LED数码管工作原理

LED数码管内部结构如图8-1所示。其中一个圆点发光二极管(dp表示)用于显示小数点，七段发光二极管(a～g表示)按8字形排列，各段明亮的不同组合可以显示多种数字，字母以及符号。

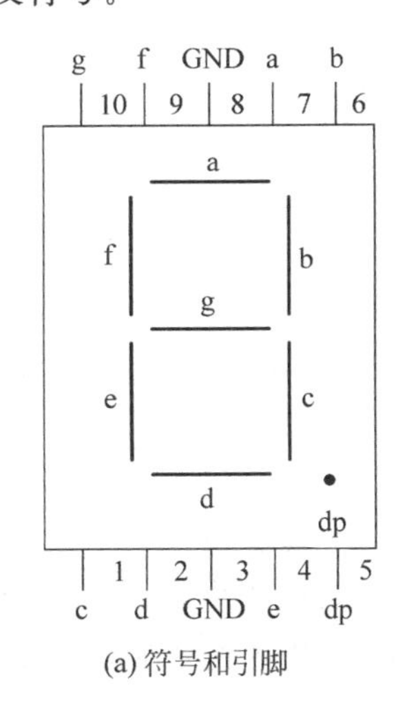

(a) 符号和引脚

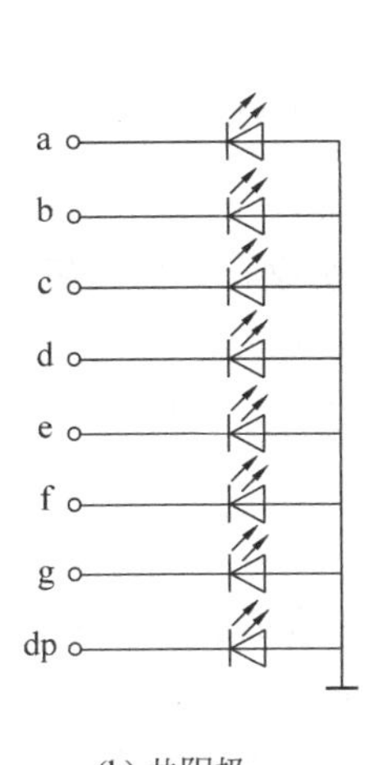

(b) 共阴极

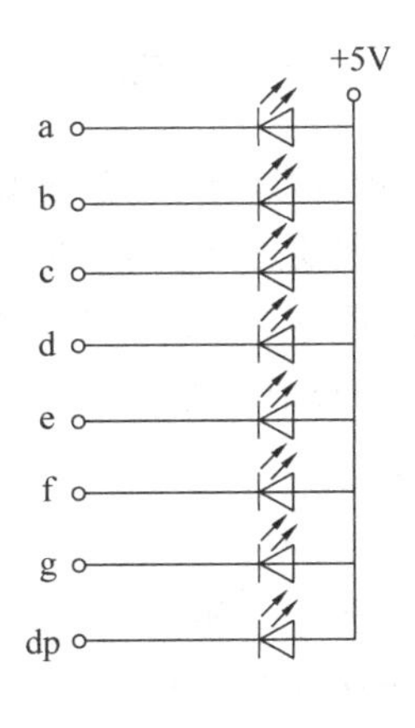

(c) 共阳极

图8-1 LED数码管

LED数码管中，发光二极管的公共端有两种不同的连接方法。

共阴极接法：将发光二极管的阴极连在一起构成公共阴极。使用时公共阴极接低电平，阳极端输入高电平的段导通点亮，而输入低电平的则不点亮。

共阳极接法：将发光二极管的阳极连在一起构成公共阳极。使用时公共阳极接高电平，发光二极管阴极端输入低电平的段导通点亮，而输入高电平的则不点亮。

使用LED数码管时要注意区分这两种不同接法，采用不同的驱动方式。

为使LED显示不同的符号或数字，要为LED提供段选代码。提供给LED显示器的段码(字型码)正好是一个字节(8段)。各段与字节中各位对应关系如下。

代码位	*D*7	*D*6	*D*5	*D*4	*D*3	*D*2	*D*1	*D*0
显示段	dp	g	f	e	d	c	b	a

根据LED数据管的内部结构，各种字形与十六进制段码之间的关系如表8-1所示。

表8-1 LED数码管字形段码表

字符	共阴极	共阳极	字符	共阴极	共阳极
0	3FH	C0H	A	77H	88H
1	06H	F9H	B	7CH	83H
2	5BH	A4H	C	39H	C6H
3	4FH	B0H	D	5EH	A1H
4	66H	99H	E	79H	86H
5	6DH	92H	F	71H	8EH
6	7DH	82H	H	76H	09H
7	07H	F8H	P	73H	8CH
8	7FH	80H	U	3EH	C1H
9	6FH	90H	灭	00H	FFH

8.1.2 LED显示器工作方式

LED显示器接口一般完成以下操作。

译码：把要送到显示器的代码转换成相应的段码。

驱动：提供足够的功率来驱动LED发光。

根据LED显示器被点亮的方式的不同，LED显示器有两种方式：静态显示方式和动态显示方式。

1）静态显示方式

静态显示是当显示某一字符时，相应的发光二极管恒定的导通或截止。

这种显示方式的各位数码管相互独立，公共端恒定接地或接正电源。每个数码管的8个字段分别与一个8位I/O口相连，I/O口只要有段码输出，相应字符即显示出来，并保持不变，直到I/O口输出新的段码。

采用静态显示方式，较小的电流即可获得较高的亮度，且占用CPU时间少，编程简单，显示便于监测和控制，但其占用的接口线多，只适合于显示位数较少的场合。

在图 8-2 中，本身的静态端口（P1 口）或扩展的 I/O 端口直接与 LED 电路连接；利用本身的串口 TXD 和 RXD 与 LED 电路连接（让串口工作在方式 0：RXD——串行 I/O，TXD——移位脉冲）。

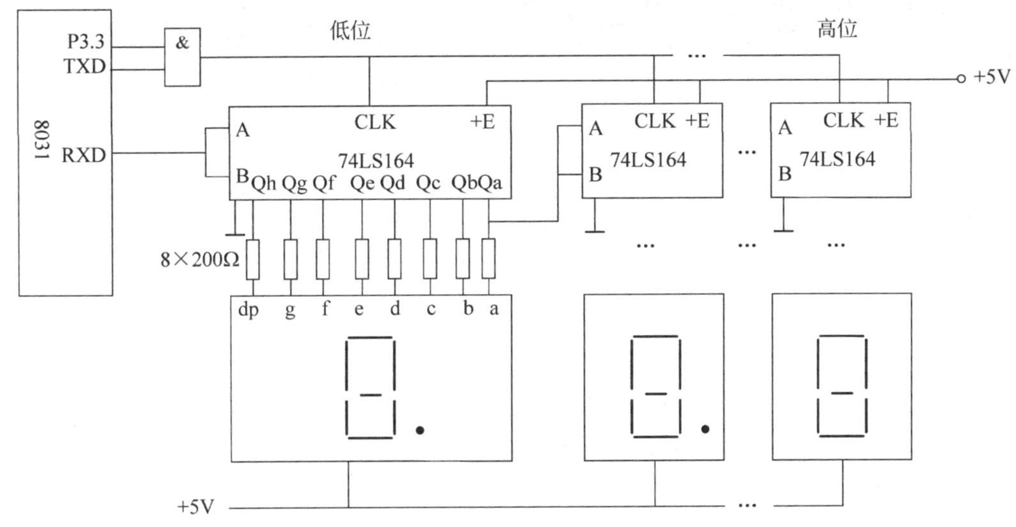

图 8-2 静态显示电路

2）动态显示方式

动态显示是一位一位地轮流点亮各位数码管，对于每一位数码管来说，每隔一段时间点亮一次。通常，各位数码管的段选线相应并联在一起，由一个 8 位的 I/O 口控制；各位的位选线（共阴极或共阳极）由另外的 I/O 口线控制。

动态方式显示时，各数码管分时轮流选通，要使其稳定显示，必须采用扫描方式。虽然这些字符是在不同的时刻分别显示，只要每位显示间隔足够短就可以给人以同时显示的感觉。调整电流和时间的参数，可实现亮度较高、较稳定的显示。

采用动态显示方式可以节省 I/O 口，硬件电路也较静态显示方式简单，但其亮度不如静态显示方式，扫描时占用 CPU 时间较多，如图 8-3 所示。

动态显示程序：

```
#include <reg51.h>
#include <absacc.h>                          //定义绝对地址访问
#define uchar unsigned char
#define uint unsigned int
void delay(uint);                            //声明延时函数
void display(void);                          //声明显示函数
uchar disbuffer[8] = {0,1,2,3,4,5,6,7};      //定义显示缓冲区
void main( )
{
   XBYTE[0x7f03] = 0x80;                     //8255 初始化
   while(1)
     {
         display( );                         //设显示函数
```

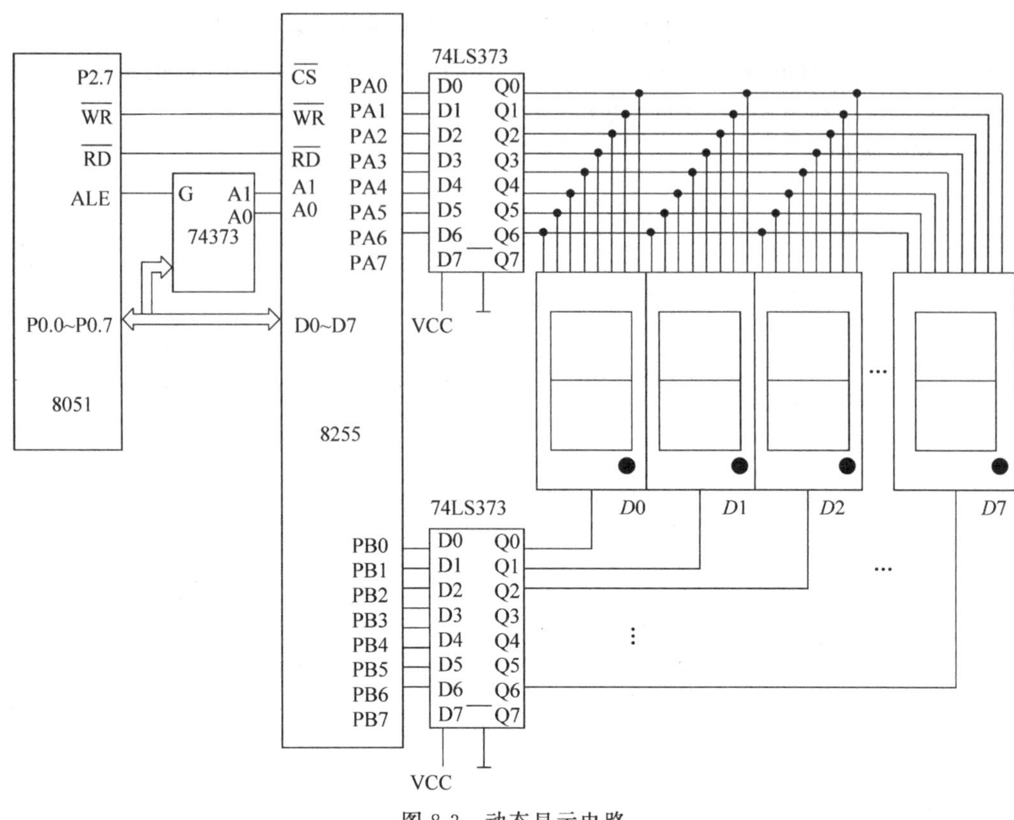

图 8-3 动态显示电路

```
    }
}
//************ 延时函数 ************
void delay(uint i)                                  //延时函数
{   uint j;
    for (j = 0; j < i; j++) { }
}
//*********** 显示函数 ************
void display(void)                                  //定义显示函数
{
uchar codevalue[16] = {0x3f,0x06,0x5b,0x4f,0x66,0x6d,0x7d,0x07,
                0x7f,0x6f,0x77,0x7c,0x39,0x5e,0x79,0x71};      //0～F 的字段码表
uchar chocode[8] = {0xfe,0xfd,0xfb,0xf7,0xef,0xdf,0xbf,0x7f};   //位选码表
uchar i,p,temp;
for (i = 0; i < 8; i++)
{
    p = disbuffer[i];                               //取当前显示的字符
    temp = codevalue[p];                            //查得显示字符的字段码
    XBYTE[0x7f00] = temp;                           //送出字段码
    temp = chocode[i];                              //取当前的位选码
    XBYTE[0x7f01] = temp;                           //送出位选码
    delay(20);                                      //延时 1ms
  }
}
```

8.2　键盘接口原理

在单片机应用系统中，为了控制系统的工作状态以及向系统输入数据，应用系统应设有按键或键盘。例如，复位用的复位键，功能转换用的功能键以及数据输入用的数字键盘等。

键盘是一组按键的组合，它是单片机最常用的输入设备，单片机中的键盘一般通过按键开关自己设计焊接，当然也可到厂家定制。根据按键开关与单片机接口的连接方式，可以分为独立式键盘和矩阵式键盘。

8.2.1　按键消抖问题

按键是利用机械触点的合、断来实现键的闭合与释放，由于弹性作用，机械触点在闭合及断开瞬间会有抖动的过程，从而使键输入电压的信号也存在抖动现象，如图 8-4 所示。

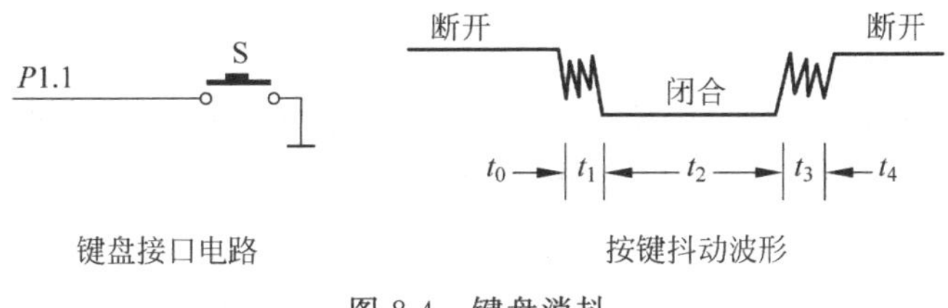

图 8-4　键盘消抖

抖动时间的长短与开关的机械特性有关，一般为 5～10ms，稳定闭合期时间的长短由按键的动作决定，一般为几百毫秒至几秒。为了保证按键按动一次，CPU 对键闭合仅作一次按键处理，必须去除抖动的影响。

去除抖动的方法一般有硬件和软件两种。

硬件方法就是在按键输出通道上添加去抖动电路，从根本上避免电压抖动的产生，去抖动电路可以是双稳态电路或者滤波电路。

软件方法通常是在检测到有键按下时延迟 10～20ms 的时间，待抖动期过去后，再次检测按键的状态，如果仍然为闭合状态，才认为是有键按下，否则认为是一个扰动信号。按键释放的过程与此相同，都要利用延时进行消抖处理。由于人的按键速度与单片机的运行速度相比要慢很多，所以，软件延时的方法简单可行，而且不需要增加硬件电路，成本低，因而被广泛采用。

8.2.2　键盘扫描方式

键盘中的每个按键都是一个常开的开关电路，按下时则处于闭合状态。无论是一组独立式按键还是一个矩阵式键盘，都需要通过接口电路与单片机相连，以便将键的开关状态通知单片机。单片机检测键状态的方式有以下几种。

1. 编程扫描方式

利用程序对键盘进行随机扫描，通常在 CPU 空闲时安排扫描键盘的指令。

2. 定时器中断方式

利用定时器进行定时，每间隔一段时间，对键盘扫描一次，CPU 可以定时响应按键的请求。

3. 外部中断方式

当键盘上有键闭合时，向CPU请求中断，CPU响应中断后对键盘进行扫描，以识别按下的按键。

8.2.3 键盘类别

1. 独立式键盘

小型单片机系统需要几个按键输入即可，可以直接采用较少的I/O线直接相连，构成独立式键盘。各键相互独立，每个按键各接一根输入线，通过检测输入线的电平状态很容易判断哪个键被按下。独立式按键电路，软件简单，但每个按键占用一根I/O口线，因此，在按键较多时，I/O口线浪费较大，不宜采用。电路图如图8-5所示。

2. 行列式键盘

由行线和列线组成，按键位于行、列线的交叉点上，在按键数量较多时，矩阵式键盘较之独立式按键键盘要节省很多I/O口。

行列式键盘行线通过上拉电阻接到+5V上。当无键按下时，行线处于高电平状态；当有键按下时，行、列线将导通，此时，行线电平将由与此行线相连的列线电平决定，这是识别按键是否按下的关键。

用于按键数目较多的场合，由行线和列线组成，按键位于行、列的交叉点上。图8-6表示了一个4×4行列式键盘。

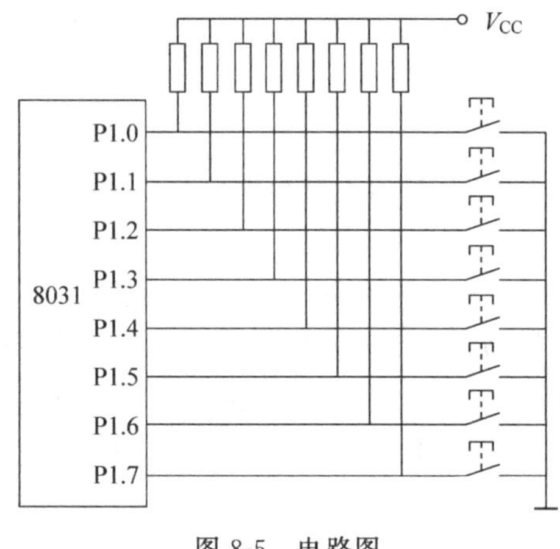

图8-5 电路图

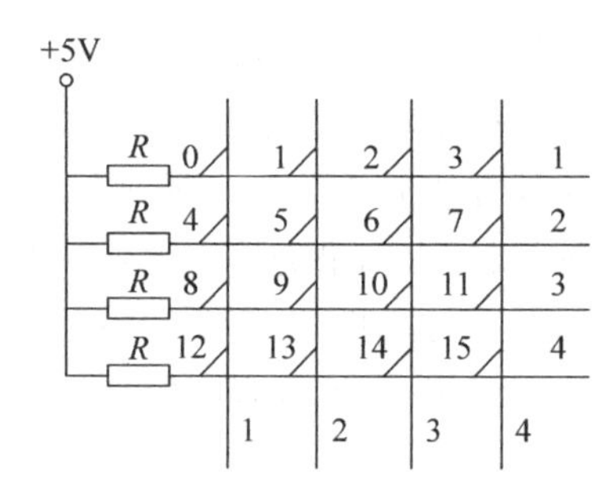

图8-6 4×4行列式键盘

1）行列式键盘工作原理

无键按下，该行线为高电平，当有键按下时，行线电平由列线的电平来决定。

由于行、列线为多键共用，各按键彼此将相互发生影响，必须将行、列线信号配合起来并作适当的处理，才能确定闭合键的位置。

2）按键的识别方法

扫描法：识别键盘有无键按下，如有键被按下，识别出具体的按键。首先把所有列线置0，检查各行线电平是否有变化，如有变化，则说明有键按下；如无变化，则无键按下。其次把某一列置低电平其余各列为高电平，检查各行线电平的变化，如果某行线电平为低，则可确定此行列交叉点处的按键被按下。

线反转法：列线输出为全低电平，则行线中电平由高变低的所在行为按键所在行；行线输出为全低电平，则列线中电平由高变低的所在列为按键所在列。结合上述两步，可确定按键所在的行和列。

8.2.4 键盘接口电路

将键盘的列线接到单片机的输出端，CPU 依次向各列线发送低电平(称为扫描)，键盘的行线接到单片机的输入口，CPU 检测行线的电平。

图 8-7 为采用 8155 接口芯片的键盘接口电路。

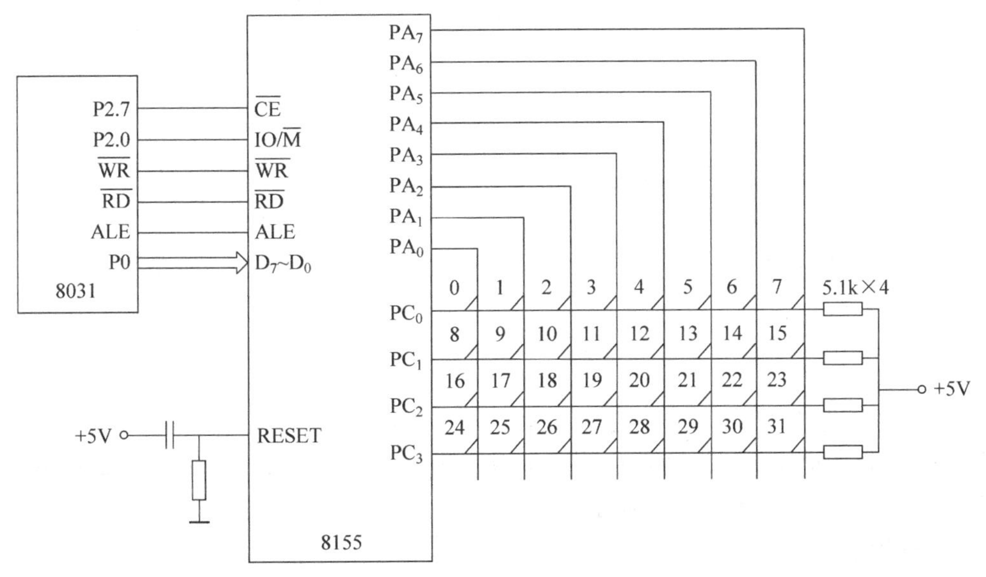

图 8-7 采用 8155 接口芯片的键盘接口电路

8.3 可编程键盘/显示器接口 Intel 8279

8.3.1 8279 的结构与原理

图 8-8 介绍了 8279 的内部结构。

1. I/O 控制及数据缓冲器

I/O 控制线是 CPU 对 8279 进行控制的引线，对应的引脚为数据选择线 $A0$、片选线 CS、读信号线 RD 和写信号 WR。

数据缓冲器是双向缓冲器，连接内外总线，用于传送 CPU 和 8279 之间的命令或数据，对应的引脚为数据总线 DB0～DB7。

2. 控制与定时寄存器及定时控制

控制与定时寄存器用来寄存键盘及显示工作方式控制字，同时还用来寄存其他操作方式控制字。与其对应的引脚为时钟输入端 CLK，复位端 RESET。

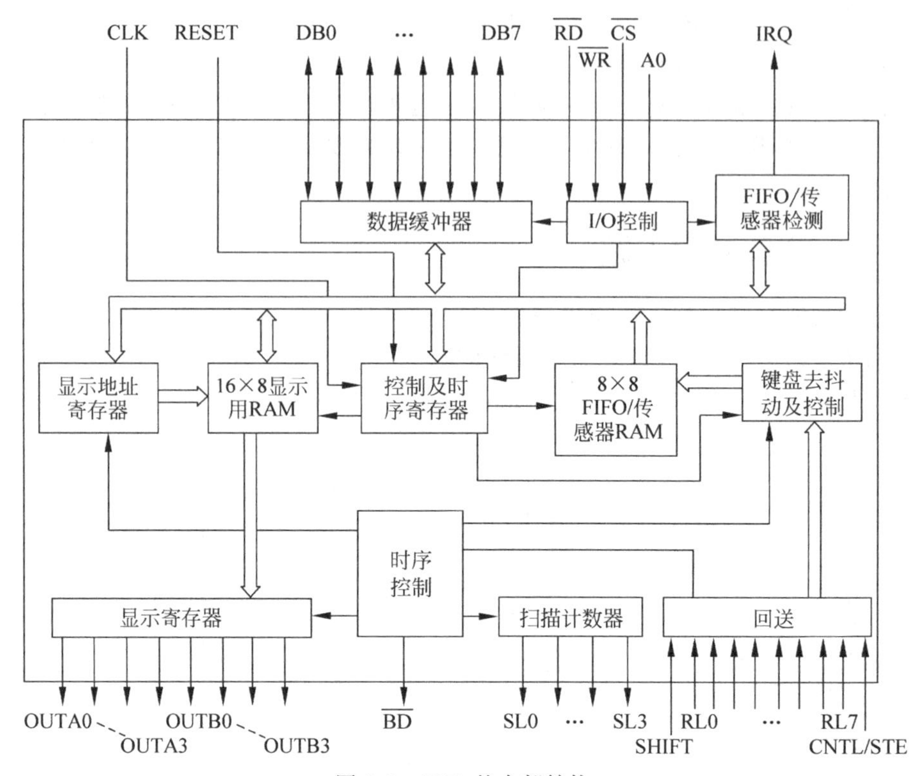

图 8-8　8279 的内部结构

定时控制电路由 N 个基本计数器（$N=2\sim31$）组成，其中第一个计数器是可编程的 N 级计数器，由软件编程将外部输入时钟 CLK 进行分频，产生 100kHz 的内部定时信号，为键盘提供适当的扫描频率和显示扫描时间。

3. 扫描计数器

扫描计数器为键盘和显示器共用，可提供二者所需的扫描信号。它有两种工作方式：按编码方式工作时，计数器以二进制方式计数，4 位计数状态从扫描线 SL3～SL0 输出，为键盘和显示器提供 16 位扫描线；按译码方式工作时，扫描计数器的低 2 位译码后从 SL3～SL0 输出，提供 4 选 1 的扫描译码。

4. 回复缓冲器与键盘去抖动控制电路

在逐行列扫描时，回复线用来搜寻每一行列中闭合的键，当某一键闭合时，去抖电路被置位，延时等待 10ms 后，再检查该键是否仍处于闭合状态。

5. FIFO/传感器 RAM 和显示器 RAM

8279 具有多个先进先出的键输入缓冲器，并提供 16B 的显示数据缓冲器。CPU 将段数据写入显示缓冲器，8279 自动对显示器扫描，将其内部显示缓冲器中的数据在显示器上显示出来。

8.3.2　8279 的引脚与功能

$D0\sim D7$：双向三态数据总线，和系统数据总线相连，用于 CPU 和 8279 间的数据/命令传送。

CLK：系统时钟输入端，提供8279内部时钟。

RESET：复位输入线，当RESET=1时，8279复位。

CS：片选信号输入端，当CS=0时，允许CPU对其读、写操作。

$A0$：命令/数据选择位，当$A0=1$时，CPU写入8279的信息为命令，CPU从8279读出的信息为状态。当$A0=0$时，I/O信息都为数据。

RD、WR：读、写信号输入端，低电平有效。

IRQ：中断请求输出线，高电平有效。

SL3～SL0：扫描输出线。用来扫描键盘和显示器。它们可以编程为编码(4选1)或译码输出(16选1)。

RL7～RL0：反馈输入线，它们是键盘矩阵或传感器矩阵的列(或行)信号输入线。

SHIFT、CNTL/STB：控制键输入线，SHIFT是换挡，CNTL为控制，STB为选通。

OUTA3～OUTA0、OUTB3～OUTB0：显示段数据输出线，可分别作为两个半字节输出，也可作为8位段数据输出口。

BD：显示消隐输出线，低电平有效。该信号在数字切换显示或使用消隐命令时，将显示消隐。

8.3.3　8279的输入和输出方式

其输入方式包括以下两种方式。

1) 扫描键盘带有编码扫描线(8×8键键盘)或译码扫描线(4×8键键盘)

每按一下按键，就产生一个表示按键位置的6位编码。按键的位置信息以及字型变换和控制状态都被存储在FIFO中，所有按键都以两键连锁或N键巡回的方式自动回跳。

2) 扫描传感器阵列带有编码扫描线(8×8阵列开关)或译码扫描线(4×8阵列开关)

按键的状态(打开或闭合)被存储在可由CPU寻址的RAM中。其输出方式包括：8字符或16字符的多路切换式显示器。该显示器可被组合成双排4位或单排8位形式($B0=D0$，$A3=D7$)。

8.3.4　8279的控制字和状态字

8279操作命令控制字共有8条。键盘/显示方式设置命令字，$D7D6D5=000$为方式设置命令特征位。

如表8-2所示，$D4$、$D3$用来设置显示方式。

表8-2　以$D4$、$D3$设置显示方式

$D4$	$D3$	显示方式
0	0	8×8字符显示，左边输入
0	1	16×8字符显示，左边输入
1	0	8×8字符显示，右边输入
1	1	16×8字符显示，右边输入

如表 8-3 所示为 $D2$、$D1$、$D0$ 设置操作显示方式。

表 8-3　以 $D2$、$D1$、$D0$ 设置操作显示方式

$D2$	$D1$	$D0$	操 作 方 式
0	0	0	编码键扫描方式，双键锁定
0	0	1	译码键扫描方式，双键锁定
0	1	0	编码键扫描方式，N 键巡回
0	1	1	译码键扫描方式，N 键巡回
1	0	0	编码扫描传感器矩阵方式
1	0	1	译码扫描传感器矩阵方式
1	1	0	选通输入，编码显示扫描
1	1	1	选通输入，译码显示扫描

双键锁定为两键同时按下提供的保护方法。在消抖周期中，如果有两键同时被按下，则只有其中一个键弹起，而另一个键保持在按下位置时，才被认可。N 键巡回为 N 键同时按下的保护方法。

1. 时钟编程命令(见表 8-4)

表 8-4　时钟编程命令

$D7$	$D6$	$D5$	$D4$	$D3$	$D2$	$D1$	$D0$
0	0	1	P	P	P	P	P

8279 的内部定时信号是由外部的输入时钟经分频后产生的，分频系数由时钟编程命令确定，时钟编程命令格式如下：

$D7D6D5$=001 为时钟命令特征位。$D4D3D2D1D0$(PPPPP)用来设定对输入时钟 CLK 进行分频数 N，N 为 2～31。例如，外部时钟频率为 2MHz，PPPPP 设成 10100(N=20)，则进行 20 分频，获得 8279 内部要求 100kHz 的基本频率。

2. 读 FIFO/传感器 RAM 命令 (见表 8-5)

表 8-5　读 FIFO/传感器 RAM 命令

$D7$	$D6$	$D5$	$D4$	$D3$	$D2$	$D1$	$D0$
0	1	0	AI	X	A	A	A

$D7D6D5$=010 为读 FIFO/RAM 命令特征字。$D2D1D0$(AAA)为传感器 RAM 中的起始地址。$D4$(AI)为多次读时的地址自动增益标志。在键扫描方式中，AI、AAA 均被忽略，CPU 读键输入数据时总是按先进先出的规律读出，直至输入键全部读出为止。在传感器矩阵扫描方式中，若 AI=1，则从起始地址开始依次读出，每次读出后地址自动加 1；若 AI=0，则仅读出一个单元内容。

3. 读显示 RAM 命令(见表 8-6)

表 8-6　读显示 RAM 命令

$D7$	$D6$	$D5$	$D4$	$D3$	$D2$	$D1$	$D0$
0	1	1	AI	A	A	A	A

$D7D6D5$=011 为读显示 RAM 命令特征位。该命令用来设定将要读出的显示 RAM 地址，$D3D2D1D0$(AAAA)用来寻址显示 RAM 的存储单元。AI 为自动增量标志，若 AI=1，则每次读出后，地址自动加 1，指向下一地址。

4. 写显示 RAM 命令(见表 8-7)

在 CPU 将显示数据写入 8279 的显示缓冲器 RAM 之前，必须先输出写显示缓冲器 RAM 的命令。

表 8-7　写显示 RAM 命令

*D*7	*D*6	*D*5	*D*4	*D*3	*D*2	*D*1	*D*0
1	0	0	AI	A	A	A	A

$D7D6D5$=100 为写显示 RAM 命令特征位。$D3D2D1D0$(AAAA)为起始地址，数据写入按左输入或右输入的方式操作。AI 为自动增量标志，若 AI=1，则每次写入后地址自动加 1，指向下一次写入地址。

5. 显示屏蔽消隐命令(见表 8-8)

表 8-8　显示屏蔽消隐命令

*D*7	*D*6	*D*5	*D*4	*D*3	*D*2	*D*1	*D*0
1	0	1	X	IWA	IWB	BLA	BLB

$D7D6D5$=101 为显示屏蔽消隐命令特征位。$D3D2$(IWA，IWB)分别用来屏蔽 A 组和 B 组显示 RAM。在双 4 位显示器使用时，即 OUTA3～0 和 OUTB3～0 独立地作为两个半字节输出时，可改写显示 RAM 中的低字节而不影响高半字节的状态($D3$=1)，反之当 $D2$=1 时，可改写高半字节而不影响低半字节；BLA，BLB(D1D0)为消隐特征位。要消隐两组显示，必须 $D1D0$ 同时为 1，BL=0 时则恢复显示。

6. 清除命令(见表 8-9)

表 8-9　清除命令

*D*7	*D*6	*D*5	*D*4	*D*3	*D*2	*D*1	*D*0
1	1	0	CD	CD	CD	CF	CA

CPU 将清除命令写入 8279，使显示器置成初态，同时也能清除键输入标志和中断请求标志。

$D7D6D5$=110 为清除命令特征位。$D4D3D2$(CD CD CD)用来设定清除显示 RAM 方式，共有 4 种消除方式。$D1$(CF)=1，清除 FIFO 状态标志，FIFO 被置成空状态(无数据)，使中断输出线 IRO 复位。同时传感器 RAM 的读出地址也被置为 0。$D0$(CA)是总清特征位。$D0$=1 时清除 FIFO RAM 状态和显示 RAM(方式仍由 $D3D2$ 确定)。

7. 结束中断/设置出错方式(见表 8-10)

表 8-10　结束中断/设置出错方式

*D*7	*D*6	*D*5	*D*4	*D*3	*D*2	*D*1	*D*0
1	1	1	E	×	×	×	×

*D*7*D*6*D*5=111为该命令的特征位。*D*4=0为结束中断命令。在传感器工作方式中使用，每当传感器状态出现变化时，扫描检测电路就将其状态写入传感器RAM，并启动中断逻辑、使IRQ变高，向CPU请求中断，并且禁止写入传感器RAM；*D*4=1为特定错误方式命令。在8279已被设定为键盘扫描*N*键巡回方式以后，如果CPU给8279又写入结束中断/错误方式命令(*E*=1)，则8279将以一种特定的错误方式工作。

8. 状态字(见表8-11)

8279的状态字节用于键输入和选通输入方式中，指出输入数据缓冲器FIFO中的字符个数以及是否出错。

表8-11 状态字

*D*7	*D*6	*D*5	*D*4	*D*3	*D*2	*D*1	*D*0
DU	*S*/*E*	0	*U*	*F*	*N*	*N*	*N*

*D*7(DU)为显示无效特征位。DU=1表示显示无效。

*D*6(*S*/*E*)为用于传感器矩阵输入方式，几个传感器同时闭合时置1。

*D*5(0)为FIFO RAM已经充满时，又输入一个字符时发生溢出，0位置1。

*D*4(*U*)在FIFO RAM中没有输入字符时，CPU对FIFO RAM读，则*U*位置1

*D*3(*N*)在*F*=1时，表示FIFO RAM已满。

*D*2～*D*0(*NNN*)表示FIFO RAM中的数据个数。

9. 输入数据格式(见表8-12)

表8-12 输入数据格式

*D*7	*D*6	*D*5*D*4*D*3	*D*2*D*1*D*0
CNTL	SHIFT	扫描	回送

*D*7为控制键CNTL的状态。

*D*6为控制键SHIFT的状态。

*D*5～*D*3指出输入键所在的行号(扫描计数值)。

*D*2～*D*0指出输入键所在的列号(由RL7～0状态确定)。

控制键CNTL、SHIFT为单独的开关键。CNTL与其他键联用作为特殊命令，SHIFT可作为上、下挡控制键。

在传感器扫描方式或选通输入方式中，输入数据即为RL7～0的输入状态。

视频讲解

8.4 LCD液晶显示器

LCD液晶显示器是一种被动式的显示器，与LED不同，液晶本身并不发光，而是利用液晶在电压作用下，能改变光线通过方向的特性，而达到显示白底黑字或黑底白字的目的。液晶显示器具有体积小、功耗低、抗干扰能力强等优点，特别适用于小型手持式设备。

液晶实质上是一种物质态，有人称之为第四态。1888年奥地利植物学家F. Reinitzer发现液晶。1961年，美国RCA公司普林斯顿实验室的年轻电子学者F. Heimeier把电子学的知识用于研究化学。在研究外部电场对晶体内部电场的影响时，他使用了液晶。他将两片透明导电玻璃之间夹上掺有颜料的液晶，当在液晶层的两面施加以几伏的电压时，液晶层就由红色变成透明态。根据这一现象，进而研制出一系列数字、字符显示元器件。

常见的液晶显示器有七段式 LCD 显示器、点阵式字符型 LCD 显示器和点阵式图形 LCD 显示器。本节主要介绍点阵式字符型 LCD 显示器及其应用。

8.4.1　字符型液晶显示模块的组成和基本特点

字符型液晶显示模块是专门用于显示字母、数字、符号等的点阵型液晶显示模块，分 4 位和 8 位数据传输方式。提供 5×7 点阵＋光标和 5×10 点阵＋光标的显示模式。提供内部上电自动复位电路，当外加电源电压超过＋4.5V 时，自动对模块进行初始化操作，将模块设置为默认的显示工作状态。

字符型液晶显示模块组件内部主要由 LCD 显示屏、控制器、驱动器、少量阻容元器件，结构件等装配在 PCB 板上构成。字符型液晶显示模块目前在国际上已经规范化，无论显示屏规格如何变化，其电特性和接口形式都是统一的。因此只要设计出一种型号的接口电路，在指令设置上稍加改动即可使用各种规格的字符型液晶显示模块。

8.4.2　LCD1602 模块接口引脚功能

LCD1602 可以显示 2 行、每行显示 16 个 ASCII 字符，并且可以自定义图形，只需要写入相对应字符的 ASCII 码就可以显示，在使用上相对数码管更能显示丰富的信息，外形如图 8-9 所示，引脚说明如表 8-13 所示。

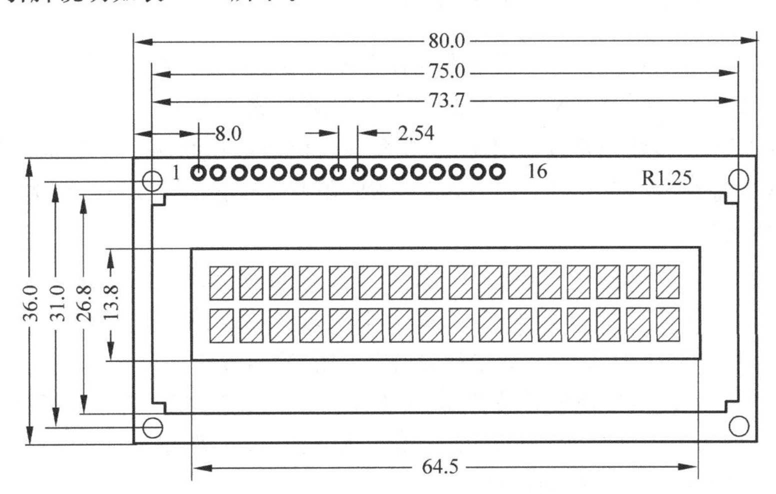

图 8-9　LCD1602 外形

表 8-13　LCD1602 引脚说明

编号	符号	引脚说明	编号	符号	引脚说明
1	VSS	电源地	5	*R*/*W*	读/写选择端(H/L)
2	VDD	电源正极	6	*E*	使能信号
3	VL	液晶显示偏压信号	7	*D*0	数据 I/O
4	RS	数据/命令选择端(H/L)	8	*D*1	数据 I/O

续表

编号	符号	引脚说明	编号	符号	引脚说明
9	$D2$	数据 I/O	13	$D6$	数据 I/O
10	$D3$	数据 I/O	14	$D7$	数据 I/O
11	$D4$	数据 I/O	15	BLA	背光源正极
12	$D5$	数据 I/O	16	BLK	背光源负极

对表 8-13 中 LCD1602 引脚说明如下。

第 1 脚：VSS 为地电源。

第 2 脚：VDD 接 5V 正电源。

第 3 脚：VO 为液晶显示器对比度调整端，接正电源时对比度最弱，接地电源时对比度最高，对比度过高时会产生“鬼影”，使用时可以通过一个 10kΩ 的电位器调整对比度。

第 4 脚：RS 为寄存器选择，高电平时选择数据寄存器、低电平时选择指令寄存器。

第 5 脚：R/W 为读写信号线，高电平时进行读操作，低电平时进行写操作。当 RS 和 RW 共同为低电平时可以写入指令或者显示地址，当 RS 为低电平、RW 为高电平时可以读忙信号，当 RS 为高电平 RW 为低电平时可以写入数据。

第 6 脚：E 端为使能端，当 E 端由高电平跳变成低电平时，液晶模块执行命令。

第 7～14 脚：$D0$～$D7$ 为 8 位双向数据线。

第 15、16 两脚用于带背光模块，不带背光的模块这两个引脚悬空不接。

8.4.3 LCD1602 模块的操作命令

控制器主要由指令寄存器 IR、数据寄存器 DR、忙标志 BF、地址计数器 AC、显示数据寄存器 DDRAM、CGROM、CGRAM 以及时序发生电路组成。

指令寄存器(IR)和数据寄存器(DR)：本系列模块内部具有两个 8 位寄存器，即指令寄存器(IR)和数据寄存器(DR)。用户可以通过 RS 和 R/W 输入信号的组合选择指定的寄存器，进行相应的操作。

忙标志位 BF：忙标志 BF=1 时，表明模块正在进行内部操作，此时不接受任何外部指令和数据。当 RS=0、R/W=1 以及 E 为高电平时，BF 输出到 $D7$。每次操作之前最好先进行状态字检测，只有在确认 BF=0 之后，MPU 才能访问模块。

地址计数器(AC)：AC 地址计数器是 DDRAM 或者 CGRAM 的地址指针。随着 IR 中指令码的写入，指令码中携带的地址信息自动送入 AC 中，并做出 AC 作为 DDRAM 的地址指针还是 CGRAM 的地址指针的选择。

显示数据寄存器(DDRAM)：DDRAM 存储显示字符的字符码，其容量的大小决定着模块最多可显示的字符数目，控制器内部有 80B 的 DDRAM 缓冲区。

字符发生器 ROM：在 CGROM 中，模块已经以 8 位二进制数的形式，生成了 5×8 点阵的字符字模组(一个字符对应一组字模)。字符字模是与显示字符点阵相对应的 8×8 矩阵位图数据(与点阵行相对应的矩阵行的高 3 位为 0)，同时每一组字符字模都有一个由其在 CGROM 中存放地址的高 8 位数据组成的字符码对应。字符码地址范围为 00H～FFH，其中 00H～07H 字符码与用户在 CGRAM 中生成的自定义图形字符的字模组相对应。

字符发生器 RAM：在 CGRAM 中，用户可以生成自定义图形字符的字模组。可以生成 5×8 点阵的字符字模 8 组，相对应的字符码从 CGROM 的 00H～0FFH 范围内选择。

8.5　应用示例

【例 8-1】 用 8255A 扩展并行 I/O，实现把 8 个开关的状态通过 8 个二极管显示出来，画出硬件连接图，用 C 语言分别编写相应的程序。

硬件连接图见图 8-10。设 8255 的 A、B、C 和控制控口的地址为 7F00H、7F01H、7F02H 和 7F03H。8255 的 A 口接 8 个开关，B 口接 8 个发光二极管。

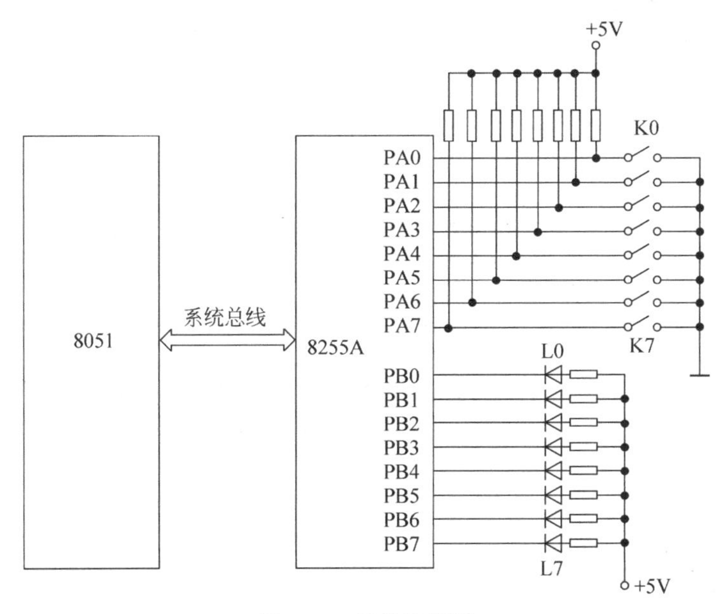

图 8-10　硬件连接图

C 语言程序如下：

```
#include <reg51.h>
#include <absacc.h>
main()
{
unsigned char i;
XBYTE[0x7f03] = 0x90;
while(1)
{
i = XBYTE[0x7f00];
XBYTE[0x7f01] = i; 6 }
}
```

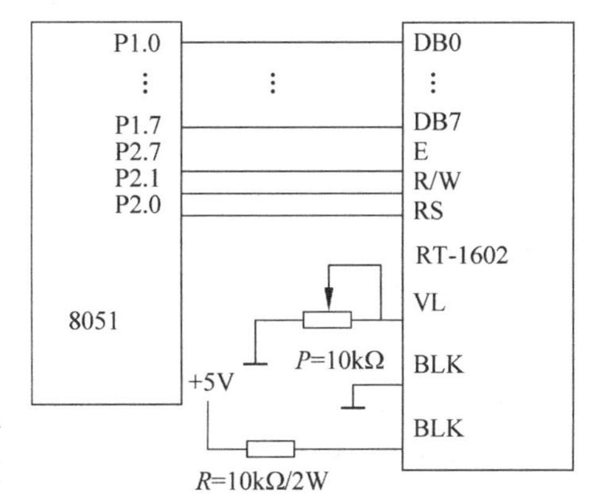

图 8-11　LCD 显示器与 8051 单片机的接口图

【例 8-2】 图 8-11 是 LCD 显示器与 8051 单片机的接口图，图中 RT-1602C 的数据线与 8051 的 $P1$ 口相连，RS 与 8051 的 $P2.0$ 相连，R/W 与 8051 的 $P2.1$ 相连，E 端与 8051 的 $P2.7$ 相连。

编程在 LCD 显示器的第一行、第一列开始显示 GOOD，第二行、第 6 列开始显示 BYE。

C 语言程序如下：

```
#include <reg51.h>
#define uchar unsigned char
sbit RS = P2^0;
sbit RW = P2^1;
sbit E = P2^7;
void delay(void);
void init(void);
void wc5r(uchar i);
void wc51ddr(uchar i);
void fbusy(void);
//主函数
void main()
{
SP = 0x50;
init( );
wc51r(0x80);                //写入显示缓冲区起始地址为第 1 行第 1 列
wc51ddr(0x44);              //第 1 行第 1 列显示字母 G
wc51ddr(0x4f);              //第 1 行第 2 列显示字母 O
wc51ddr(0x4f);              //第 1 行第 3 列显示字母 O
wc51ddr(0x47);              //第 1 行第 4 列显示字母 D
wc51r(0xc5);                //写入显示缓冲区起始地址为第 2 行第 6 列
wc51ddr(0x42);              //第 2 行第 6 列显示字母 B
wc51ddr(0x59);              //第 2 行第 7 列显示字母 Y
wc51ddr(0x45);              //第 2 行第 8 列显示字母 E
while(1);
}
//初始化函数
void init( )
{
wc51r(0x01);                //清屏
wc51r(0x38);                //使用 8 位数据,显示两行,使用 5×7 的字型
wc51r(0x0e);                //显示器开,字符不闪烁
wc51r(0x06);                //字符不动
}
//检查忙函数
void fbusy( )
{
RS = 0; RW = 1;
E = 1; E = 0;
while (P1&0x80);            //忙,等待
delay( );
}
//写命令函数
void wc51r(uchar j)
{
fbusy( );
E = 0; RS = 0; RW = 0;
```

```
E = 1;
P1 = j;
E = 0;
delay( );
}
//写数据函数
void wc51ddr(uchar j)
{
fbusy( );
E = 0; RS = 1; RW = 0;
E = 1;
P1 = j;
E = 0;
delay( );
}
//延时函数
void delay( )
{
uchar y;
for (y = 0; y < 0xff; y++){ ; }
}
```

本章小结

本章介绍了 LED 数码管、键盘接口处理及消抖问题以及 LCD 液晶显示器。

LED 数码管中，发光二极管的公共端有两种不同的连接方法：共阴极接法和共阳极接法。根据 LED 显示器被点亮的方式的不同，LED 显示器有两种方式：静态显示方式和动态显示方式。

键盘消抖的方法一般有硬件和软件两种，键盘扫描方式分为编程扫描方式，定时器中断方式和外部中断方式。

常见的液晶显示器有七段式 LCD 显示器、点阵式字符型 LCD 显示器和点阵式图形 LCD 显示器。

思考题与习题

8-1 何为键抖动？键抖动对键位识别有什么影响？怎样消除键抖动？

8-2 简述对矩阵键盘的扫描过程。

8-3 共阴极数码管与共阳极数码管有何区别？

8-4 简述 LED 动态显示过程。

8-5 试编写一个用查表法查 0～9 字形七段码(假设表的首地址为 TABLE)的子程序，调用子程序前，待查表的数据存放在累加器 A 中，子程序返回后，查表的结果也存放在累加器 A 中。

第9章

MCS-51 与 D/A 转换器、A/D 转换器接口设计

视频讲解

A/D 转换是将模拟量变换为数字量,D/A 转换则是将数字量变换为模拟量。在数据采集系统中,外界的被采集信号例如温度、流量等常常是模拟信号,而单片机能处理的只能是数字信号,所以在将采集数据送单片机系统处理前,必须进行 A/D 转换。单片机对数据进行处理后,送出控制信号。但是现场的控制元器件往往只能接收模拟信号,所以必须进行 D/A 转换。本章主要介绍 A/D 和 D/A 转换的原理和方法。

9.1 MCS-51 与 DAC 的接口

9.1.1 D/A 转换器概述

D/A 转换器输入为数字量,输出为模拟量。

送到 DAC 的各位二进制数按其权的大小转换为相应的模拟分量,再把各模拟分量叠加,其和就是 D/A 转换的结果。

需要注意的是,D/A 转换器的输出形式以及内部是否带有锁存器。

输出形式分为电压输出形式与电流输出形式。例如,电流输出的 D/A 转换器,如需模拟电压输出,可在其输出端加一个 I-V 转换电路。

D/A 转换需要一定时间,这段时间内输入端的数字量应稳定,为此应在数字量输入端之前设置锁存器,以提供数据锁存功能。根据芯片内是否带有锁存器,可分为内部无锁存器的和内部有锁存器的两类。

9.1.2 主要技术指标

1. 分辨率

输入给 DAC 的单位数字量变化引起的模拟量输出的变化,通常定义为最小模拟输出量与最大量之比。显然,二进制位数越多,分辨率越高,根据对 DAC 分辨率的需要,来选定 DAC 的位数。

2. 建立时间

描述 DAC 转换快慢的参数,表明转换速度。

定义:从输入数字量到输出达到终值误差(1/2)LSB(最低有效位)时所需的时间。电流输出时间较短,电压输出的,加上 I-V 转换的时间,因此建立时间要长一些。快速 DAC 可达 1s 以下。

3. 精度

理想情况下,精度与分辨率基本一致,位数越多,精度越高。但由于电源电压、参考电压、电阻等各种因素存在着误差，精度与分辨率并不完全一致。位数相同，分辨率则相同，但相同位数的不同转换器精度会有所不同。例如，某型号的8位DAC精度为0.19%，另一型号的8位DAC精度为0.05%。

9.1.3 MCS-51与8位DAC0832的接口

1. DAC0832芯片介绍

DAC0832为美国国家半导体公司产品，具有两个输入数据寄存器的8位DAC，能直接与MCS-51单片机相连。分辨率为8位，电流输出，稳定时间为1s，可双缓冲输入、单缓冲输入或直接数字输入，单一电源供电(+5～+15V)。

2. DAC0832的引脚及逻辑结构

图9-1和图9-2分别是DAC0832引脚图和逻辑结构图。

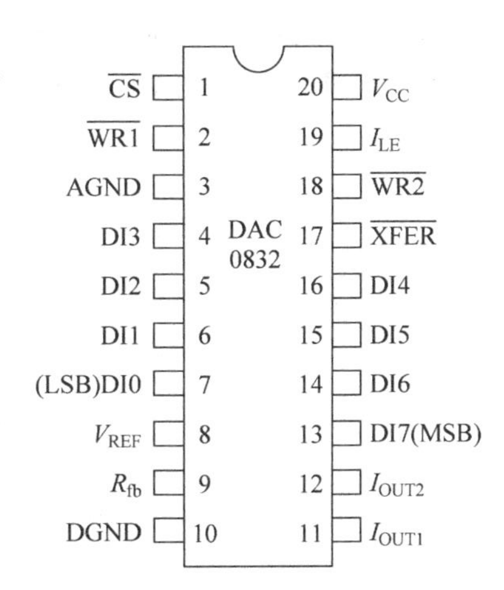

图9-1 DAC0832的引脚图

引脚功能如下。

DI0～DI7：8位数字信号输入端。

$\overline{\text{CS}}$：片选信号输入端，低电平有效。

ILE：数据锁存允许控制端，高电平有效。

$\overline{\text{WR1}}$：输入寄存器写选通控制端。当$\overline{\text{CS}}=0$、ILE=1、$\overline{\text{WR1}}=0$时，数据信号被锁存在输入寄存器中。

$\overline{\text{XFER}}$：数据传送控制。

$\overline{\text{WR2}}$：DAC寄存器写选通控制端。当$\overline{\text{XFER}}=0$，$\overline{\text{WR2}}=0$时，输入寄存器状态传入DAC寄存器中。

I_{OUT1}：电流输出1端，输入数字量全为1时，I_{OUT1}最大，输入数字量全为0时，I_{OUT1}最小。

I_{OUT2}：D/A转换器电流输出2端，$I_{OUT2}+I_{OUT1}=$常数。

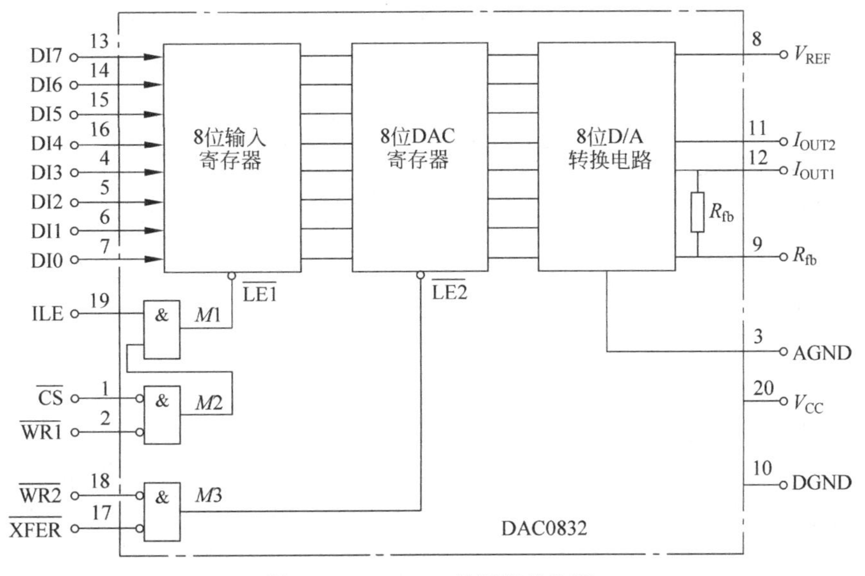

图9-2 DAC0832的逻辑结构图

R_{fb}：外部反馈信号输入端，内部已有反馈电阻 R_{fb}，根据需要也可外接反馈电阻。

V_{CC}：电源输入端，在+5～+15V 范围内。

DGND：数字信号地。

AGND：模拟信号地。

8 位输入寄存器用于存放 CPU 送来的数字量，使输入数字量得到缓冲和锁存，由 $\overline{LE1}$ 控制；8 位 DAC 寄存器存放待转换的数字量，由 $\overline{LE2}$ 控制；8 位 DAC 寄存器存放待转换的数字量，由 $\overline{LE2}$ 控制。

3. MCS-51 与 DAC0832 的接口电路

1）单缓冲方式

DAC0832 的两个数据缓冲器一个处于直通方式，另一个处于受控的锁存方式。

在不要求多路输出同步的情况下，可采用单缓冲方式。单缓冲方式的接口如图 9-3 所示。

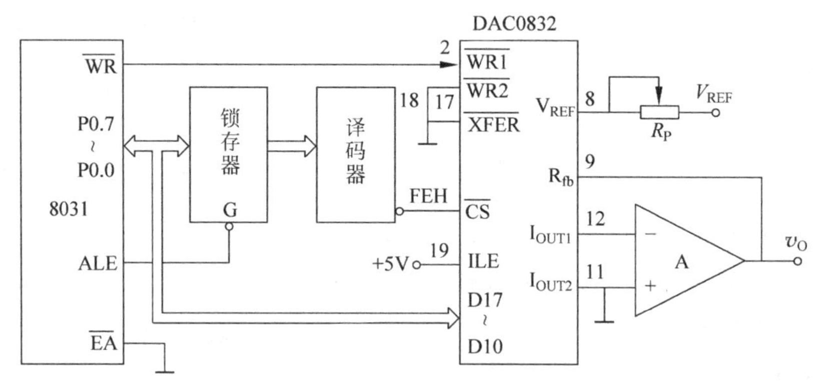

图 9-3 单缓冲方式的接口

如图 9-4 所示为 8 位 DAC 寄存器，$\overline{WR2}$ 和 $\overline{XFER}$ 接地，故 DAC0832 的“8 位 DAC 寄存器”处于直通方式。“8 位输入寄存器”受 $\overline{CS}$ 和 $\overline{WR1}$ 端控制，且由译码器输出端 FEH 送来（也可由 $P2$ 口的某一根口线来控制）。

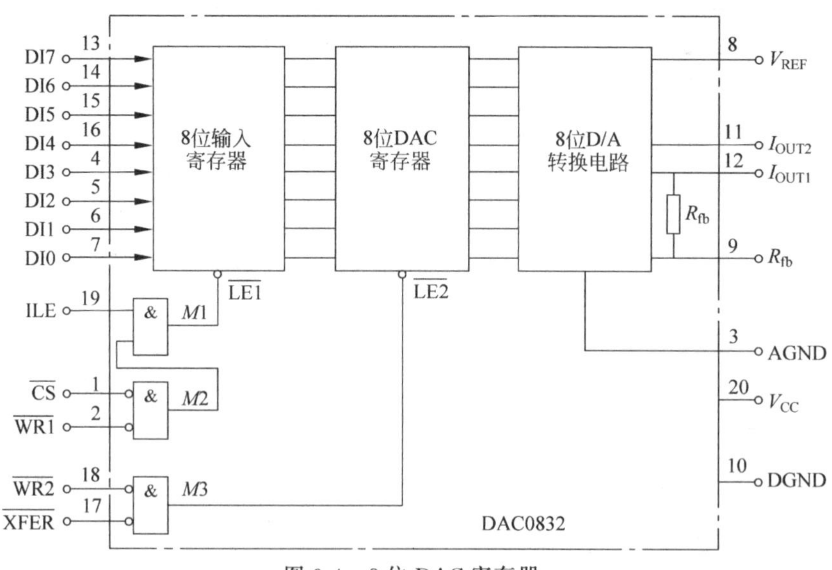

图 9-4 8 位 DAC 寄存器

2）双缓冲方式

多路同步输出，必须采用双缓冲同步方式，接口电路如图 9-5 所示。

1 号 DAC0832 因和译码器 FDH 相连，占有两个端口地址 FDH 和 FFH；2 号 DAC0832 的两个端口地址为 FEH 和 FFH。其中，FDH 和 FEH 分别为 1 号和 2 号 DAC0832 的数字量输入控制端口地址，而 FFH 为启动 D/A 转换的端口地址。

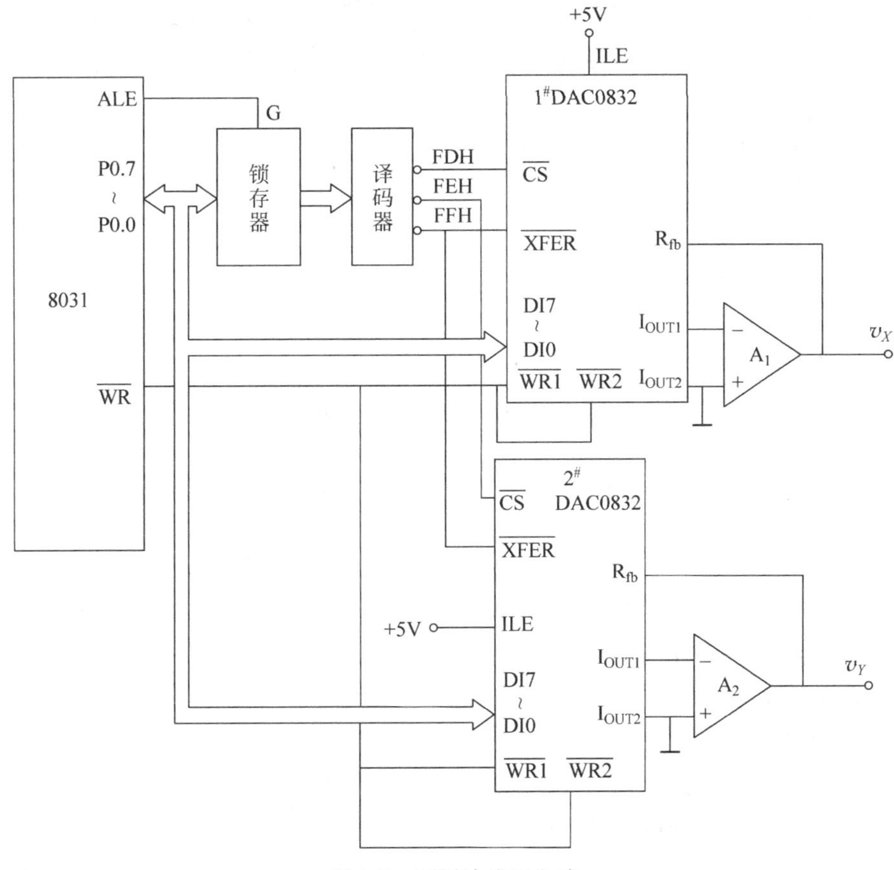

图 9-5　双缓冲接口电路

9.1.4　MCS-51 与 12 位 DAC1208 的接口

8 位 DAC 分辨率不够，可采用 12 位 DAC，接口电路如 9-6 所示。常用的有 DAC1208 系列与 DAC1230 系列。

DAC1208 系列的结构引脚：双缓冲结构。不是用一个 12 位锁存器，而是用一个 8 位锁存器和一个 4 位锁存器，以便和 8 位数据线相连。

$\overline{\mathrm{CS}}$：片选信号。

$\overline{\mathrm{WR1}}$：写信号，低电平有效。

BYTE1/$\overline{\mathrm{BYTE2}}$：字节顺序控制信号。1 开启 8 位和 4 位两个锁存器，将 12 位全部打入锁存器；0 仅开启 4 位输入锁存器。

$\overline{\mathrm{WR2}}$：辅助写。该信号与 $\overline{\mathrm{XFER}}$ 信号相结合，当同为低电平时，将锁存器中的数据送入 DAC 寄存器：当为高电平时，DAC 寄存器中的数据被锁存起来。

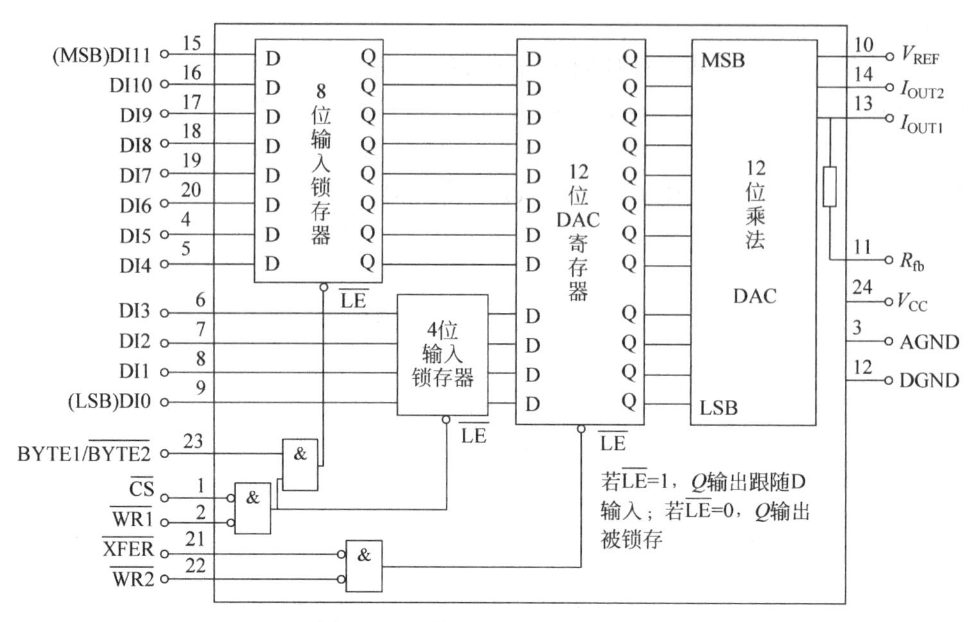

图 9-6　12 位 DAC1208 接口电路

$\overline{\text{XFER}}$：传送控制信号，与 $\overline{\text{WR2}}$ 信号结合，将输入锁存器中的 12 位数据送入 DAC 寄存器。

DI0～DI11：12 位数据输入。

IOUT1：D/A 转换电流输出 1。当 DAC 寄存器全 1 时，输出电流最大，全 0 时输出为 0。

IOUT2：D/A 转换电流输出 2。IOUT1＋IOUT2＝常数。

R_{fb}：反馈电阻输入。

V_{REF}：参考电压输入。

V_{CC}：电源电压。

DGND、AGND：数字地和模拟地。

主要特性如下：

(1) 输出电流稳定时间(1s)。

(2) 基准电压(VREF＝－10～＋10V)。

(3) 单工作电源(＋5～＋15V)。

(4) 低功耗(20mW)。

9.2　MCS-51 与 ADC 的接口

9.2.1　A/D 转换器概述

随着超大规模集成电路技术的飞速发展，大量结构不同、性能各异的 A/D 转换芯片应运而生。模拟量转换成数字量，便于计算机进行处理。A/D 转换器的分类如图 9-7 所示。

目前使用较广泛的有：逐次比较型转换器、双积分型转换器、Σ-Δ 型转换器和 V/F 转换器。

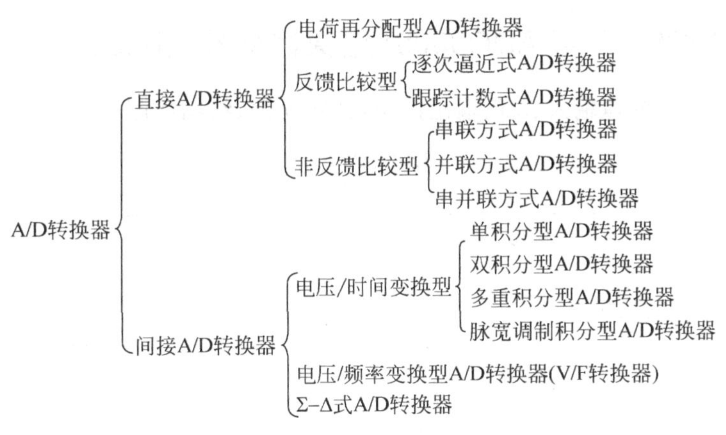

图 9-7 A/D 转换器的分类

(1) 逐次比较型转换器：精度、速度和价格都适中，是最常用的 A/D 转换元器件。

(2) 双积分型转换器：精度高、抗干扰性好、价格低廉，但转换速度慢，得到广泛应用。

(3) Σ-Δ 型转换器：具有积分式与逐次比较式 ADC 的双重优点。对工业现场的串模干扰具有较强的抑制能力，不亚于双积分 ADC，但比双积分 ADC 的转换速度快，与逐次比较式 ADC 相比，有较高的信噪比、分辨率高、线性度好，不需采样保持电路。

(4) V/F 转换器：适于转换速度要求不太高、远距离信号传输。

A/D 转换器的主要技术指标如下。

1. 转换时间和转换速率

完成一次转换所需要的时间。转换时间的倒数为转换速率。并行式：20～50ns，速率为 50～20M 次/秒($1M=10^6$)；逐次比较式：0.4s，速率为 2.5M 次/秒。

2. 分辨率

用输出二进制位数或 BCD 码位数表示。

3. 转换精度

定义为一个实际 ADC 与一个理想 ADC 在量化值上的差值，可用绝对误差或相对误差表示。

A/D 转换器的选择：按输出代码的有效位数分 8 位、10 位、12 位等；按转换速度分为超高速(≤1ns)、高速(≤1s)、中速(≤1ms)、低速(≤1s)等。

A/D 转换器位数的确定传感器变换精度、信号预处理电路精度、A/D 转换器及输出电路和控制机构精度，还包括软件控制算法。

A/D 转换器的位数至少要比系统总精度要求的最低分辨率高 1 位，位数应与其他环节所能达到的精度相适应。还需注意的是，直流和变化非常缓慢的信号可不用采样保持器。其他情况都要加采样保持器。根据分辨率、转换时间、信号带宽关系，是否要加采样保持器：如果是 8 位 ADC，转换时间 100ms，无采样保持器，信号的允许频率是 0.12Hz；如果是 12 位 ADC，则该频率为 0.0077Hz。

工作电压选择使用单一+5V 工作电压的芯片，与单片机系统共用一个电源就比较方便。

基准电压源是提供给 A/D 转换器在转换时所需要的参考电压，在要求较高精度时，基准电压要单独用高精度稳压电源供给。

9.2.2 MCS-51与ADC0809(逐次比较型)的接口

逐次比较式8路模拟输入、8位输出的A/D转换器，结构如图9-8所示。

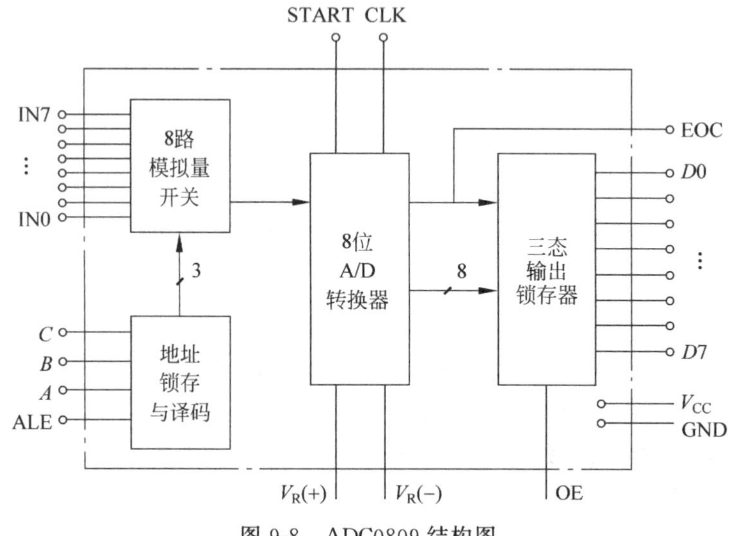

图9-8 ADC0809结构图

引脚图如图9-9所示。

IN0～IN7：8路模拟信号输入端。

$D0$～$D7$：8位数字量输出端。

C、B、A：控制8路模拟通道的切换，C、B、A = 000～111分别对应IN0～IN7通道。

OE、START、CLK：控制信号端，OE为输出允许端，START为启动信号输入端，CLK为时钟信号输入端。

$V_R(+)$和$V_R(-)$：参考电压输入端。

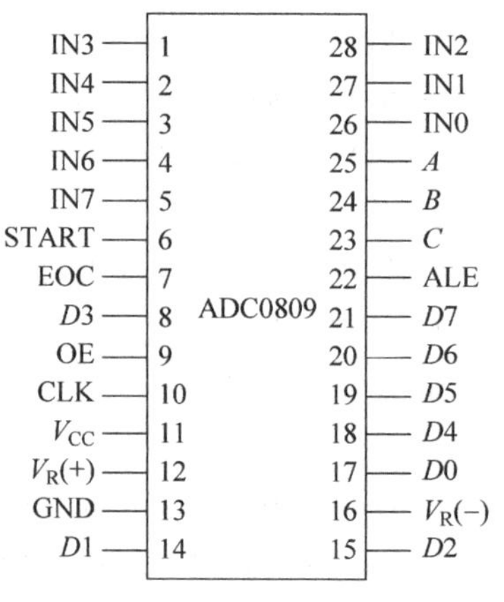

图9-9 ADC0809引脚图

单片机如何来控制ADC?

首先用指令选择0809的一个模拟输入通道，单片机的$\overline{WR}$信号生效时，产生一个启动信号给0809的START脚，启动A/D转换。

转换结束后，0809发出转换结束信号，该信号可供查询，也可向单片机发出中断请求；单片机发出$\overline{RD}$信号时，OE端高电平，三态输出锁存器输出转换完毕的数据。

1. 查询方式

0809与8031单片机的接口如图9-10所示。

ALE脚的输出频率为1MHz，(时钟频率为6MHz)，经D触发器二分频为500kHz时钟信号。0809输出三态锁存，8位数据输出引脚可直接与数据总线相连。引脚C、B、A分别与地址总线$A2$、$A1$、$A0$相连，选通IN0～IN7中的一个。$P2.7$($A15$)作为片选信号，在启动A/D转换时，由$\overline{WR}$和$P2.7$控制ADC的地址锁存和转换启动，由于ALE和START

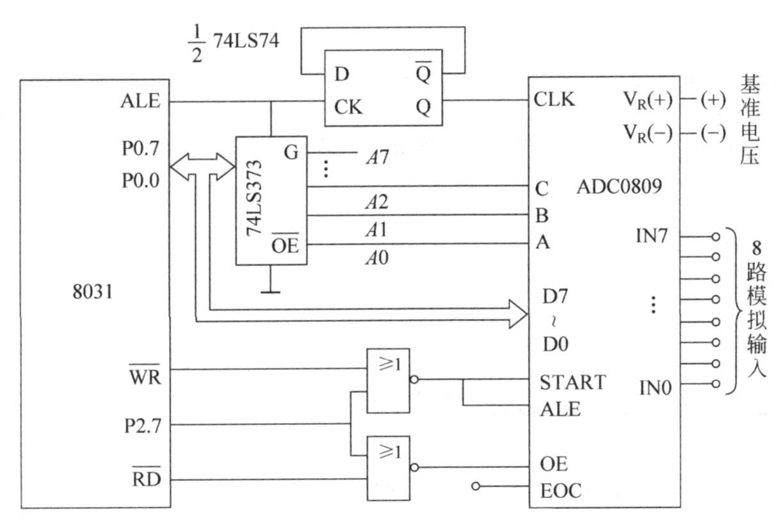

图 9-10　0809 与 8031 单片机的接口

连在一起，因此 0809 在锁存通道地址的同时，启动并进行转换。读取转换结果，用 $\overline{RD}$ 信号和 $P2.7$ 脚经或非门后，产生的正脉冲作为 OE 信号，用以打开三态输出锁存器。

对 8 路模拟信号轮流采样一次，采用软件延时的方式，并依次把结果存储到数据存储区。

2. 中断方式

将图 9-10 中 EOC 脚经一非门连接到 8031 的 $\overline{INT1}$ 脚即可。转换结束时，EOC 发出一个脉冲向单片机提出中断申请，单片机响应中断请求，在中断服务程序读 A/D 结果，并启动 0809 的下一次转换，外部中断 1 采用跳沿触发。

数据采集程序如下：

```
  # include < absacc. h >
  # include < reg51. h >
  # define uchar unsigned char
  # define uint unsigned int
  // 设置 AD0809 的通道 7 地址
  # define ad_in7 XBYTE [ 0x7fff ]
  // 设置 AD0809 的通道 7 地址
  # define res DBYTE [ 0x7f ]
  # define NUM 8                        //采样次数 = 8
    bit ad_over;                        // 即 EOC 状态
  // 采样中断
  void int0_service() interrupt 0 using 1
      {  ad_over = 1; }
void main(void)
{     int i; uint sum; uchar data a[num];
      ad_over = 0; EX0 = 1; IT0 = 1; EA = 1;
L1: i = 0; sum = 0;
       ad_in7 = 0;                      //启动 A/D 转换
      while (i < NUM);
        {  if (ad_over)                 //等待转换结束
```

```
    { ad_over = 0;
      a[i] = ad_in7;
      sum = sum + a[i];
      i = i + 1;
      ad_in7 = i;                    //启动 A/D 转换
                }
      }
    res = (uchar)sum/NUM;
    goto L1;
}
```

9.3 DAC8032 波形发生器示例

DAC0832 用作波形发生器，写出产生锯齿波（见图 9-11）、三角波（见图 9-12）和矩形波（见图 9-13）的程序。

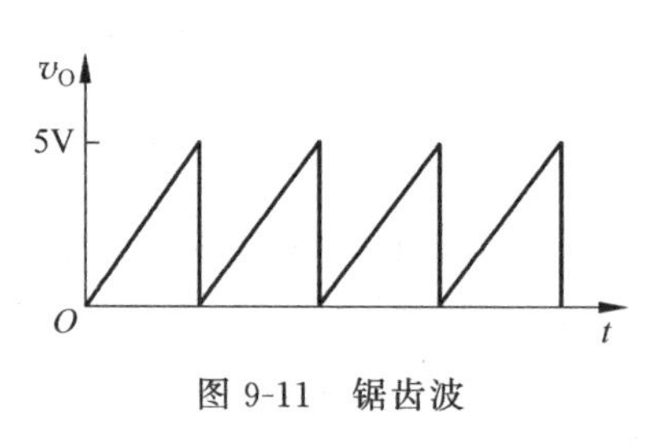

图 9-11　锯齿波

输入数字量从 0 开始，逐次加 1，为 FFH 时，加 1 则清 0，模拟输出又为 0，然后又循环，输出锯齿波。每一上升斜边分 256 个小台阶，每个小台阶暂留时间为执行后 3 条指令所需要的时间。

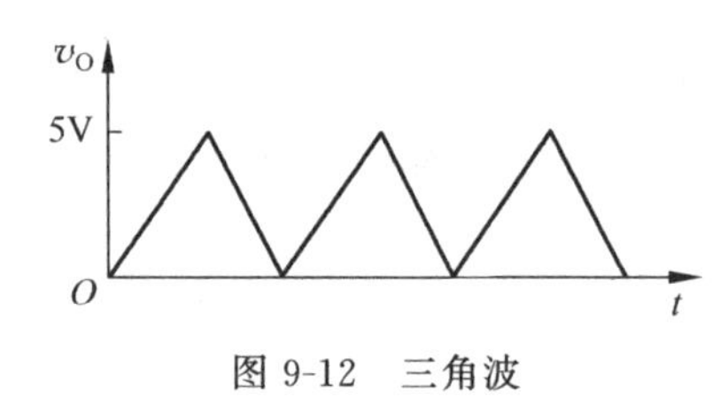

图 9-12　三角波

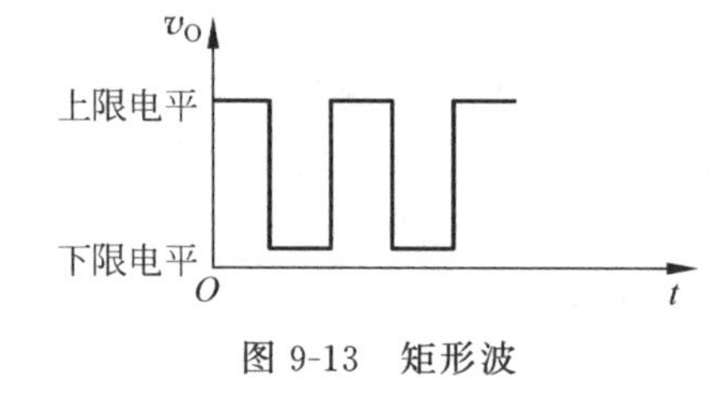

图 9-13　矩形波

具体程序如下。

```
#include< reg52.h>
#include< stdio.h>
#include< intrins.h>
#define uchar unsigned char
#define uint unsigned int
#define out P0
sbit fbo = P2^0;          //选择矩形波按钮
sbit jcbo = P2^1;         //选择锯齿波按钮
sbit sjbo = P2^2;         //选择三角波按钮
void anjsm();
void delay(uchar date)
{   uchar i,k;
    for (i = date; i > 0; i -- )
for(k = 50; k > 0; k -- );
}
void fbodate()            //方波子程序
{ while(1)
{ out = 0x00;
delay(5);
out = 0xff;
delay(5);
  anjsm();
 }
}
void jcbodate()           //锯齿波子程序
{   uchar h;
    while(1)
{
for(h = 0; h < 255; h++)
 {   out = h;
```

```
    anjsm();
  }
 }
}
void sjbodate()          //三角波子程序
{  uchar h;
   while(1)
{
for(h=0; h<255; h++)
{  out=h;
   anjsm();
}

for(h=255; h>0; h--)
    { out=h;
    anjsm();
  }
  }
  }
void anjsm()            //键盘扫描子程序
{   if(fbo==0)fbodate();
if(jcbo==0)jcbodate();
if(sjbo==0)sjbodate();
 }
void main()
 {while(1)
 {anjsm(); }
```

本章小结

非电物理量(温度、压力、流量、速度等),须经传感器转换成模拟电信号(电压或电流)转换成数字量,才能在单片机中处理。数字量也常常需要转换为模拟信号。A/D 转换器(ADC):模拟量转换成数字量的元器件;D/A 转换器(DAC):数字量转换成模拟量的元器件。

实现模拟量转换成数字量的设备称为模/数转换(A/D),比较常用的有逐次逼近型和双积分型 A/D 转换器。ADC0809 是逐次逼近型 8 位 A/D 转换芯片,可以采集 8 路模拟量转换速度取决于芯片的时钟频率。

实现模拟量转换成数字量的设备称为 D/A 转换器。DAC0832 是采用 CMOS 工艺制造的 8 位 D/A 转换器,其精度为 8 位。

思考题与习题

9-1　简述 D/A 转换器的主要性能指标。

9-2　简述 A/D 转换器的类型及原理。

9-3　简述 A/D 转换器的主要性能指标。

9-4　简述逐次逼近型 A/D 转换器的工作过程。

第10章 串行通信技术

CHAPTER 10

串行通信是一种能把二进制数据按位传送的通信，故它所需传输线条数极少，特别适用于分级、分层和分布式控制系统以及远程通信中，是单片机之间、单片机与PC之间通信的主要方式。本章主要讨论MCS-51单片机串口及串口的结构和工作方式。

10.1 串行通信概念

10.1.1 串行通信的分类

计算机与外界的信息交换称为通信。通信的基本方式可分为并行通信和串行通信两种，并行通信是指数据的各位同时在多条数据线上发送或接收，串行通信是数据的各位在同一条数据线上依次逐位发送或接收。

串行通信按同步方式可分为异步通信和同步通信两种基本通信方式。

如图10-1所示，在异步通信中，数据通常是以字符或字节为单位组成数据帧进行传送的。接收、发送端各有一套彼此独立、互不同步的通信机构，由于收发数据的帧格式相同，因此可以相互识别接收到的数据信息。

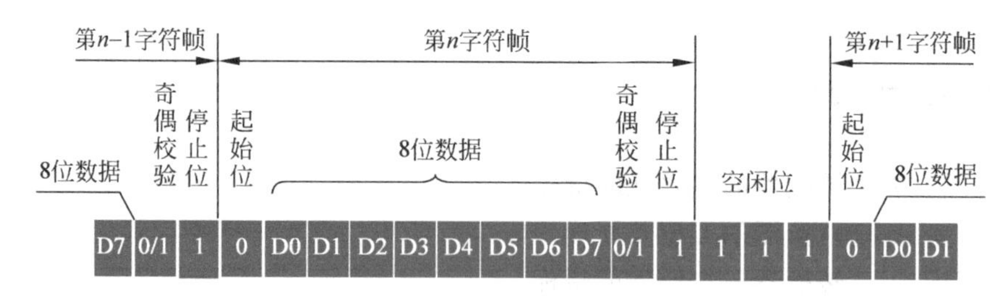

图10-1 异步通信帧格式

1. 起始位

在没有数据传送时，通信线上处于逻辑1状态。当发送端要发送1个字符数据时，首先发送1个逻辑0信号，这个低电平便是帧格式的起始位。其作用是向接收端表示发送端开始发送一帧数据。接收端检测到这个低电平后，就准备接收数据信号。

2. 数据位

在起始位之后，发送端发出(或接收端接收)的是数据位，数据的位数没有严格的限制，5～8位均可，由低位到高位逐位传送。

3. 奇偶校验位

数据位发送完(接收完)之后,可发送一位用来检验数据在传送过程中是否出错的奇偶校验位。奇偶校验是收发双方预先约定好的有限差错检验方式之一,有时也可不用奇偶校验。

4. 停止位

字符帧格式的最后部分是停止位,逻辑 1 电平有效,它可占 1/2 位、1 位或 2 位。停止位表示传送一帧信息的结束,也为发送下一帧信息做好准备。

同步通信是一种连续传送数据的通信方式,一次通信传送多个字符数据,称为一帧信息。数据传输速率较高,通常可达 56 000bps 或更高。其缺点是要求发送时钟和接收时钟保持严格同步。

在物理结构上,通信双方除了通信的数据线外还增加了一个通信用的"时钟传输线clock"。由主控方提供时钟信号 clock。

由于有了时钟信号来"同步"发送或接收操作,所以被传送的数据不再使用"起始位"和"停止位",因而提高了传送速度。因此,同步通信常被用于系统内部各芯片之间的接口设计。由于同步通信多了一条"时钟线",因此不太适合远距离的通信。

10.1.2 串行通信的波特率

在用异步通信方式进行通信时,发送端需要用时钟来决定每一位对应的时间长度,接收端需要用一个时钟来测定每一位的时间长度,前一个时钟称为发送时钟,后一个时钟称为接收时钟,这两个时钟的频率可以是位传输的 16 倍、32 倍或者 64 倍。这个倍数称为波特率因子,而位传输率称为波特率。波特率的定义为每秒钟传送二进制数码的位数(比特数),单位通常是 bps,即位/秒。波特率是串行通信的重要指标,用于表征数据传输的速度,波特率越高,数据传输速度越快。例如,波特率为 1200bps,是指每秒钟能传输 1200 位二进制数码。波特率的倒数即为每位数据传输时间。波特率也不同于发送时钟和接收时钟频率。同步通信的波特率和时钟频率相等,而异步通信的波特率通常是可变的。

波特率还与信道的频带有关,波特率越高,信道频带越宽。因此,波特率也是衡量通道频宽的重要指标。

10.1.3 串行通信的方式

在串行通信中,数据是在两个站之间传送的。按照数据传送方向,串行通信方式如图 10-2 所示,可分为单工、半双工和全双工 3 种方式。

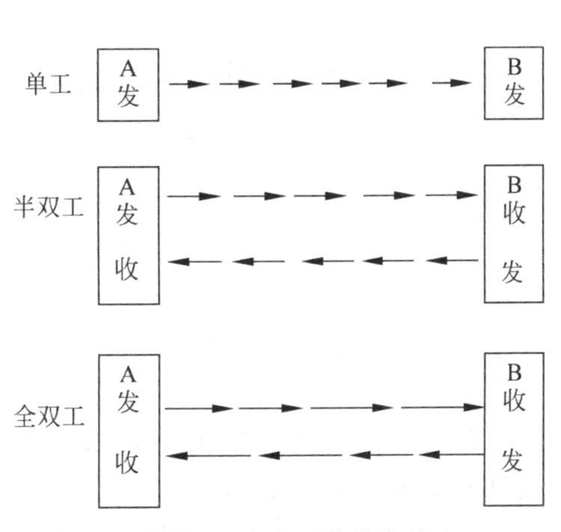

图 10-2　串行通信的方式

单工方式:单工方式下,通信线的一端连接发送器,另一端连接接收器,它们形成单向连接,只允许数据按照一个固定的方向传送,即一方只能发送,而另一方只能接收,这种方式现在已很少使用。

半双工方式:在半双工方式下,系统中的每个通信设备都由一个发送器和一个接收器组成,通过开关接到通信线路上。半双工方式比单工方式灵活，但是它的效率依然不高，因为发送和接收两种方式之间的切换需要时间，重复线路切换引起的延迟累积，是其效率不高的主要原因。

全双工方式：在全双工方式下，A、B两站间有两个独立的通信回路，两站都可以同时发送和接收数据。因此，全双工方式下的A、B两站之间至少需要3条传输线：一条用于发送，一条用于接收，另一条用于接地。

10.1.4 串行通信的校验

串行通信的目的不只是传送数据信息，更重要的是应确保准确无误地传送。因此必须考虑在通信过程中对数据差错进行校验，因为差错校验是保证准确无误地通信的关键，常用差错校验方法有奇偶校验、累加和校验以及循环冗余码校验等。

1. 奇偶校验

奇偶校验的特点是按字符校验，即在发送每个字符数据之后都附加一位奇偶校验位(1或0)，当设置为奇校验时，数据中1的个数与校验位1的个数之和应为奇数；反之则为偶校验。收、发双方应具有一致的差错检验设置，当接收1帧字符时，对1的个数进行检验，若奇偶性(收、发双方)一致，则说明传输正确。奇偶校验只能检测到那种影响奇偶位数的错误，比较低级且速度慢，一般只用在异步通信中。

2. 累加和校验

累加和校验是指发送方将所发送的数据块求和，并将“校验和”附加到数据块末尾。接收方接收数据时也是先对数据块求和，将所得结果与发送方的“校验和”进行比较，若两者相同，表示传送正确，若不同则表示传送出了差错。“校验和”的加法运算可用逻辑加，也可用算术加。累加和校验的缺点是无法检验出字节或位序的错误。

3. 循环冗余码校验(CRC)

循环冗余码校验的基本原理是将一个数据块看作一个位数很长的二进制数，然后用一个特定的数去除它，将余数作校验码附在数据块之后一起发送。接收端收到该数据块和校验码后，进行同样的运算来校验传送是否出错。目前CRC已广泛用于数据存储和数据通信中，并在国际上形成规范，市面上已有不少现成的CRC软件算法。

10.2 串行接口

10.2.1 串口的工作方式

工作方式0：在方式0下，串口作为同步移位寄存器使用。这时用RXD(*P*3.0)引脚作为数据移位的入口和出口，而由TXD(*P*3.1)引脚提供移位脉冲。移位数据的发送和接收以8位为一帧，不设起始位和停止位，低位在前高位在后。

工作方式1：方式1是10位为一帧的异步串行通信方式，包括1个起始位、8个数据位和1个停止位。异步通信用起始位0表示字符的开始，然后从低位到高位逐位传送数据，最后用停止位1表示字符结束，一个字符又称一帧信息。

数据发送——方式1的数据发送是由一条写发送缓冲寄存器指令开始的。随后在串口由硬件自动加入起始位和停止位，构成一个完整的帧格式，然后在移位脉冲的作用下，由TXD端串行输出。一个字符帧发送完后，使TXD输出线维持在1状态下，并将SCON寄存器的 TI 置 1,通知 CPU 可以发送下一个字符。

数据接收——接收数据时,SCON 的 REN 位应处于允许接收状态。在此前提下,串口采样 RXD 端,当采样到从 1 向 0 的状态跳变时,就认定是接收到起始位。随后在移位脉冲的控制下,把接收到的数据位移入接收缓冲寄存器中,直到停止位到来之后把停止位送入 RB8 中,并置位接收中断标志位 RI,通知 CPU 从 SBUF 取走接收到的一个字符。

工作方式 2 和方式 3:方式 2 和方式 3 是 11 位一帧的串行通信方式,包括 1 个起始位,9 个数据位和 1 个停止位。在方式 2 和方式 3 下,字符还是有 8 个数据位。第 9 个数据位 D8,既可作为奇偶校验位使用,也可作为控制位使用,其功能由用户确定,发送之前应先将 SCON 中的 TB8 准备好。

【例 10-1】 用 89C51 串口外加移位寄存器 165 扩展 8 位输入口,如图 10-3 所示,输入数据由 8 个开关提供,另有一个开关 K 提供联络信号。当 $K=0$ 时,表示要求输入数据,输入的 8 位为开关量,提供逻辑模拟子程序的输入信号。

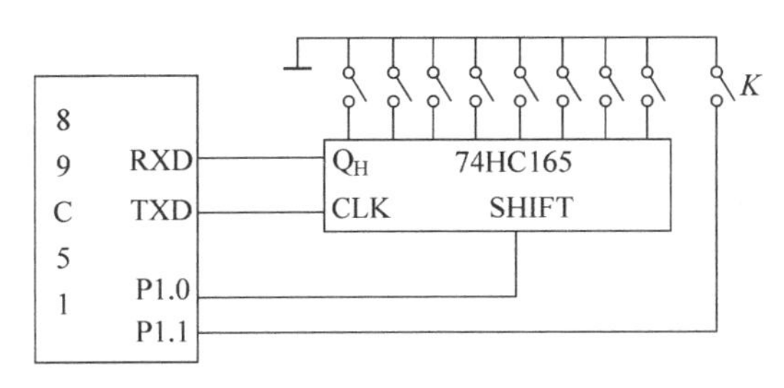

图 10-3 89C51 串口外加移位寄存器

串口方式 0 的接收要用 SCON 寄存器中的 REN 位作为开关来控制。因此,初始化时,除了设置工作方式之外,还要使 REN 位为 1,其余各位仍然为 0。对 RI 采用查询方式来编写程序,当然,先要查询开关 K 是否闭合。

程序如下:

```
sbit Key = P1^1;
sbit Shift = P1^0;
unsigned char Key_Num;
SCON = 0x10;                    //REN = 1
while(Key);                     //等待工作开关闭合
Shift = 1;                      //以并行方式输入
delay();
Shift = 0;                      //以串行方式输入
while(!RI);
RI = 0;
Key_Num = SBUF;
```

10.2.2 MCS-51 串口波特率

方式 0 的波特率是一个机器周期进行一次移位。当 $f_{OSC}=6$MHz 时,波特率为 500kbps,即 2μs 移位一次;当 $f_{OSC}=12$MHz 时,波特率为 1Mbps,即 1μs 移位一次。

方式 2 的波特率也是固定的,且有两种:一种是晶振频率的 1/32,即 $f_{OSC}/32$;另一种是晶振频率的 1/64,即 $f_{OSC}/64$。用公式表示为:BR=2SMOD×$f_{OSC}/64$。式中,SMOD

为 PCON 寄存器最高位的值，SMOD=1 表示波特率加倍。

方式 1 和方式 3 的波特率是可变的，其波特率由定时器 1 的溢出率决定。

视频讲解

10.3 串行通信接口的应用示例

【例 10-2】 PC 用串口调试助手发送 00～FF 给单片机，并通过发光二极管显示。程序如下。

查询方式：

```
#include <reg52.h>
void main()
{

    TMOD = 0x20;
    TH1 = 0xfd;
    TL1 = 0xfd;
    TR1 = 1;
    REN = 1;
    SM0 = 0;
    SM1 = 1;

    while(1)
        {
            if(RI == 1)
            {
            RI = 0;
            P1 = SBUF;
            }
        }
}
```

中断方式：

```
#include <reg52.h>
void main()
{
    TMOD = 0x20;
    TH1 = 0xfd;
    TL1 = 0xfd;
    TR1 = 1;
    REN = 1;
    SM0 = 0;
    SM1 = 1;
                ES = 1;
    EA = 1;
    while(1)
    {
                        }
}
```

【例 10-3】 双机通信。

要求：在单片机之间进行双向通信，甲机的 K1 按键可通过串口分别控制乙机的 LED1、LED2 的点亮、全亮、全灭。乙机按键可向甲机发送数字，甲机接收地数字会显示在其 *P*0 口的数码管上。单片机甲向单片机乙发送 READY 字符串，然后等待接收。如果接收到乙机发送的 OK 字符串，则蜂鸣器响，否则不响。

使用查询方式，实现双机串口异步通信。所谓的查询方式，是指通过查看中断标志位 RI 和 TI 来接收和发送数据。在这种方式下，当串口发送完数据或接收到数据时，仅仅对相应的标志位置位而不会以任何其他形式通知主程序。主程序只能通过定时查询发现标志位的状态改变，从而作出相应的处理。注意，在查询方式中，标志位的位置由硬件完成，而标志位的清除需要软件进行处理，总程序流程图见图 10-4。

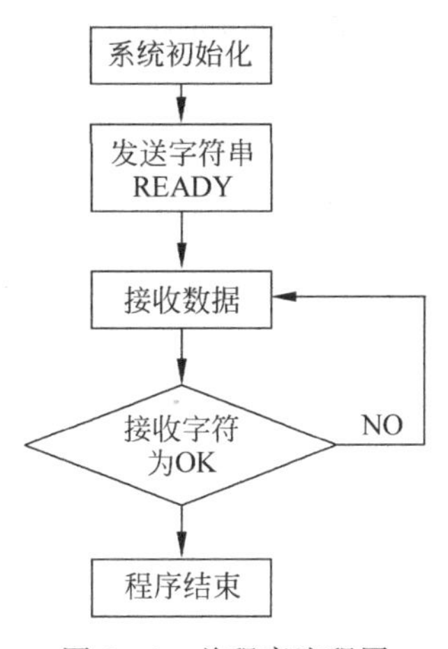

图 10-4　总程序流程图

数据的接收和发送均使用查询方式。程序大致分为 3 个部分：系统初始化部分、发送数据部分、接收数据部分。

1）系统初始化部分

系统初始化部分应完成几方面的工作：关闭所有中断；设置串口工作模式；设置串口为接收允许状态；设置串口通信波特率；其他数据初始化。

串口使用工作方式 1，其波特率可以是软件设置的。波特率的设置是通过改变定时器 T1 的溢出率来控制。

2）发送数据部分

在程序中，发送一个字节的过程：将数据传送至 SBUF；检测 TI 位，如果数据传送完毕，则 TI 位被硬件置 1，如果 TI 为 0，则继续等待；TI=1，表示发送完成，此时需要将 TI 软件清 0，然后继续发送下一个字符；程序中，使用 put_string()发送数据，当检测到"\0"字符时，表示到达发送字符串结尾，停止数据发送。

程序代码如下（甲机）：

```
#include <AT89X51.H>
#include <STRING.H>
#define _SEND_STRING_ "READY"              //发送的字符串
#define _RECV_STRING_ "OK"                 //接收的字符串
#define _MAX_LEN_ 16                       //数据最大长度
void put_string(unsigned char * str);      //串口发送字符串
void get_string(unsigned char * str);      //串口接收字符串
void Beep();                               //蜂鸣表示成功接收到返回信号
void main()
{
char buf[_MAX_LEN_];
/* 系统初始化 */
TMOD = 0x20;                               //定时器 T1 使用工作方式 2
TH1 = 250;                                 //设置初值
TL1 = 250;
TR1 = 1;                                   //开始计时
PCON = 0x80;                               //SMOD = 1
```

```
SCON = 0x50;                              //工作方式 1,波特率 9600bps,允许接收
EA = 0;                                   //关闭全部中断
strcpy(buf, _SEND_STRING_);               //设置发送字符串
/* ------------------ 发送数据 ------------------------ */
put_string(buf);
buf[0] = 0;                               //清空缓冲区
/* ------------------ 接收数据 ------------------------ */
while(strcmp(buf, _RECV_STRING_)!= 0)
{
 get_string(buf);
}
beep();
while(1);                                 //反复循环
}
/* ----------------- 子函数 --------------------- */
/* 发送字符,参数 str 为待发送子符串 */
void put_string(unsigned char * str)
{
do
   {
SBUF =  * str;
while(!TI);                               //等待数据发送完毕
TI = 0;                                   //清发送标志位
str++;                                    //发送下一数据
}
while( * (str - 1) == '\0');              //发送至字符串结尾则停止
}
/* 接收字符串,参数 str 指向保存接收子符串缓冲区 */
void get_string(unsigned char * str)
{
 unsigned char count = 0;
  * str = 0;                              //清缓冲区
 do
    {
while(!RI);                               //等待数据接收
 * str = SBUF;                            //保存接收到的数据
RI = 0;                                   //清接收标志位
str++;                                    //准备接收下一数据
count++;
if(count > _MAX_LEN_)                     //如果接收数据超过缓冲区范围,则只接收部分字符
{
 * (str - 1) = 0;
break;
}
while( * (str - 1) == '\0');              //接收至字符串结尾则停止
}
```

单片机 C51 程序：

```
#include < AT89X51 >
#define uchar unsigned char
main()
{
       uchar temp,datmsg[6];
```

```
TMOD = 0x20;                              //设置波特率为 19.2kbps
PCON = 0x80;
    TH1 = 0xfd; TL1 = 0xfd;
    TR1 = 1;                              //启动定时器 1
    SCON = 0x50;                          //设置串口为 10 位异步收发,且允许接收
    while(1) {for(temp = 0; temp < 6; temp++) //连续接收 6 字节
        {
while(RI == 0); RI = 0;
        datmsg[temp] = SBUF;
        }
        for(temp = 0; temp < 6; temp++)   //连续发送 6 字节
        {
SBUF = datmsg[temp]; while(TI == 0); TI = 0;
        }
      }
}
```

本章小结

单片机与外界通信有并行通信和串行通信两种方式,8051 单片机串行通信接口全为双工 I/O 口,可设置成同步通信和异步通信方式。

串口可设置成 4 种不同工作方式,它们的区别主要在于同步或异步通信、字符帧格式以及发送波特率不同。

方式 1 和方式 3 的波特率由定时器 T1 的溢出决定,除方式 0 外,专用寄存器 PCON 最高位 SMOD 置 1 能使波特率加倍。

思考题与习题

10-1　何为同步通信?何为异步通信?各自的特点是什么?

10-2　单工、半双工和全双工有什么区别?

10-3　设某异步通信接口每帧信息格式为 10 位,当接口每秒传送 1000 个字符时,其波特率为多少?

10-4　MCS-51 单片机串口有几种工作方式?各自特点是什么?

10-5　怎样来实现利用串口扩展并行输入/输出口?

10-6　解释下列概念:

(1) 并行通信、串行通信。

(2) 波特率。

(3) 单工、半双工、全双工。

(4) 奇偶校验。

10-7　试用 8051 串口扩展 I/O 口,控制 16 个发光二极管自右向左以一定速度轮流发光,画出电路并编写程序。

第11章 单片机应用系统设计

CHAPTER 11

在单片机应用系统设计中，由于其控制对象、设计要求、技术指标等不尽相同，因此单片机的应用系统的设计方案、设计步骤、开发过程等也各不相同。本章主要介绍了5个单片机应用系统设计实例，分别从总体设计、系统要求、硬件电路设计、软件程序设计等几个方面详细介绍了单片机应用系统设计的方法和基本过程，同时还简要介绍C51编程方法和Keil C51开发系统。

本章重点在于单片机应用系统设计的方法和实际应用，难点在于将单片机应用系统设计应用于实际工程中，设计出最优的单片机应用系统。

视频讲解

11.1 多功能数字时钟设计

随着生活节奏的加快，人们时间观念的加强，时钟已经成为人们日常生活中不可或缺的一部分，而如何在时钟的基础上，根据人们生活的需要增加相应的功能以及为人们的生活提供方便，成为时钟设计方面的重点。从经济效益上看，相对于几乎被淘汰的一般时钟，数字时钟占据了绝对的市场占有率。从产品的创新性、新颖性看，多功能时钟无论在外观设计、系统设计以及整体性能方面都很优越，而且由于体积小，携带远比一般时钟方便。

11.1.1 系统要求

要求本设计能模拟基本的多功能时钟系统，用DS1302进行时间和日历的计时，用LCD数码管进行显示，还能调整系统时间，设定闹铃和显示温度等功能。

视频讲解

11.1.2 硬件电路设计

多功能数字时钟主要由显示模块、时钟模块、晶振和复位电路、键盘输入与温度模块组成。如图11-1所示为数字时钟系统组成原理框图。

系统工作时通过输入模块将键盘输入的电信号传输到控制模块，但是由于输入信号复杂，而且可能同时输入，因此在系统设计的时候需要注意信号的优先级问题。在系统组成方面，由于采用分块设计的方法，这样不仅减小了编程难度、使程序易于理解，而且能方便地添加各项功能。程序可分为闹铃程序、时间显示程序、日期显示程序，时间调整程序、闹钟调整程序、定时调整程序，闹铃声音程序等，且需要保证各模块的兼容和配合。

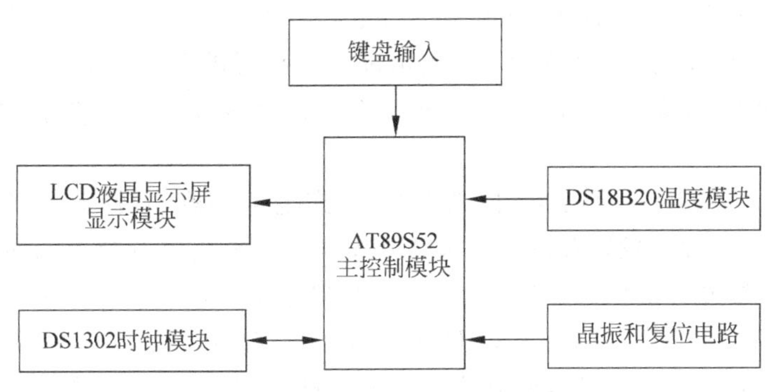

图 11-1　数字时钟系统组成原理框图

硬件设计采用 AT89S52 单片机作为控制器，时间日历计时显示采用 LCD 数码管，温度与闹铃都可以在 LCD 上显示出来，如图 11-2 所示为总硬件连接仿真图，整套系统由显示模块、时钟模块、晶振和复位电路、键盘输入与温度模块和单片机控制模块组成。

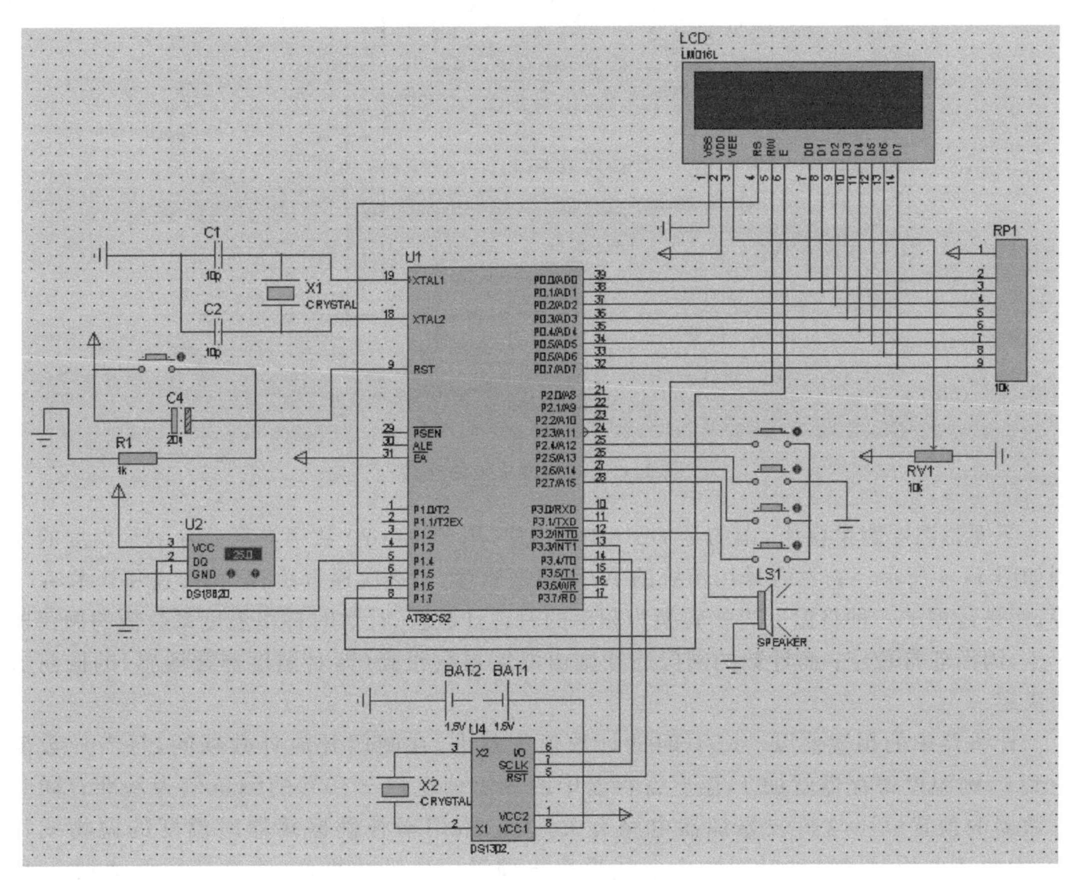

图 11-2　总硬件连接仿真图

下面先介绍系统的时钟模块，时钟芯片 DS1302 在每次进行读、写程序前都必须初始化，先把 SCLK 端置 0，接着把 RST 端置 1，最后才给予 SCLK 脉冲。DS1302 的控制字的位 7 必须置 1，若为 0 则不能对 DS1302 进行读写数据。对于位 6，若对程序进行读/写，则

RAM=1；对时间进行读/写时，CK=0，位1至位5指操作单元的地址。位0是读/写操作位，进行读操作时，该位为1；该位为0则表示进行的是写操作。控制字节总是从最低位开始输入/输出。DS1302有12个寄存器，其中有7个寄存器与日历、时钟相关，存放的数据位为BCD码形式。

此外，DS1302还有年份寄存器、控制寄存器、充电寄存器、时钟突发寄存器及与RAM相关的寄存器等。时钟突发寄存器可一次性顺序读写除充电寄存器外的所有寄存器内容。DS1302与RAM相关的寄存器分为两类：一类是单个RAM单元，共31个，每个单元组态为一个8位的字节，其命令控制字为C0H～FDH，其中奇数为读操作，偶数为写操作；另一类为突发方式下的RAM寄存器，此方式下可一次性读写所有的RAM的31字节，命令控制字为FEH(写)、FFH(读)。具体相关硬件连接如图11-3所示。

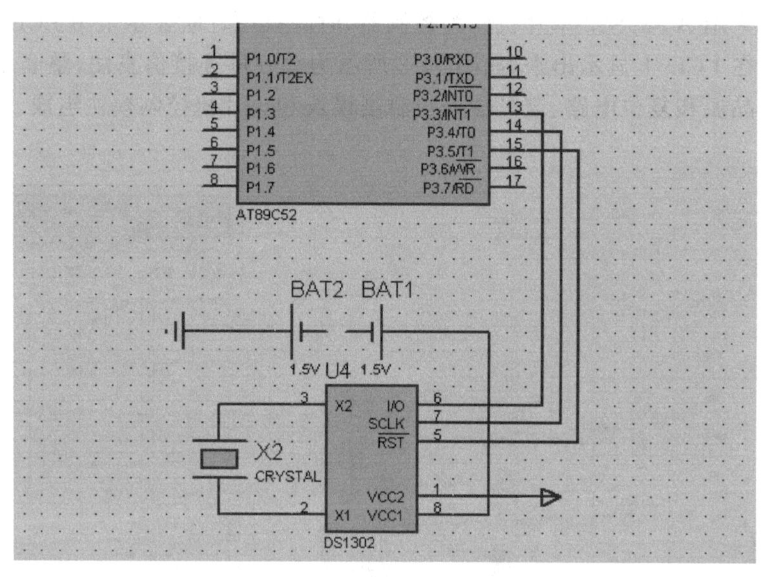

图11-3 时钟模块硬件连接

下面是温度测量模块，用的是DS18B20芯片，用DS18B20数字温度芯片测量温度的原理如图11-4所示。它没有采用传统的A/D转换原理，如逐次逼近法、双积分式和算术A/D等，而是运用了一种将温度直接转换为频率的时钟计数法，计数时钟由温度系数低的振荡器产生，因而非常稳定；而计数的闸门周期则由温度系数很高(即对温度非常敏感)的振荡器来决定。

计数器中的预置值以－55℃时的计数值为基准，在闸门开放计数期间，每当计数值达到0，则温度寄存器就加1，温度寄存器中的预置值也以－55℃的测量值为基准。同时计数器的预置值还与斜坡累加器电路有关，该电路用于补偿振荡器对温度的抛物线特性，因此还要用时钟脉冲针对这个非线形校正预置值作计数操作，直至计数值达到0，如果此时闸门还未关闭，则再重复计数过程。斜坡累加器补偿了振荡器对温度的非线形特性，从而可以获得较高的温度测量分辨率，改变相对于测温量化级的计数量大小即可获得不同的分辨率。

在测温时对DS18B20进行操作的步骤如下：先初始化(READ ROM指令，代码33H)，每次对DS18B20进行操作之前都要对其进行初始化，主要目的在于确定温度传感器是否已

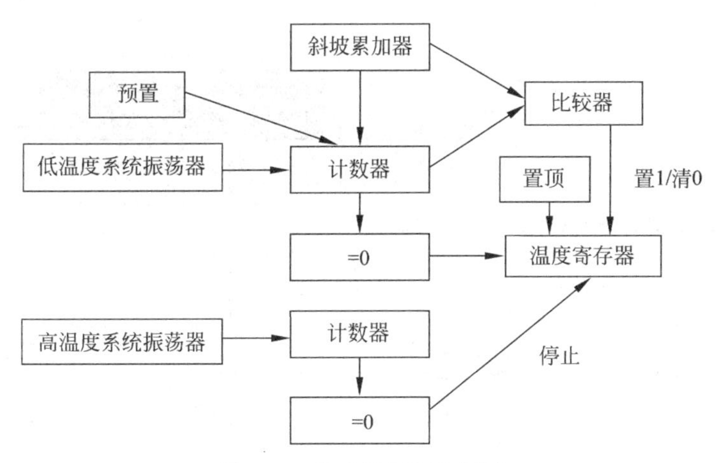

图 11-4 温度测量原理框图

经连接到单总线上；查找 DS18B20(SEARCH ROM 指令，代码 FOH)，该指令可使处理器通过排除法来辨别总线上的 DS18B20；匹配 DS18B20(MACTH ROM 指令)，只有完全符合 64 位 ROM 序列的 DS18B20 才能响应其后的指令，当然，单点测温时可以使用 SKIP ROM 指令来跳过这一步；发送该指令后应查询总线上的电平，当电平为高时，温度转换完成；读取温度值，将该指令发出后，就可从总线上读取表示温度的两字节的二进制数。图 11-5 是温度测量模块的硬件部分连接图。

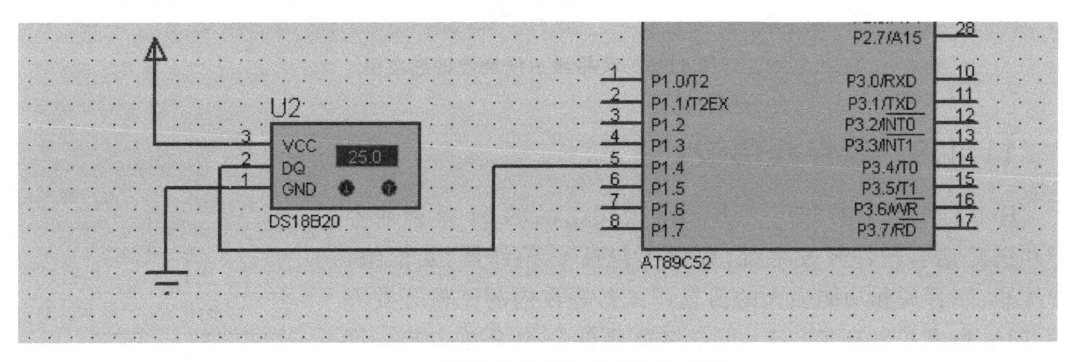

图 11-5 温度测量模块的硬件连接图

另外，LCD 液晶显示模块是多功能数字时钟系统的关键部分，闹铃程序、时间显示程序、日期显示程序、调整程序都需要在 LED 液晶屏幕上进行显示观察、操作。如图 11-6 所示。

LCD 显示模块采用 LCD1602 小屏幕，具有低功耗，正常工作电流仅 2.0mA/5.0V。通过编程实现自动关闭屏幕能够更有效地降低功耗。LCD1602 分两行显示，每行可显示多达 16 个字符。LCD1602 液晶模块内部的字符发生存储器(CGROM)已经存储了 160 个不同的点阵字符图形，通过内部指令可实现对其多样显示的控制，并且还能利用空余的空间自定义字符。

最后还有就是晶振电路和复位电路，对于每个单片机实例来说，这两个电路基本大同小异，此处不再赘述。

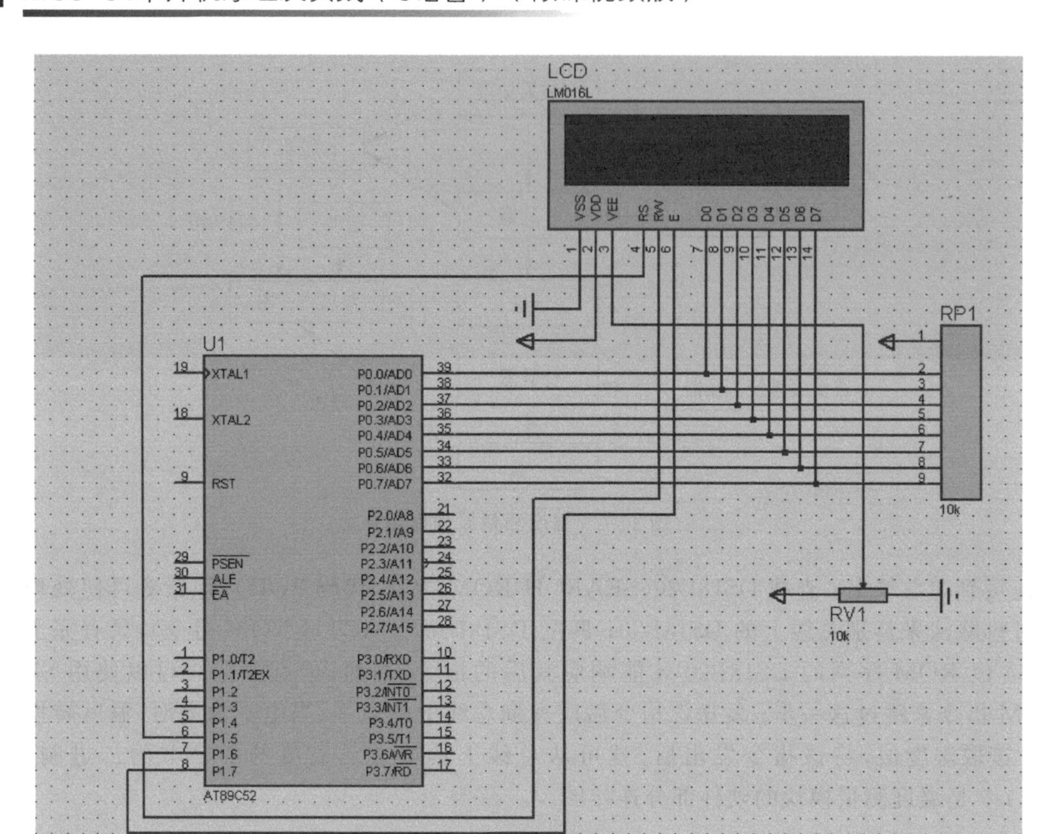

图 11-6　液晶显示模块硬件连接图

11.1.3　软件程序设计

Keil C51是美国Keil Software公司出品的51系列兼容单片机C语言软件开发系统，提供了包括C编译器、宏汇编、连接器、库管理和功能强大的仿真调试器等在内的完整开发方案，通过集成开发环境（μVision）将这些部分组合在一起。可有效支持C语言和汇编语言程序编辑、编译、连接、调试、仿真等整个开发流程。本设计采用的Keil μVision4是该软件系列中单片机软件开发、应用较为广泛的一种。

我们使用的是Proteus仿真软件，是英国Labcenter Electronics公司出版的EDA工具软件。它不仅具有其他EDA工具软件的仿真功能，还能仿真单片机及外围元器件。它是目前最好的仿真单片机及外围元器件的工具之一。

系统软件设计思路主要利用DS1302时钟芯片进行时钟计时，再搭配一些实用的数字功能。主程序的框图如图11-7所示，主要分为以下几个步骤：初始化程序、显示子程序、开关控制子程序、日期修改和闹铃开关程序、时间修改程序、显示程序等。当电路接入电源后，首先进行初始化，初始化完成后若

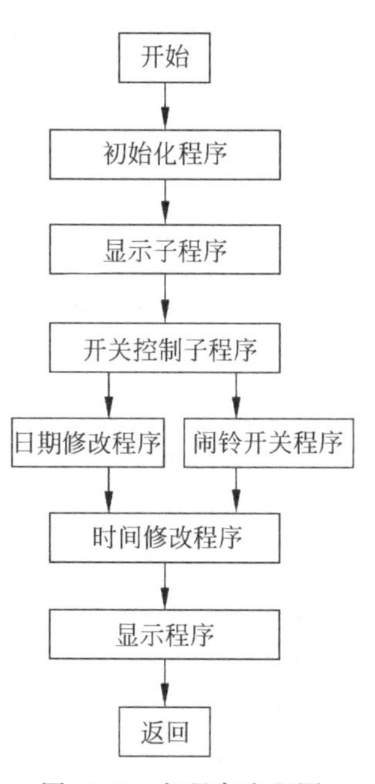

图 11-7　主程序流程图

是模拟软件则显示屏幕会自动读取当前计算机时间进行显示，如果是实物电路则直接显示为零，此时再通过按键进入子程序进行时间设置调整。

例如，其中对于温度的测量部分，软件设计主要是先进行 DS18B20 的初始化，然后从 DS18B20 中读取数据放入 RAM，然后反映到 LCD 模块显示具体温度。

具体代码程序及注释如下：

```
#include <reg51.H>
#include <INTRINS.H>
#define uchar unsigned char
#define uint unsigned int
#define TIME (0X10000 - 50000)
#define FLAG 0XEF       //闹钟标志
//引脚连接图
sbit rst = P3^5;
sbit clk = P3^4;
sbit dat = P3^3;
sbit rs = P1^5;
sbit rw = P1^6;
sbit e = P1^7;
sbit DQ = P1^4;         //温度输入口
sbit P3_2 = P3^2;

sbit ACC_7 = ACC^7;
//全局变量及常量定义
uchar i = 20,j,time1[16];
uchar alarm[2],time2[15],time[3];
uchar code Day[] = {31,28,31,30,31,30,31,31,
30,31,30,31};//12个月的最大日期(非闰年)
//音律表
uint code table1[] = {64260,64400,64524,
64580,64684,64777,
64820, 64898, 64968, 65030, 65058, 65110,
65157,65178,65217};
//发声部分的延时时间
uchar code table2[] = {0x82, 1, 0x81, 0xf4,
0xd4,0xb4,0xa4,
0x94,0xe2, 1, 0xe1, 0xd4, 0xb4, 0xc4, 0xb4, 4,
0};
//LCD自建字
uchar code tab[] = {0x18,0x1b,5,4,4,5,3,0,
0x08, 0x0f, 0x12, 0x0f, 0x0a, 0x1f, 0x02,
0x02,//年
0x0f, 0x09, 0x0f, 0x09, 0x0f, 0x09, 0x11,
0x00,//月
0x0f, 0x09, 0x09, 0x0f, 0x09, 0x09, 0x0f,
0x00};                 //日
//****温度小数部分用查表法*******//
uchar code ditab[16] = {0x00, 0x01, 0x01,
0x02,0x03,0x03,0x04,0x04,0x05,0x06,0x06,
0x07,0x08,0x08,0x09,0x09};
//闹钟中用的全局变量
uchar th1,tl1;
uchar temp_data[2] = {0x00,0x00};//读出温
                                //度暂放
bit flag;                 //18B20存在标志位
/********11μs延时函数******/
delay(uint t)
{
    for(;t>0;t--);
}
/********18B20复位函数******/
ow_reset(void)
{
    uchar i;
    DQ = 1;_nop_();_nop_();
    DQ = 0;            //
    delay(50); // 550μs
    DQ = 1;            //
    delay(6); // 66μs
    for(i = 0;i < 0x30;i++)
    {
        if(!DQ)
            goto d1;
    }
    flag = 0; //清标志位,表示DS1820不存
              //在 DQ = 1;
    return;
d1:delay(45);           //延时500μs
    flag = 1;
    DQ = 1; //置标志位,表示DS1820存在
}
/********18B20写命令函数******/
//向1-WIRE总线上写一个字节
void write_byte(uchar val)
{
    uchar i;
    for (i = 8; i>0; i--) //
    {
        DQ = 1;_nop_();_nop_();
        DQ = 0;_nop_();_nop_();_nop_();
_nop_();_nop_();        //5μs
        DQ = val&0x01;//最低位移出
        delay(6);       //66μs
        val = val/2;    //右移一位
```

```
    }
DQ = 1;
    delay(1);
}
/******* 18B20 读一个字节函数 *****/
//从总线上读取一个字节
uchar read_byte(void)
{
    uchar i;
    uchar value = 0;
    for (i = 8;i > 0;i -- )
    {
    DQ = 1;_nop_();_nop_();
        value >> = 1;
        DQ = 0;         //
        _nop_();_nop_();_nop_();_nop_();
//4μs
        DQ = 1;_nop_();_nop_();_nop_();
_nop_();                //4μs
        if(DQ)
            value| = 0x80;
        delay(6);       //66μs
    }
DQ = 1;
    return(value);
}
/********* 读出温度函数 ********/
read_temp()
{
    ow_reset();         //总线复位
    if(!flag)           //判断 DS1820 是否存
                        //在?若 DS18b20 不存
                        //在,则返回
        return;

    //write_byte(0xCC);   // Skip ROM
    //write_byte(0x44);   // 发出转换命令
    //delay(70);

    write_byte(0xCC); //发 Skip ROM 命令
    write_byte(0xBE); //发读命令
    temp_data[0] = read_byte(); //温度低 8 位
    temp_data[1] = read_byte(); //温度高 8 位
    ow_reset();
    write_byte(0xCC); // Skip ROM
    write_byte(0x44); // 发出转换命令
}
/******** 温度数据处理函数 *******/
work_temp()
{
    uchar n = 0,m;
    if(temp_data[1]> 127)//负温度求补码
    {
        temp_data[1] = (256 - temp_data[1]);
        temp_data[0] = (256 - temp_data[0]);
            n = 1;
    }
    time2[13] = ditab[temp_data[0]&0x0f] + '0';
    time2[12] = '.';
    m = ((temp_data[0]&0xf0)>> 4)|((temp_
data[1]&0x0f)<< 4);   //
    if(n)
    {
        m -= 16;
    }
    time2[9] = m/100 + '0';
    time2[11] = m % 100;
    time2[10] = time2[11]/10 + '0';
    time2[11] = time2[11] % 10 + '0';
    if(time2[9] == '0')//最高位为 0 时都不
                        //显示
    {
        time2[9] = 0x20;
        if(n)//负温度时最高位显示"-"
        {
            time2[9] = '-';
        }
        if(time2[10] == '0')
        {
            if(n)
            {
                time2[10] = '-';
                time2[9] = 0x20;
            }
            else
                time2[10] = 0x20;
            if(time2[11] =='0'&&time2[13] ==
'0')
                time2[11] = time2[12] =
0x20;
        }
    }
}
delay1ms(uchar time)  //延时 1ms
{
    uchar i,j;
    for(i = 0;i < time;i++)
    {
        for(j = 0;j < 250;j++);
    }
}
//LCD 驱动部分
```

```
enable()
{
    rs = 0;
    rw = 0;
    e = 0;
    delay1ms(3);
    e = 1;
}
write2(uchar i)
{
    P0 = i;
    rs = 1;
    rw = 0;
    e = 0;
    delay1ms(2);
    e = 1;
}
write1(uchar data * address,m)
{
    uchar i,j;
    for(i = 0;i < m;i++,address++)
    {
        j = * address;
        write2(j);
    }
}
//LCD 显示
lcdshow()
{
    P0 = 0XC;          //显示器开、光标关
    enable();
    P0 = 0x80;         //写入显示起始地址
    enable();
    write1(time1,16);
    P0 = 0xc1;         //写入显示起始地址
    enable();
    write1(time2,15);
}
//自建字
zijianzi()
{
    uchar i;
    P0 = 0x40;
    enable();
    for(i = 0;i < 32;i++)
    {
        write2(tab[i]);
        delay1ms(2);
    }
}
//DS1302 读写子程序
write(uchar address)
{
    uchar i;
    clk = 0;
    _nop_();
    rst = 1;
    _nop_();
    for(i = 0;i < 8;i++)
    {
        dat = address&1;
        _nop_();
        clk = 1;
        address >> = 1;
        clk = 0;
    }
}
uchar read()
{
    uchar i,j = 0;
    for(i = 0;i < 8;i++)
    {
        j >> = 1;
        _nop_();
        clk = 0;
        _nop_();
        if(dat)
            j| = 0x80;
        _nop_();
        clk = 1;
    }
    return(j);
}
//部分显示数据初始化
timestart()
{
    time1[1] = time1[13] = time2[8] = time2
[9] = time2[10] = 0x20,time2[14] = 0;
    time1[6] = 1,time1[9] = 2,time1[12] =
3,time1[2] = '2',time1[3] = '0';
    time1[14] = 'W',time2[2] = time2[5] = ':';
    write(0xc1);
    alarm[0] = read();
    rst = 0;
    write(0xc3);
    alarm[1] = read();
    rst = 0;
    write(0xc5);
    time1[0] = read();
    rst = 0;
}
//读取时间
```

```
readtime()
{
    uchar i,m,n;
    write(0x8d);        //读取年份
    m = read();
    rst = 0;
    time1[4] = m/16 + 0x30;
    time1[5] = m % 16 + 0x30;
    write(0x8b);        //读取星期
    m = read();
    rst = 0;
    time1[15] = m + 0x30;
    for(i = 7,n = 0x89;i < 11;i += 3,n -= 2)
//读取月份和日期
    {
        write(n);
        m = read();
        rst = 0;
    time1[i] = m/16 + 0x30;
    time1[i + 1] = m % 16 + 0x30;
    }
    for(m = 0,i = 0,n = 0x85;i < 7;i += 3,n -=
2,m++)                  //读取时,分,秒
    {
        write(n);
        time[m] = read();
        rst = 0;
        time2[i] = time[m]/16 + 0x30;
        time2[i + 1] = time[m] % 16 + 0x30;
    }
}
time0() interrupt 1 using 1
{
    i--;
    if(i == 0)
    {
        if(j!= 0)
            j--;
        i = 20;
    }
    TH0 = TIME/256,TL0 = TIME % 256;
}
//闹钟部分
intime1() interrupt 3
{
    TH1 = th1,TL1 = tl1;
    P3_2 = !P3_2;
}
showalarm()
{
    uchar i,j,a,b,n;
    ET1 = 1;
    for(j = 0;j < 6;j++)
    {
        i = 0;
        while(1)
        {
            a = table2[i];
            if(a == 0)
                break;
            b = a&0xf;
            a >>= 4;
            if(a == 0)
            {
                TR1 = 0;
                goto
D1;
            }
    a = ((--a)<< 1)/2;
     TH1 = th1 = table1[a]/256,TL1 = tl1 =
table1[a] % 256;
            TR1 = 1;
D1:         do
            {
                b--;
                for(n = 0;n < 3;n++)
                {
                    readtime();
                    lcdshow();
                    P2 = 0xf7;
                    if(P2 == 0xe7)
                    {
                        delay1ms(100);
                        if(P2 == 0xe7)
                        {
                            TR1 = 0;
                            ET1 = 0;
                            return;
                        }
                    }
                }
            }while(b!= 0);
            i++;
        }
        TR1 = 0;
    }
    ET1 = 0;
}
//根据日期的变动自动调整星期
uchar setweek()
{
    uchar i = 5,j,n;
    j = (time1[4]&0xf) * 10 + (time1[5]&0xf);
```

```
    n = j/4;
    i = i + 5 * n;
    n = j % 4;
    if(n == 1)
        i += 2;
    else if(n == 2)
        i += 3;
    else if(n == 3)
        i += 4;
    j = (time1[7]&0xf) * 10 + (time1[8]
&0xf);
    if(j == 2)
        i += 3;
    else if(j == 3)
        i += 3;
    else if(j == 4)
        i += 6;
    else if(j == 5)
        i += 1;
    else if(j == 6)
        i += 4;
    else if(j == 7)
        i += 6;
    else if(j == 8)
        i += 2;
    else if(j == 9)
        i += 5;
    else if(j == 11)
        i += 3;
    else if(j == 12)
        i += 5;
    if(n == 0)
        if(j > 2)
            i++;
    j = (time1[10]&0xf) * 10 + (time1[11]
&0xf);
    i += j;
    i % = 7;
    if(i == 0)
        i = 7;
    return(i);
}
//设置时间
settime()
{
    uchar i = 0x85, year, month, day, n;
    time2[6] = time2[7] = 0x30, time1[14] =
time1[15] = 0x20;
    lcdshow();
    while(1)
    {
        P0 = 0xe;       //显示器开、光标开
        enable();
        P0 = i;         //定光标
        enable();
        P2 = 0xf7;
        if(P2!= 0XF7)
        {
            delay1ms(100);//延时 0.1s 去
                          //抖动
            if(P2!= 0XF7)
            {
                j = 7;
                if(P2 == 0X77)
                {
                    i += 3;
                    if(i == 0x8e)
                        i = 0xc2;
                    else if(i > 0xc5)
                        i = 0x85;
                }
                else if(P2 == 0xb7)
                {
                    year = (time1[4]&0xf) *
10 + (time1[5]&0xf);
                      month = (time1[7]
&0xf) * 10 + (time1[8]&0xf);
                    day = (time1[10]&0xf) *
10 + (time1[11]&0xf);
                    if(i == 0x85)
                    {
                        year++;
                        if(year > 99)
                            year = 0;
                        if((year % 4)!= 0)
                            if(month ==
2&&day == 29)
                                day = 28;
                    }
                    else if(i == 0x88)
                    {
                        month++;
                        if(month > 12)
                            month = 1;
                            if(day > Day
[month - 1])
                        {
                                day = Day
[month - 1];
                            if(month ==
2&&(year % 4) == 0)
                                day = 29;
```

```
                    }
                }
                else if(i == 0x8b)
                {
                    day++;
                        if (day > Day
[month - 1])
                    {
                        if(month ==
2&&(year % 4) == 0)
                        {
                        if(day > 29)
                            day = 1;
                        }
                        if(month!= 2)
                            day = 1;
                    }
                }
                else if(i == 0xc2)
                {
                        n = (time2[0]
&0xf) * 10 + (time2[1]&0xf);
                    n++;
                    if(n > 23)
                        n = 0;
                    time2[0] = n/10 +
0x30;
                        time2[1] = n %
10 + 0x30;
                }
                else
                {
                        n = (time2[3]
&0xf) * 10 + (time2[4]&0xf);
                    n++;
                    if(n > 59)
                        n = 0;
                    time2[3] = n/10 +
0x30;
                    time2[4] = n % 10 +
0x30;
                }
                time1[4] = year/10 +
0x30;
                time1[5] = year % 10 +
0x30;
                time1[7] = month/10 +
0x30;
                time1[8] = month % 10 +
0x30;
                time1[10] = day/10 +
0x30;
                time1[11] = day % 10 +
0x30;
                lcdshow();
            }
            else if(P2 == 0xd7)
            {
                write(0x8c);
                write((time1[4]&0xf) *
16 + (time1[5]&0xf));
                rst = 0;
                write(0x8a);
                write(setweek());
                rst = 0;
                for(i = 7,n = 0x88;i <
11;i += 3,n -= 2)
                {
                    write(n);
                    write((time1[i]
&0xf) * 16 + (time1[i + 1]&0xf));
                    rst = 0;
                }
                for(i = 0;i < 7;i += 3,
n -= 2)
                {
                    write(n);
                    write((time2[i]
&0xf) * 16 + (time2[i + 1]&0xf));
                    rst = 0;
                }
                TR0 = 0;
                time1[14] = 'W';
                return;
            }
            else
            {
                TR0 = 0;
                time1[14] = 'W';
                return;
            }
        }
    }
    if(j == 0)
    {
        TR0 = 0;
        time1[14] = 'W';
        return;
    }
  }
}
//设置闹钟
```

```
setalarm()
{
    uchar i,n;
    for(i = 1;i < 16;i++)
    {
        time1[i] = 0x20;
    }
    time2[0] = alarm[0]/16 + 0x30;
    time2[1] = (alarm[0]&0xf) + 0x30;
    time2[3] = alarm[1]/16 + 0x30;
    time2[4] = (alarm[1]&0xf) + 0x30;
    time2[6] = time2[7] = 0x30;
    lcdshow();
    i = 0xc2;
    while(1)
    {
        P0 = 0xe;       //显示器开、光标开
        enable();
        P0 = i;         //定光标
        enable();
        P2 = 0xf7;
        if(P2!= 0XF7)
        {
            delay1ms(100);//延时 0.1s 去
                          //抖动
            if(P2!= 0XF7)
            {
                j = 7;
                if(P2 == 0X77)
                {
                    i += 3;
                    if(i > 0xc5)
                        i = 0xc2;
                }
                else if(P2 == 0xb7)
                {
                    if(i == 0xc2)
                    {
                        n = (time2[0]
&0xf) * 10 + (time2[1]&0xf);
                        n++;
                        if(n > 23)
                            n = 0;
                        time2[0] = n/10 +
0x30;
                        time2[1] = n % 10 +
0x30;
                    }
                    else
                    {
                        n = (time2[3]
&0xf) * 10 + (time2[4]&0xf);
                        n++;
                        if(n > 59)
                            n = 0;
                        time2[3] = n/10 +
0x30;
                        time2[4] = n % 10 +
0x30;
                    }
                    lcdshow();
                }
                else if(P2 == 0xd7)
                {
                    write(0xc0);
                    write((time2[0]&0xf) *
16 + (time2[1]&0xf));
                    rst = 0;
                    write(0xc2);
                    write((time2[3]&0xf) *
16 + (time2[4]&0xf));
                    rst = 0;
                    time1[0] = FLAG;
                    write(0xc4);
                    write(time1[0]);
                    rst = 0;
                    TR0 = 0;
                    timestart();
                    return;
                }
                else
                {
                    TR0 = 0;
                    timestart();
                    return;
                }
            }
        }
        if(j == 0)
        {
            TR0 = 0;
            timestart();
            return;
        }
    }
}
main()
{
    IE = 0X82;
    TMOD = 0x11;
    write(0x8E);        //禁止写保护
    write(0);
```

```
rst = 0;
P0 = 1;              //清屏及光标复位
enable();
P0 = 0X38;
    //设置显示模式:8 位 2 行 5×7 点阵
enable();
P0 = 6;          //文字不动,光标自动右移
enable();
zijianzi();        //自建字
timestart();
while(1)
{
    readtime();  //读取时间
    read_temp(); //读出 18B20 温度数据
    work_temp(); //处理温度数据
    lcdshow();   //显示时间
    if(time1[0]!= 0x20)
        if(time[0] == alarm[0])
            if(time[1] == alarm[1])
                if(time[2] == 0)
                    showalarm();
    P2 = 0xf7;
    if((P2&0XF0)!= 0XF0)
    {
        delay1ms(100);//延时 0.1s 去抖动
        if((P2&0XF0)!= 0XF0)
            { j = 7;
                TH0 = TIME/256, TL0 =
TIME % 256;
TR0 = 1;

                if(P2 == 0x77)
                {settime();
                }
                else if(P2 == 0xB7)
                {
                    setalarm();
                }
                else if(P2 == 0XD7)
                {
                    TR0 = 0;
                    if(time1[0] == FLAG)
                        time1[0] = 0x20;
                    else
                        time1[0] = FLAG;
                    write(0xC4);
                    write(time1[0]);
                    rst = 0;
                }
            }
    }
    delay1ms(100);
```

视频讲解

11.2 温度测量系统设计

温度采集与控制是现代检测技术的重要组成部分,在保证产品质量、节约能源和安全生产等方面起着关键的作用。随着科学技术的发展,由单片机集成电路构成的温度传感器的种类越来越多,测量的精度越来越高,响应时间越来越短,因其使用方便,无需变换电路等特点已经得到了广泛的应用。例如:以前常用的 AD590 和 LM35 等,以及现在得到广泛应用的 DS1820、DS1821 和 DS18B20 等。利用智能化数字式温度传感器实现温度信息的在线检测,已成为温度检测技术的一种发展趋势,其应用领域越来越广泛。无论在国外还是国内,传感器使用范围和应用领域正在迅速扩大。

11.2.1 系统要求

要求本设计能实时显示温度信息,并能对温度的上下限进行控制,通过键盘设定报警温度,高于或低于报警温度,系统报警。

视频讲解

11.2.2 硬件电路设计

系统硬件由电源及复位模块、温度采集模块、键盘输入模块、显示模块和报警模块 5 部分组成。图 11-8 为组成框图。

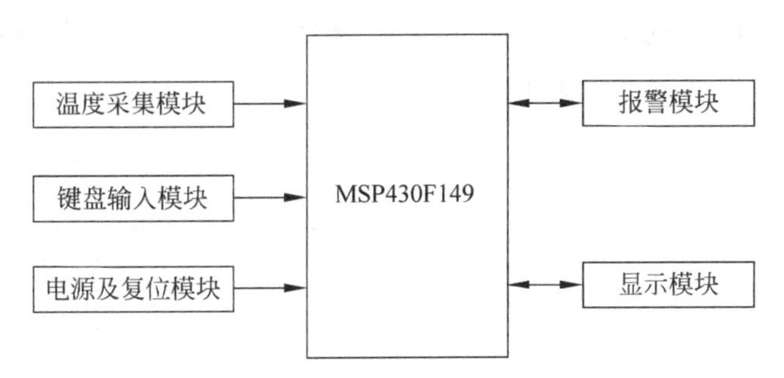

图 11-8　温度采集系统组成框图

系统由温度传感器负责数据采集，经微处理器转换后由 LED 显示模块输出，同时由键盘模块负责输入温度报警的上下限，当到达设定的温度限定值时就报警。

电压电路：由于 MSP430F149 单片机的工作电压一般是 1.8～3.6V，并且功率极低。为了方便起见，本系统采用电池(如 2 节普通 5 号电池)供电，因此输出电压为 3V。而整个系统采用 3.3V 供电。考虑到硬件系统对电源要求具有稳压和纹波小等特点，另外也考虑到硬件系统的低功耗特点，因此该硬件系统的电源部分采用 TI 公司的 TPS76033 芯片实现，该芯片能很好地满足该硬件的系统的要求，另外该芯片具有很小的封装，因此能有效地节约 PCB 的面积。为了使输出电源的纹波小，在输出部分用了一个 2.2μF 和 0.1μF 的电容，另外在芯片的输入端放置了一个 0.1μF 的滤波电容，以减少输入端受到的干扰。电源电路具体如图 11-9 所示。

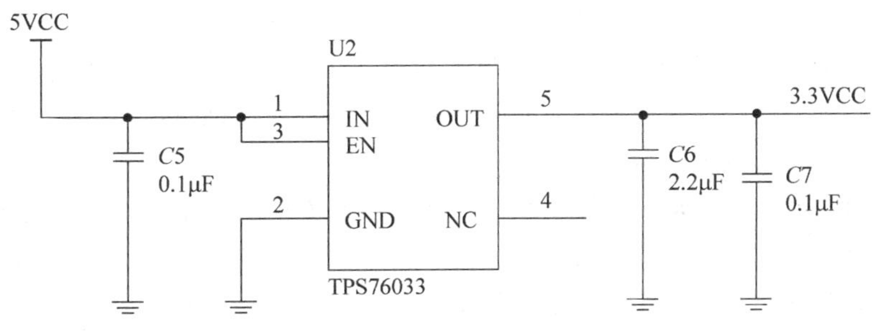

图 11-9　电源电路图

复位电路：在单片机系统中，单片机需要复位电路，复位电路可以采用 RC 复位电路，也可以采用复位芯片实现的复位电路，RC 复位电路具有经济性，但可靠性不高，用复位芯片实现的复位电路具有很高的可靠性，因此为了保证复位电路的可靠性，该系统采用复位芯片实现的复位电路，该系统采用 MAX809 芯片。为了减小电源的干扰，还需要在复位芯片的电源的输入端加一个 0.1μF 的电容来实现滤波，以减小输入端受到的干扰。复位电路如图 11-10 所示。

图 11-11 为显示电路图。可以看出，该显示电路直接与单片机的数据 I/O 口进行连接，VSS 为电源地，VDD 为电源正极，接 5V 电源，RS 为数据命令选择，RW 为读写命令选择，*D*0～*D*7 用来接收数据，由于 MSP430F149 具有丰富的 I/O 口资源，这样采用并行的接口方式非常容易，减小系统设计的复杂度，也可以增加系统的可靠性。*P*4.0～*P*4.7 用来显示数据，分别与对应 LCD1602 的 *D*0～*D*7 连接，*P*2.2、*P*2.3 和 *P*2.4 用来控制数码管的选通

状态。$P2.2$ 与 LCD1602 的 RS 端连接，用来控制数据命令；$P2.3$ 与 RW 连接，用来控制读/写操作；$P2.4$ 与使能端 E 相连接。

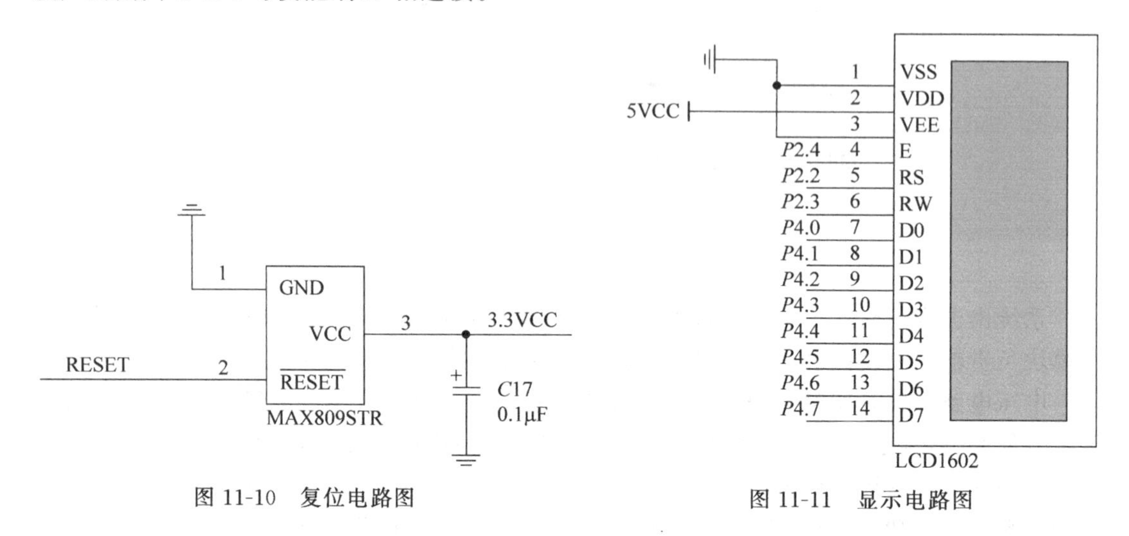

图 11-10 复位电路图　　图 11-11 显示电路图

键盘输入电路主要是用来输入数据，从而实现人机交互。该系统的键盘设计是采用扫描方式实现的矩阵键盘。该矩阵扫描键盘由行线和列线组成，$P1.0$、$P1.1$、$P1.2$、$P1.3$ 构成键盘的行线，$P1.4$、$P1.5$、$P1.6$ 和 $P1.7$ 构成键盘的列线。键盘的行线作为键盘的控制输出端，键盘的列线作为键盘的输入端。在设计时为了程序设计的方便性，键盘的列线采用的是 $P1.4$、$P1.5$、$P1.6$、$P1.7$，这样可以利用该引脚的中断功能。这样在没有按键按下的情况下，这 4 个引脚的电平为高电平。如果有按键按下时，则相应的列线引脚为低电平，这时通过设置 $P1.4$、$P1.5$、$P1.6$、$P1.7$ 为低电平触发中断方式，低电平就触发中断而进入中断服务程序，从而获得输入的数据。

键盘的工作原理具体如下：首先将 $P1.0$、$P1.1$、$P1.2$、$P1.3$ 设置为输出，将 $P1.4$、$P1.5$、$P1.6$、$P1.7$ 设置为输入，并将 $P1.4$、$P1.5$、$P1.6$、$P1.7$ 设置为低电平触发中断方式；将 $P1.3$ 设置为低电平，如果该行上有按键按下，则 $P1.4$、$P1.5$、$P1.6$ 或者 $P1.7$ 上为低电平，就会触发中断，进入中断服务程序，获得输入的数据。如果没有按键按下，则 $P1.4$、$P1.5$、$P1.6$ 和 $P1.7$ 上为高电平，不会进入中断服务程序。依次将 $P1.0$、$P1.1$、$P1.2$、$P1.3$ 设置为低电平来判断该行是否有输入，如果没有输入，则 $P1.4$、$P1.5$、$P1.6$、$P1.7$ 均为高电平；如果有输入，则 $P1.4$、$P1.5$、$P1.6$、$P1.7$ 上为低电平，就会触发中断，进入中断服务程序，获得输入数据。键盘的扫描时间很短，仅仅几微秒的时间，然而按键的时间一次至少需要几十毫秒，所以只要有按键按下都可以被扫描到。另外还要考虑键盘的抖动处理。其电路原理图如图 11-12 所示。

该系统采用美国 DALLAS 公司生产的单线数字温度传感器 DS18B20 来采集温度数据，作为单片机 MSP430149 的温度传感器，该芯片有很多优点，可把温度信号直接转换成串行数字信号供微型计算机处理。由于每片 DS18B20 含有唯一的串行数，从 DS18B20 读出的信息或写入 DS18B20 的信息，仅需要一根线(单线接口)。由于该系统采用 DS18B20 作为温度采集传感器，这部分电路比较简单，其原理图如图 11-13 所示。

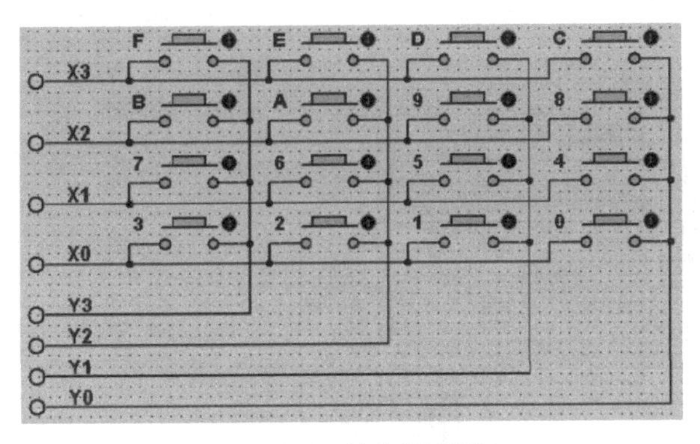

图 11-12　键盘原理图

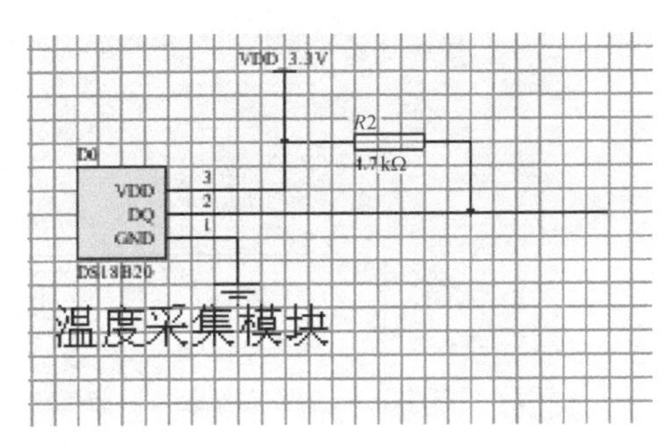

图 11-13　温度采集电路的原理图

该部分电路主要是驱动一个蜂鸣器，这样只需要将蜂鸣器的一端接地，另一端与单片机进行相接就可以了。而驱动该蜂鸣器需要 LM386 功率放大器。LM386 内部电路原理图如图 11-14 所示。与通用型集成运放相类似，它是一个三级放大电路。由图 11-15 可知，LM386 的 IN＋(3)口与 MSP430F149 的 $P2.5$ 端口通过一个 100Ω 的电阻相连接，来完成相应的控制。

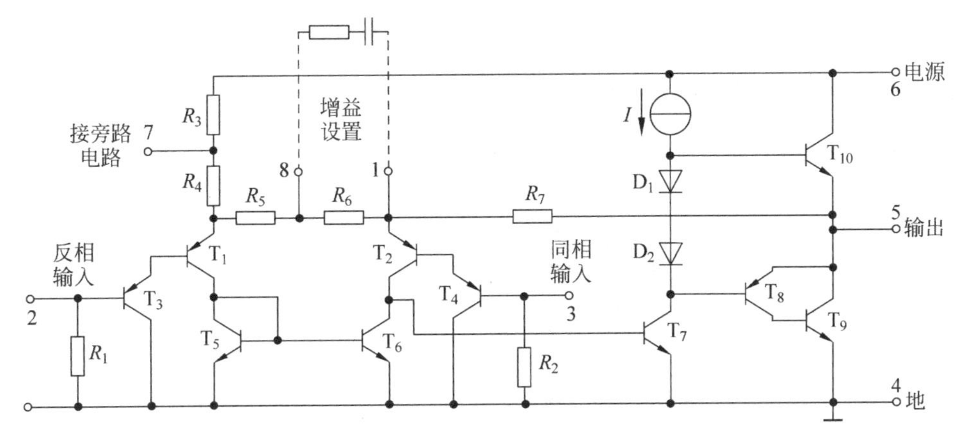

图 11-14　LM386 内部电路原理图

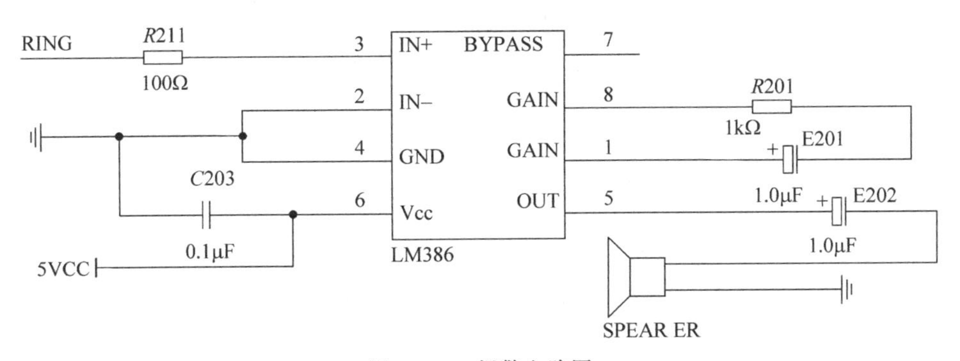

图 11-15　报警电路图

该系统硬件电路图如图 11-16 所示。

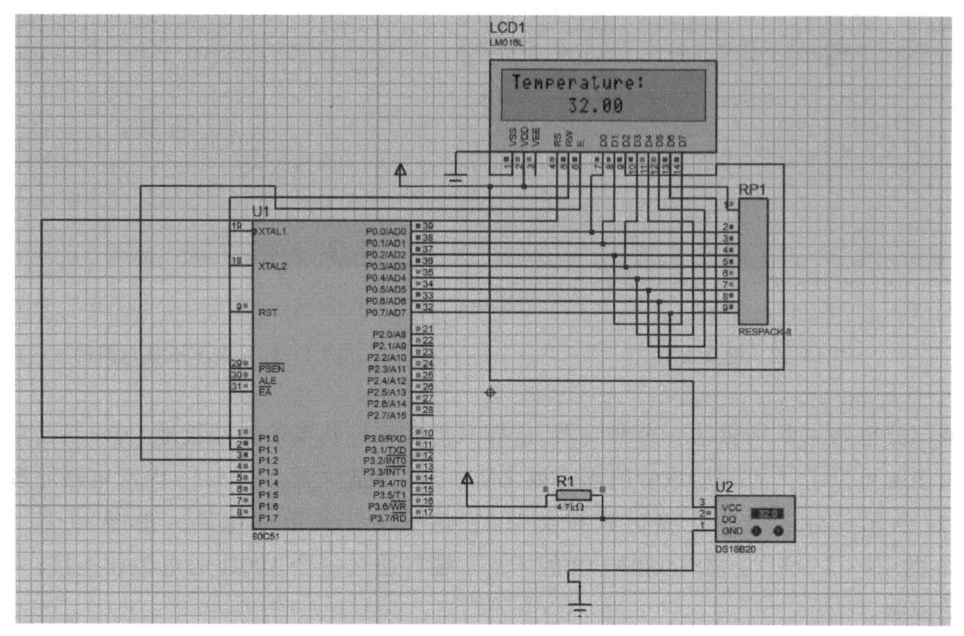

图 11-16 硬件电路图

11.2.3 软件程序设计

温度采集系统软件流程图如图 11-17 所示。

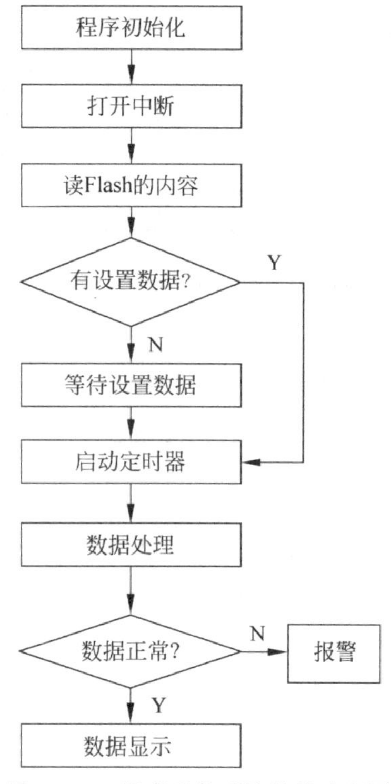

图 11-17 温度采集系统软件流程图

主处理模块主要是将各个模块进行协调处理和实现数据交互。主处理模块首先完成初始化工作,初始化后进入循环处理,在循环过程中获得采集模块的数据,并将数据进行处理,根据处理后的结果来进行显示或者报警。由于报警的上限和下限需要设置,另外考虑到对数据的保存,因此主程序先在 Flash 中是否有检查门限,如果没有,则进行等待设置数据,设置完成后才进入下一步处理,也就是程序必须在有设置数据的情况下才能正常运行。

相关程序代码如下:

```
//*********** 定义引脚 ***********
#define LED8PORT P2OUT //P2 接 8 个 LED 灯
#define LED8SEL P2SEL//P2 接 8 个 LED 灯
#define LED8DIR P2DIR//P2 接 8 个 LED 灯

#define DATAPORT P4OUT//数据口所在端口 P4
#define DATASEL P4SEL//数据口功能寄存器,
                     //控制功能模式
#define DATADIR P4DIR//数据口方向寄存器

#define CTRPORT P6OUT//控制线所在的
                     //端口 P6
#define CTRSEL P6SEL //控制口功能寄存器,
                     //控制功能模式
#define CTRDIR P6DIR //控制口方向寄存器

#define DCTR0 P6OUT &= ~BIT4 //数码管段
                             //控制位信号
                             //置低
#define DCTR1 P6OUT |= BIT4 //数码管段控
                            //制位信号置
                            高
#define WCTR0 P6OUT &= ~BIT3 //数码管位
                             //控制位信号
                             //置低
#define WCTR1 P6OUT |= BIT3 //数码管位控
                           //制位信号置高

#define KEYPORT P1OUT//按键所在的端口 P1
#define KEYSEL P1SEL //控制口功能寄存器,
                     //控制功能模式
#define KEYDIR P1DIR //控制口方向寄存器
#define KEYIN P1IN   //键盘扫描判断需要
                     //读取 I/O 口状态值
uchar key = 0xFF;    //键值变量
uint temp_value;
float truetemp;
uint temp,A1,A2,A3;//定义的变量,显示数据处理
//*************** 共阴数码管显示的断
码表 **************
uchar table[] = {0x3f,0x06,0x5b,0x4f,0x66,
0x6d,0x7d,0x07,
                 0x7f,0x6f,0x77,0x7c,0x39,
    0x5e,0x79,0x71};
// ****************** 系统时钟初始
化 **************************
void Clock_Init()
{
  uchar i;
  BCSCTL1& = ~XT2OFF; //打开 XT2 振荡器
  BCSCTL2 | = SELM1 + SELS;//MCLK 为 8MHz,
SMCLK 为 8MHz
  do{
    IFG1& = ~OFIFG; //清除振荡器错误标志
    for(i = 0;i < 100;i++)
       _NOP();
  }
  while((IFG1&OFIFG)!= 0); //如果标志位 1,
//则继续循环等待
IFG1& = ~OFIFG;
}
//****************** MSP430 内部看
门狗初始化 ***********************
void WDT_Init()
{
   WDTCTL = WDTPW + WDTHOLD;//关闭看门狗
}
//****************** MSP430IO 口初
始化 *****************************
void Port_Init()
{
  LED8SEL = 0x00; //设置 IO 口为普通 I/O
                  //模式,此句可省
  LED8DIR = 0xFF; //设置 IO 口方向为输出
  LED8PORT = 0xFF; //P2 口初始设置为 FF

  DATASEL = 0x00; //设置 IO 口为普通 I/O
                  //模式,此句可省
  DATADIR = 0xFF; //设置 IO 口方向为输出
  DATAPORT = 0xFF; //P4 口初始设置为 FF

  CTRSEL = 0x00; //设置 IO 口为普通 I/O
                 //模式,此句可省
  CTRDIR | = BIT3 + BIT4 +BIT2; //设置 IO
//口方向为输出,控制口在 P63,P64
  CTRPORT = 0xFF;    //P6 口初始设置为 FF
```

```
  KEYSEL  =  0x00;       //设置 IO 口为普通
                         //I/O 模式,此句可省
  KEYDIR  =  0x0F; //高 4 位输入模式,低 4 位
                   //输出模式,外部上拉电阻
  KEYPORT =  0xF0;       //初始值 0xF0
}
//************** 控制数码管动态扫描键
值显示函数 ******************
void Display_Key(uchar num)
{
  uchar i,j;
  j = 0x01;             //此数据用来控制位选
  for(i = 0;i < 8;i++) //8 个数码管依次显示
  {
    DCTR1;
     //控制数码管段数据的 LE 引脚置高电平
    WCTR1;    //控制数码管位的 LE 引脚置高
    DATAPORT = ~j; //设置要显示的位,也就
//是哪一个数码管亮
    WCTR0; //锁存位数据,下面送上段数据以
//后,就显示出来了
    DATAPORT = table[num]; //发送要显示的
//数据,这里是键值
    DCTR0; //锁存段数据,数码管亮一个时间
           //片刻
    j = j << 1; //移位,准备进行下一位的显示
    delay_us(500); //显示一个时间片刻,会
影响亮度和闪烁性
  }
  Close_LED(); //显示完 8 个数码管后关闭数码
管显示,否则可能导致各个数码管亮度不一致
}
//***************** 键盘扫描子程序,
采用逐键扫描的方式 ****************
**
uchar Key_Scan(void)
{
  uchar key_check;
  uchar key_checkin;
  key_checkin = KEYIN; //读取 IO 口状态,判
//断是否有键按下
  key_checkin& =  0xF0; //屏蔽掉低 4 位的不
//确定值
  if(key_checkin!= 0xF0) //IO 口值发生变
//化,则表示有键按下
    {
      delay_ms(20); //键盘消抖,延时 20ms
      key_checkin = KEYIN; //再次读取 IO 口
//状态
      if(key_checkin!= 0xF0) //确定是否真
//正有键按下
        {
          key_check = KEYIN; //有键按下,
//读取端口值
          switch (key_check & 0xF0) //判断
//是哪一个键按下
            {
              case 0xE0:key = 1;break;
              case 0xD0:key = 2;break;
              case 0xB0:key = 3;break;
              case 0x70:key = 4;break;
            }
        }
    }
  else
    {
      key = 0xFF; //无键按下,返回 FF
    }
  return key;
}
//******** 控制数码管动态扫描显示函数,
显示采集到的温度 ************
void Display_DS18B20(uint data_b,uint data_
s,uint data_g)
{
  uchar i,j;

  j = 0x01; //此数据用来控制位选
  for(i = 0;i < 3;i++) //用后 3 位数码管来
//显示
  {
    DCTR1;
    WCTR1;
    DATAPORT = ~j;
    WCTR0;
    j = (j << 1);
    DATAPORT = 0x00; //前 5 位都不显示,发
//送数据 00 即可
    DCTR0;
    delay_ms(2);
  }
  DCTR1;            //开始显示第 6 位,即十位
WCTR1;
  DATAPORT = ~j;
WCTR0;
  j = (j << 1);
  //DATAPORT = table[A1];
  DATAPORT = table[data_b];
  DCTR0;
  delay_ms(1);

  DCTR1;                //开始显示个位
WCTR1;
```

```
    DATAPORT = ~j;
WCTR0;
    j = (j << 1);
    //DATAPORT = table[A2]|0x80; //显示小数点
    DATAPORT = table[data_s]|0x80; //显示小数点
DCTR0;
    delay_ms(1);

    DCTR1; //开始显示小数点后面的数据
WCTR1;
    DATAPORT = ~j;
WCTR0;
    j = (j << 1);
    //DATAPORT = table[A3];
    DATAPORT = table[data_g];DCTR0;
    delay_ms(1);

    DCTR1; //开始显示温度单位 WCTR1;
    DATAPORT = ~j;
    WCTR0;
    j = (j << 1);
    //DATAPORT = table[A3];
    DATAPORT = 0x63;
DCTR0;
    delay_ms(1);

    DCTR1; //开始显示温度单位 WCTR1;
    DATAPORT = ~j;
    WCTR0;
    j = (j << 1);
    //DATAPORT = table[A3];
    DATAPORT = 0x39;
DCTR0;
    delay_ms(1);

DCTR1;
WCTR1;
    DATAPORT = 0xff;
    WCTR0;
}
//************************ DS18B20
初始化****************************
unsigned char DS18B20_Reset(void) //初始化
和复位
{
    unsigned char i;
DQ_OUT;
DQ_CLR;
    delay_us(500); //延时 500μs(480 - 960)
DQ_SET;
DQ_IN;
    delay_us(80); //延时 80μs
    i = DQ_R;
    delay_us(500); //延时 500μs(保持> 480μs)
    if (i)
    {
        return 0x00;
    }
    else
    {
        return 0x01;
    }
}
//********************** DS18B20 读
一个字节函数*******************
unsigned char ds1820_read_byte(void)
{
    unsigned char i;
    unsigned char value = 0;
    for (i = 8; i != 0; i--)
    {
value >>= 1;
DQ_OUT;
DQ_CLR;
delay_us(4); //* 延时 4μsDQ_SET;
DQ_IN;
        delay_us(10); //* 延时 10μs
        if (DQ_R)
        {
            value| = 0x80;
        }
        delay_us(60); //* 延时 60μs
    }
    return(value);
}
//********************** 向 DS18B20
写一个字节函数*******************
/* DS18B20 字节写入函数 */
void ds1820_write_byte(unsigned char value)
{
    unsigned char i;
    for (i = 8; i != 0; i--)
    {
DQ_OUT;
DQ_CLR;
        delay_us(4); //延时 4μs
        if (value & 0x01)
{
DQ_SET;
        }
        delay_us(80); //延时 80μs
        DQ_SET; //位结束
        value >>= 1;
    }
}
```

```
//********************发送温度转换命令**************************
/*启动DS1820转换*/
void ds1820_start(void)
{
  DS18B20_Reset();
  ds1820_write_byte(0xCC); //忽略地址
  ds1820_write_byte(0x44); //启动转换
}
//***********************DS18B20读取温度信息*******************
unsigned int ds1820_read_temp(void)
{
  unsigned int i;
  unsigned char buf[9];

  DS18B20_Reset();
  ds1820_write_byte(0xCC); //忽略地址
  ds1820_write_byte(0xBE); //读取温度
  for (i = 0; i < 9; i++)
  {
    buf[i] = ds1820_read_byte();
  }
  i = buf[1];
  i <<= 8;
  i |= buf[0];
  temp_value = i;
  temp_value = (uint)(temp_value * 0.625);
//为了将小数点后一位数据也转化为可以显
//示的数据
  //比如温度本身为27.5摄氏度,为了在后续的数据处理程序中得到BCD码,先放大到275
  //然后在显示的时候确定小数点的位置即可,就能显示出27.5摄氏度了
  return i;
}
//********************温度数据处理函数***********************
void data_do(uint temp_d)
{
   A3 = temp_d%10;  //分出百位、十位和个位
   temp_d/ = 10;
   A2 = temp_d%10;
   A1 = temp_d/10;
}
//***********************处理温度数据*********************
void handletemp()
{
    ds1820_start();  //启动一次转换
    ds1820_read_temp(); //读取温度数值
    data_do(temp_value); //处理数据,得到
//要显示的值
    truetemp = 0.1 * temp_value;
     //judgeAlarm();
//判断是否触发警报
//已将其添加至按键程序
}
//**********************显示温度*********************
void showtemp()
{


  uchar j;

   for(j = 0;j < 100;j++)
    {
      Display_DS18B20(A1,A2,A3);//显示温度值
    }
    //delay_ms(100); //延时100ms
}
//***************************主程序**********************
void main(void)
{
  uchar flag1,flag2,flag3,flag4;
  //uint key_store = 0x00; //没有按键按下
//时,默认显示1
  WDT_Init();          //看门狗初始化
  Clock_Init();        //时钟初始化
  Port_Init(); //端口初始化,用于控制IO
//口输入或输出
  //Close_LED();
  DS18B20_Reset();     //复位DS18B20
  delay_ms(100);       //延时100ms
  while(1)
    {
      Key_Scan(); //键盘扫描,看是否有按
//键按下
      if(key!= 0xff)  //如果有按键按下,则
//显示该按键键值1~4
         {
     {
            switch(key)
              {
                 case 1: LED8PORT = 0xfc;
flag1 = 1; flag2 = 0; flag3 = 0; flag4 = 0;
break; //对温度数据处理判断警报,然后显示,handletemp();showtemp();
                 case 2: LED8PORT = 0xf3;
flag1 = 0; flag2 = 1; flag3 = 0; flag4 = 0;
break; //温度数据处理判断警报,关闭显示,节省电能,handletemp();Close_LED();
                 case 3: LED8PORT = 0xcf;
flag1 = 0; flag2 = 0; flag3 = 1; flag4 = 0;
break; //关闭警报,SOUNDOFF;handletemp();
```

```
                    case 4: LED8PORT = 0x3f;
    flag1 = 0; flag2 = 0; flag3 = 0; flag4 = 1;
    break; //测试警报 SOUNDON;
                }
            }
        }
        else
        {
          LED8PORT& = 0xff; //
          if(flag1 == 1)
          {
            //handletemp();
            showtemp();
          }
          if(flag2 == 1)
          {
            handletemp();
            showtemp();
          }
          if(flag3 == 1)
          {
          SOUNDOFF;
            handletemp();
          }
          if(flag4 == 1)
          {
          SOUNDON;
          }
        }
      }
    }
```

11.3　数字密码锁系统设计

视频讲解

在日常的生活和工作中，住宅与部门的安全防范、单位的文件档案、财务报表以及一些个人资料的保存多以加锁的办法来解决。若使用传统的机械式钥匙开锁，人们常需携带多把钥匙，使用极不方便，且钥匙丢失后安全性会大打折扣。在安全技术防范领域，具有防盗报警功能的电子密码锁逐渐代替了传统的机械式密码锁，电子密码锁具有安全性高、成本低、功耗低、易操作等优点。

11.3.1　系统要求

本系统可以数字、字母混合密码输入，具有报警功能。当用户需要开锁时，先输入密码，如果密码输入正确则开锁或设置新密码，不正确显示密码错误重新输入密码，当 3 次密码输入错误则发出报警；当用户需要修改密码时，先按下键盘设置键后输入新密码，新密码输入后再次输入新密码，两次输入一致则密码修改成功。

11.3.2　硬件电路设计

视频讲解

该系统由 MSP430 单片机、电源电路、键盘输入电路、复位电路、LCD 显示电路、LED 显示电路以及报警电路组成。其系统框图如图 11-18 所示。

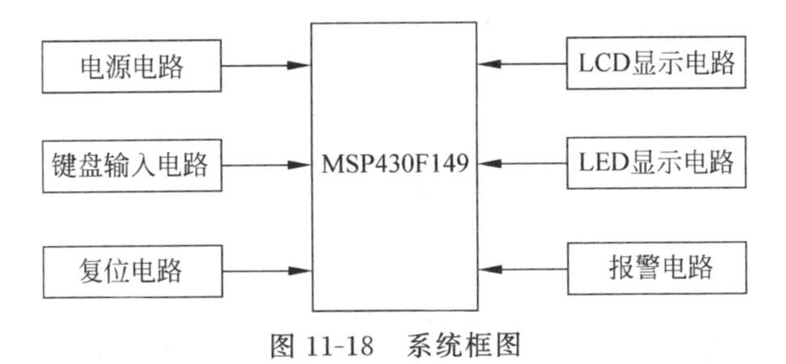

图 11-18　系统框图

以 MSP430F149 单片机为主控芯片，CPU 电路十分简单，只需供电部分和晶振部分。单片机电路如图 11-19 所示。

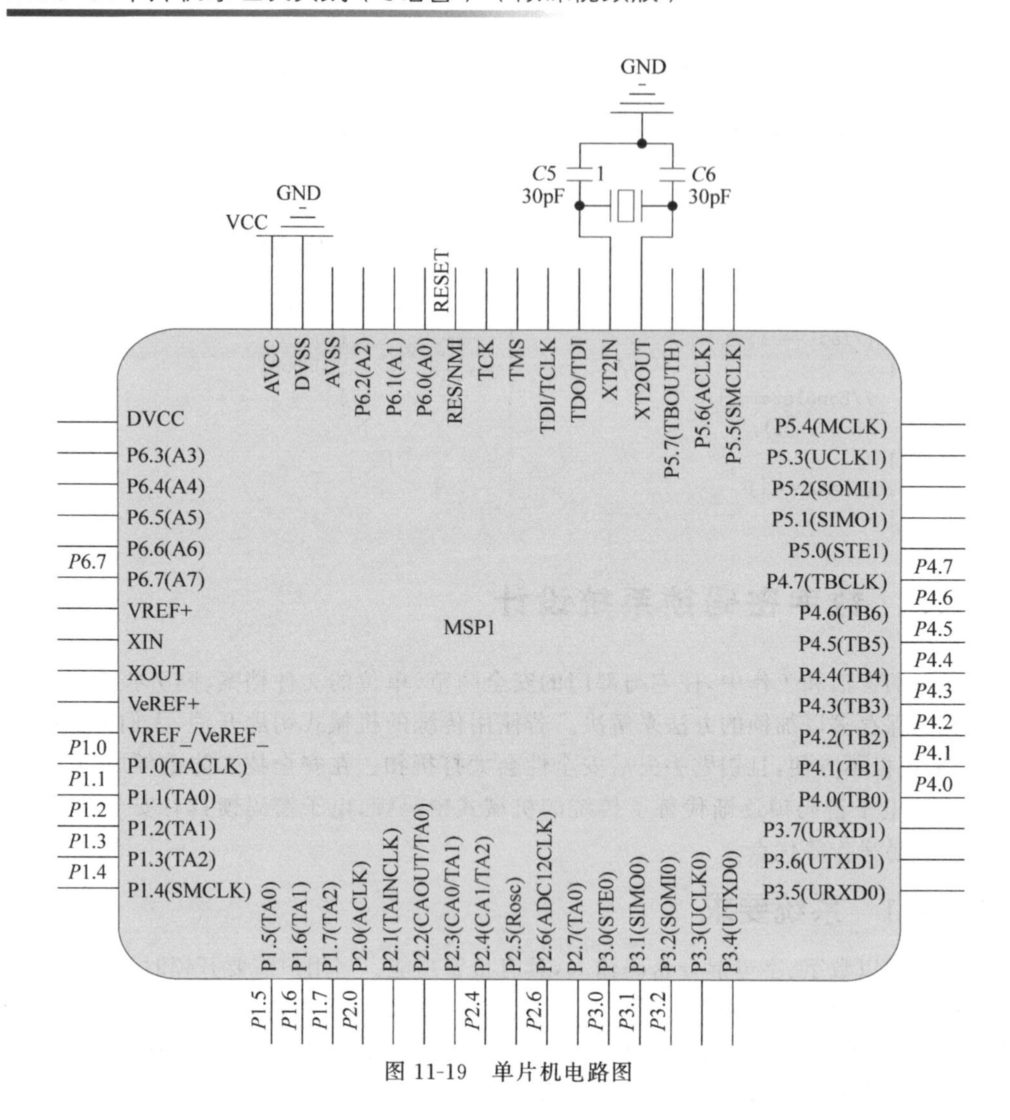

图 11-19 单片机电路图

4×4 矩阵键盘电路由 16 个轻触开关加上 4 个 1kΩ 的上拉电阻构成，通过 *P*1 口接入单片机。键盘电路图如图 11-20 所示。

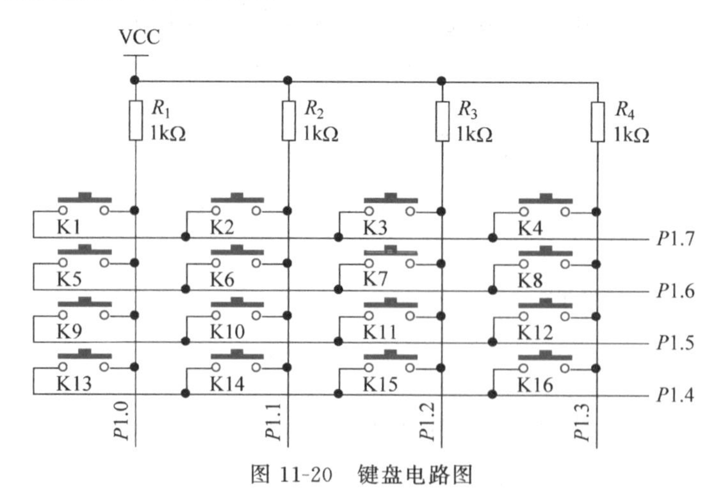

图 11-20 键盘电路图

单片机在 RESET 端加一个大于 20ms 正脉冲即可实现复位。在系统上电的瞬间，RST 与电源电压同电位，随着电容的电压逐渐上升，RST 电位下降，于是在 RST 形成一个正脉冲。当按下按钮 K17 时，使电容 $C7$ 通过 $R8$ 迅速放电，待 K17 弹起后，$C7$ 再次充电，实现手动复位。上电复位和按钮组合的复位电路如图 11-21 所示。

本设计采用 LCD1602 液晶显示屏进行显示，可同时实现数字与字母混合密码的显示以及各种提示的显示。LCD 显示电路如图 11-22 所示。

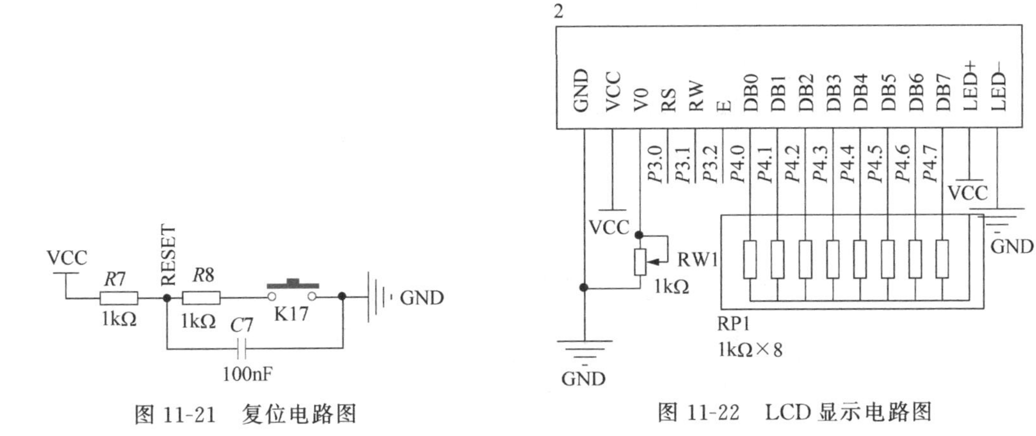

图 11-21　复位电路图　　图 11-22　LCD 显示电路图

LED 显示电路如图 11-23 所示。$P2.0$ 接红色 LED 灯，密码错误时显示；$P2.4$ 接绿色 LED 灯，密码正确开锁时显示；$P2.6$ 接蓝色 LED 灯，设置密码时显示。

报警电路如图 11-24 所示。按键时蜂鸣器会实时鸣叫；当密码 3 次输入错误时，长时间蜂鸣报警；密码输入正确时蜂鸣器产生提示音。

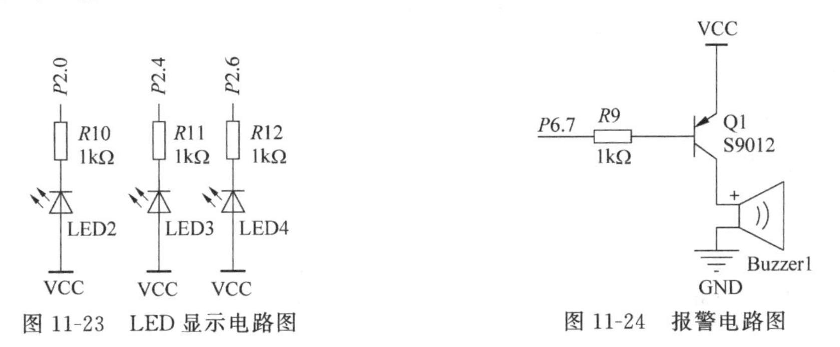

图 11-23　LED 显示电路图　　图 11-24　报警电路图

本设计采用 9V 电池供电，先由 LM7805 稳压至 5V，再由 ASM1117-3.3 稳压到 3.3V 给电路供电。电源电路如图 11-25 所示。

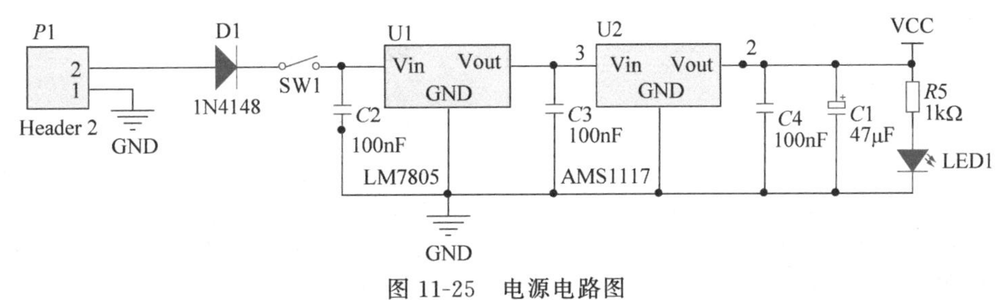

图 11-25　电源电路图

11.3.3 软件程序设计

开始接上电源，程序进行初始化设置，然后通过键盘输入密码，此系统进行键盘扫描，密码错误3次出错报警，密码正确，选择开锁或修改密码；若要修改密码时，需要两次确认新密码，确认后，密码修改成功，否则结束。该系统主程序流程图如图11-26所示。

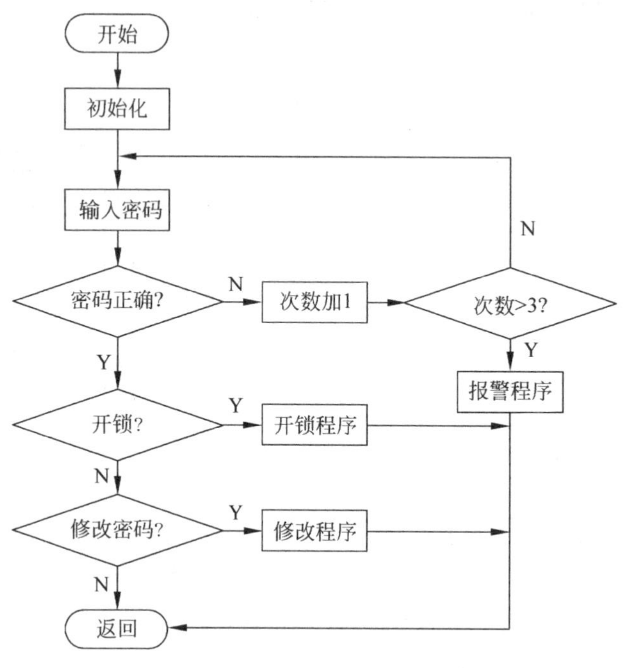

图11-26　主程序流程图

部分程序如下：

```
#include <msp430x14x.h>
#include "Keypad.h"
#include "cry1602.h"
#include "子程序集.h"


//引用外部变量的声明
extern unsigned char key_val;
extern unsigned char key_Flag;
extern unsigned char BACK;

//宏定义 typedef unsigned char uchar;
typedef unsigned int uint;

uchar Code_C[10] = {0};
uchar Code_D[10] = {0,1,2,3,4,5,'a','a',
'a','a'};                    //密码

/********************主函数*****
****************/
void main(void)
{
  uchar Tishi[] = {"PASSWORD:"};
  uchar PROX[] = {"XINXIN & LULU &"};
  uchar PROX_1[] = {"JUNJUN......"};
  uchar Fin[] = {"THIEF...THIEF.."};
  WDTCTL = WDTPW + WDTHOLD; //关闭看门狗
  LcdReset();          //初始化 LCD
  Init_Keypad();       //初始化键盘端口
  P6DIR |= BIT7;       //蜂鸣器 P6.7
  P6OUT |= BIT7;
  P2DIR |= 0xff; //P2.0 红灯 - 用于报警以
及按键; P2.4 绿灯 - 用于解锁、开锁; P2.6 蓝
灯 - 用于设置
  P2OUT |= 0xff;

loop:DispNChar(0,0,15,PROX);
  DispNChar(2,1,12,PROX_1);
  Delay400ms();
  LcdWriteCommand(0x01,1);
  DispNChar(3,0,9,Tishi); //显示提示文字
```

```
  Code_CIN_1();
  //子程序 1 向数组 C 输入十位数字、字母组
  //合(最开始输入密码时)

  Comp();
  //子程序 2 逐个比较数组 C 和数组 D 的元素
  Delay200ms(); //用于显示延迟,否则看不
//到最后一位

  Unlock_j();
  //对比较结果进行分析判断,然后运行
  if(BACK <= 3) //密码输入错误小于 3 次再
//次输入
    goto loop;
  else
  {
    LcdWriteCommand(0x01,1); //大于 3 次后
//报警
    DispNChar(0,0,16,Fin);
    BACK = 0; //计数清 0
    Buz_E(); //报警;
    Delay400ms();
    Delay400ms();
    LcdWriteCommand(0x08,1);
  }

}
/*********************************
**********************************
********
***** 函数名称: 向 C 数组中输入 10 位密码
***** 返回值: 暂无
***** 功能:
*********************************
**********************************
******* /

void Code_CIN_1(void)
{
  uchar Clear_1[] = {"PASSWORD:"};
  uint i,p,ref = 1;
  uchar fact,key;

  for(i = 0, p = 0; i <= 9;) //10 位密码
  {
      Key_Event();

      if(key_Flag == 1)
      {
        key_Flag = 0;
        fact = key_val;
        switch(fact) //逻辑 1～10 用于实
//际 0～9(需要 key 的转换) 逻辑 4 为开锁键,
//只有密码正确有效,其余无效
          {
          case 1:
            Buz_O(); //按键声
            if(ref == 1) //关系着数字与字
//母的转换(字母包含大小写)1 为数字,2 为小
//写,3 为大写
            {
              key = 1;Disp1Char(3 + i,1,
0x30 + key); //显示对应的是 ASCII 码
              Code_C[p] = key;
              i++;p++;
            }
            else if(ref == 2)
            {
              key = 0x31;Disp1Char(3 + i,1,
0x30 + key);
              Code_C[p] = 0x30 + key; //比
//较的时候是用十六进制的对应码
              i++;p++;
            }
            else if(ref == 3)
            {
              key = 0x11;Disp1Char(3 + i,1,
0x30 + key);
              Code_C[p] = 0x30 + key;
              i++;p++;
            }
            break;
          case 2:
            Buz_O();
            if(ref == 1)
            {
              key = 2;Disp1Char(3 + i,1,
0x30 + key);
              Code_C[p] = key;
              i++;p++;
            }
            else if(ref == 2)
            {
              key = 0x32;Disp1Char(3 + i,1,
0x30 + key);
              Code_C[p] = 0x30 + key;
              i++;p++;
            }
            else if(ref == 3)
            {
              key = 0x12;Disp1Char(3 + i,1,
0x30 + key);
              Code_C[p] = 0x30 + key;
              i++;p++;
            }
            break;
          case 3:
            Buz_O();
```

```
            if(ref == 1)
            {
                key = 3;Disp1Char(3 + i,1,0x30 + key);
                Code_C[p] = key;
                i++;p++;
            }
            else if(ref == 2)
            {
                key = 0x33;Disp1Char(3 + i,1,0x30 + key);
                Code_C[p] = 0x30 + key;
                i++;p++;
            }
            else if(ref == 3)
            {
                key = 0x13;Disp1Char(3 + i,1,0x30 + key);
                Code_C[p] = 0x30 + key;
                i++;p++;
            }
            break;
        case 5:
            Buz_O();
            if(ref == 1)
            {
                key = 4;Disp1Char(3 + i,1,0x30 + key);
                Code_C[p] = key;
                i++;p++;
            }
            else if(ref == 2)
            {
                key = 0x34;Disp1Char(3 + i,1,0x30 + key);
                Code_C[p] = 0x30 + key;
                i++;p++;
            }
            else if(ref == 3)
            {
                key = 0x14;Disp1Char(3 + i,1,0x30 + key);
                Code_C[p] = 0x30 + key;
                i++;p++;
            }
            break;
        case 6:
            Buz_O();
            if(ref == 1)
            {
                key = 5;Disp1Char(3 + i,1,0x30 + key);
                Code_C[p] = key;
                i++;p++;
            }
            else if(ref == 2)
            {
                key = 0x35;Disp1Char(3 + i,1,0x30 + key);
                Code_C[p] = 0x30 + key;
                i++;p++;
            }
            else if(ref == 3)
            {
                key = 0x15;Disp1Char(3 + i,1,0x30 + key);
                Code_C[p] = 0x30 + key;
                i++;p++;
            }
            break;
        case 7:
            Buz_O();
            if(ref == 1)
            {
                key = 6;Disp1Char(3 + i,1,0x30 + key);
                Code_C[p] = key;
                i++;p++;
            }
            else if(ref == 2)
            {
                key = 0x41;Disp1Char(3 + i,1,0x30 + key);
                Code_C[p] = 0x30 + key;
                i++;p++;
            }
            else if(ref == 3)
            {
                key = 0x21;Disp1Char(3 + i,1,0x30 + key);
                Code_C[p] = 0x30 + key;
                i++;p++;
            }
            break;
        case 9:
            Buz_O();
            if(ref == 1)
            {
                key = 7;Disp1Char(3 + i,1,0x30 + key);
                Code_C[p] = key;
                i++;p++;
            }
            else if(ref == 2)
            {
                key = 0x42;Disp1Char(3 + i,1,0x30 + key);
                Code_C[p] = 0x30 + key;
```

```
          i++;p++;
        }
        else if(ref == 3)
        {
          key = 0x22;Disp1Char(3 + i,1,
0x30 + key);
          Code_C[p] = 0x30 + key;
          i++;p++;
        }
        break;
      case 10:
        Buz_O();
        if(ref == 1)
        {
          key = 8;Disp1Char(3 + i,1,
0x30 + key);
          Code_C[p] = key;
          i++;p++;
        }
        else if(ref == 2)
        {
          key = 0x43;Disp1Char(3 + i,1,
0x30 + key);
          Code_C[p] = 0x30 + key;
          i++;p++;
        }
        else if(ref == 3)
        {
          key = 0x23;Disp1Char(3 + i,1,
0x30 + key);
          Code_C[p] = 0x30 + key;
          i++;p++;
        }
        break;
      case 11:
        Buz_O();
        if(ref == 1)
        {
          key = 9;Disp1Char(3 + i,1,
0x30 + key);
          Code_C[p] = key;
          i++;p++;
        }
        else if(ref == 2)
        {
          key = 0x44;Disp1Char(3 + i,1,
0x30 + key);
          Code_C[p] = 0x30 + key;
          i++;p++;
        }
        else if(ref == 3)
        {
          key = 0x24;Disp1Char(3 + i,1,
0x30 + key);
          Code_C[p] = 0x30 + key;
          i++;p++;
        }
        break;
      case 14:
        Buz_O();
        if(ref == 1)
        {
          key = 0;Disp1Char(3 + i,1,
0x30 + key);
          Code_C[p] = key;
          i++;p++;
        }
        else if(ref == 2)
        {
          key = 0x45;Disp1Char(3 + i,1,
0x30 + key);
          Code_C[p] = 0x30 + key;
          i++;p++;
        }
        else if(ref == 3)
        {
          key = 0x25;Disp1Char(3 + i,1,
0x30 + key);
          Code_C[p] = 0x30 + key;
          i++;p++;
        }
        break;
      case 4:break;
      case 8:break;
      case 12:
        if(i < 9)
        {
          Buz_O();
          Delay5ms();
          Buz_O(); //提醒
          DispNChar(0,0,16,Confirm_0);
          DispNChar(3,0,10,Confirm_1);
          Delay200ms();
          DispNChar(0,0,16,Confirm_0);
          DispNChar(3,0,9,Clear_1);
        }
        break;
      case 13:
        Buz_O(); //转换按键
        ref++;
        if(ref > 3)
        {ref = 1;}
        break;
      case 15:
        Buz_O(); //清除程序
        LcdWriteCommand(0x01,1);
        DispNChar(3,0,9,Clear_1);
        for(i = 0,p = 0; p <= 9;p++)
```

```
            {Code_C[p] = 0;} //同时数组也
                             //得清除
            break;
          case 16:break;
          default:
            break; //到时添加延时程序
          }
        }
    }
}

/********************************
*********************8
*****函数名：比较程序
*****返回值：A
*****功能：两数组进行比较
********************************
*********************/

#include<msp430x14x.h>
#include "Keypad.h"
#include "cry1602.h"


void Comp(void)
{
  uint p;
  uint S,Q;

  for(p = 0;p <= 9;p++)
  {
    S = Code_C[p];
    Q = Code_D[p];
    if(S == Q)
    {A = 1;}
    else
    {A = 0;break;} }
}

/********************************
*开锁程序************************
********
*****  函数名：Unlock_j
*****  返回值：无
*****功能：比较输入判断密码是否正确，然
后进行提示
********************************
********************************
************/
void Unlock_j(void)
{
  uchar Tishi_0[] = {"WELCOME-@-"};
  uchar Tishi_1[] = {"ERROR!!!"};
  uchar Tishi_2[] = {"A_unlock B_set"};
  uchar Tishi_3[] = {"UNLOCK-@-"};
  uint p,i,R;

  if(A == 1)//密码正确
  {
    LcdWriteCommand(0x01,1);
    DispNChar(3,0,10,Tishi_0);
    DispNChar(0,1,15,Tishi_2);
    Delay5ms();
    Buz_R(); //正确提示音,3 声短促鸣叫
BACK = 0;
for(p = 0;p <= 9;p++)//对比数组 C 清空
    {
      Code_C[p] = 0;
    }
    for(i = 0;i <= 5;)
      {
        Key_Event(); //再次扫描,选择功能
//开锁或设置密码
        if(key_Flag == 1)
        {
          key_Flag = 0;

          R = key_val;
          if(R == 4)
          {
            Buz_O();
            LcdWriteCommand(0x01,1);
            DispNChar(3,1,9,Tishi_3);
            i++;      //开锁
            Delay5ms();
            Buz_R();
          }
          if(R == 8)
          {
            Buz_O();
            Set();
            i++;      //修改密码
          }
        }
      }
  }
  else                    //密码错误
  {
    LcdWriteCommand(0x01,1);
    DispNChar(4,0,8,Tishi_1);
    Delay200ms();
    BACK++;               //错误计数标志位
  }
}
```

11.4 水温控制系统设计

能源问题是当前最热门的话题。离开能源的日子,世界将失去色彩,人们将寸步难行,本设计是从节省电能的角度出发,而电能又是可再生能源,但是今天还是有很多的电能是依靠火力、核电等不可再生资源产生,一旦这些自然资源耗尽,人们将面临电力资源的巨大缺口,因此本设计从开源节流的角度出发,节省电能,保护环境。在能源日益紧张的今天,电热水器、饮水机、电饭煲等家用电器在保温时,由于其简单的温控系统,利用温敏电阻来实现温控,因而会造成很大的能源浪费。

11.4.1 系统要求

设计并制作一个水温自动控制系统,控制对象为1L净水,容器为搪瓷器皿。水温可以在一定范围内由人工设定,并能在环境温度降低时实现自动控制,以保持设定的温度基本不变。

本设计主要内容如下,温度设定范围为40℃～90℃,最小区分度为1℃,标定温度≤1℃,环境温度降低是温度控制的静态误差≤1℃,用十进制数码管显示水的实际温度,采用适当的控制方法,当设定温度突变(由40℃提高到60℃)时,减小系统的调节时间和超调量,温度控制的静态误差≤0.2℃。

11.4.2 硬件电路设计

图11-27为单片机控制系统的原理框图,由温度传感器、信号处理电路、水温控制电路、单片机控制电路、键盘控制电路及数字显示电路等组成。

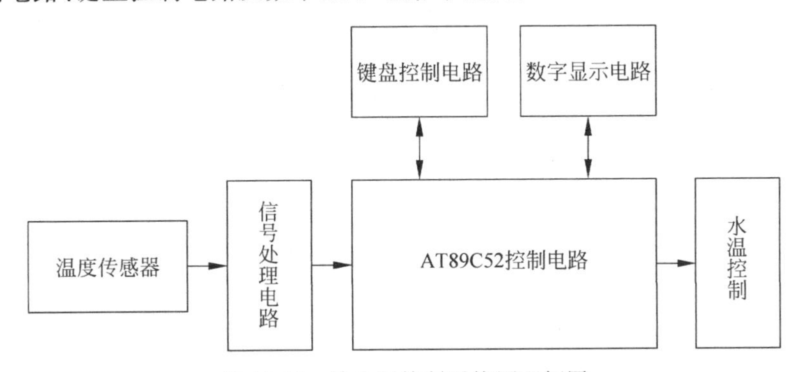

图11-27 单片机控制系统原理框图

以AT89C52单片机为核心,配合温度传感器、信号处理电路等组成硬件电路,软件选用C语言编程。单片机可将温度传感器检测到的水温模拟量转换成数字量,显示于LED显示器上。该系统灵活性强、易于操作、可靠性高,将会有更广阔的开发研究前景。

硬件电路的重要组成部分——温度采样电路和信号采集电路主要由温度传感器(AD590)、基准电压(7812)及A/D转换电路(ADC0804)3部分组成,如图11-28所示。

温度传感器选用美国Analog Devices公司生产的二端集成电流传感器AD590。其测量范围为－50℃～＋150℃,满刻度范围误差为±0.3℃,当电源电压在5～10V,稳定度为1%时,误差只有±0.01℃。此元器件具有体积小、质量轻、线性度好、性能稳定等优点,其各

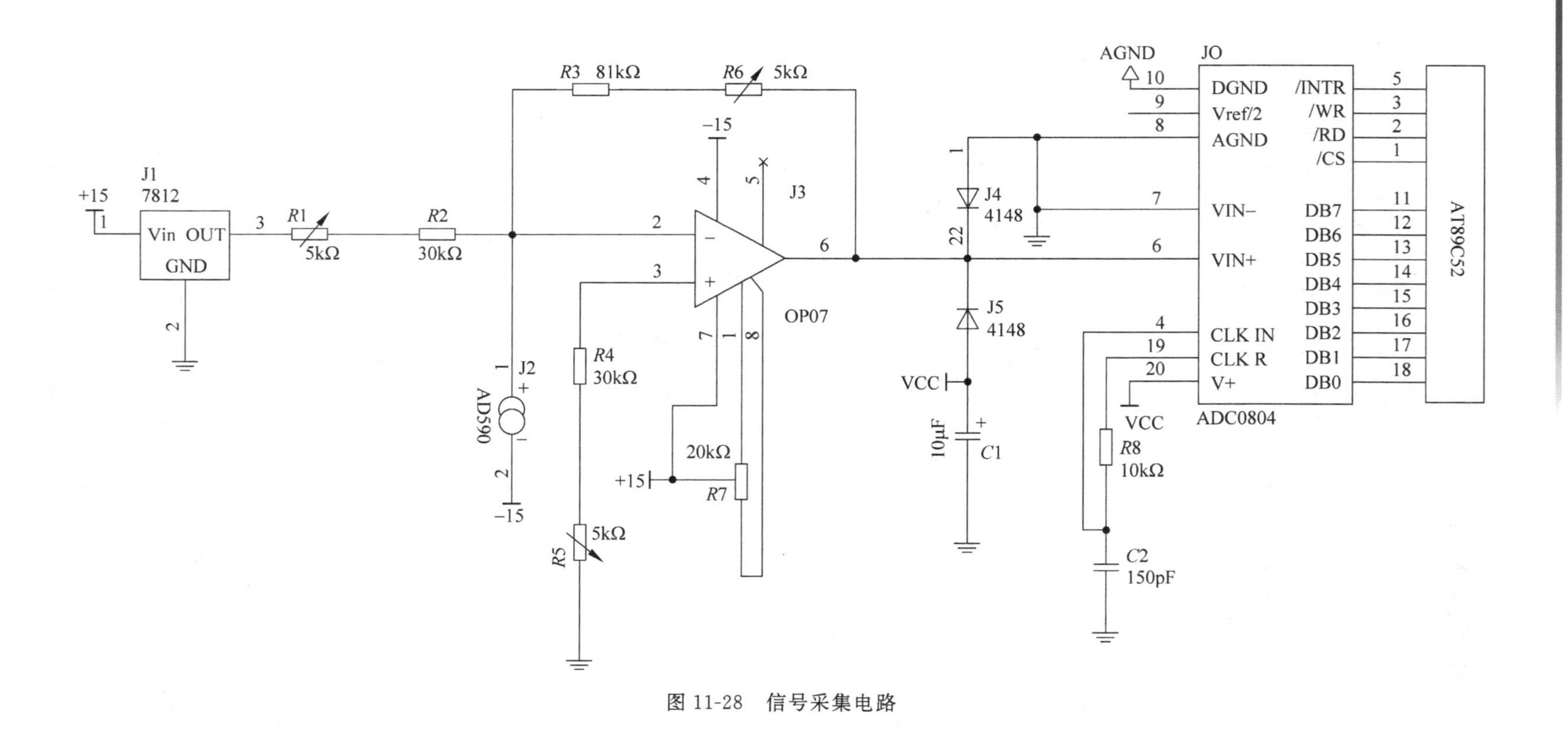

图 11-28 信号采集电路

方面特性都满足此系统的要求，温度采样电路的基本原理是采用电流型温度传感器 AD590 将温度的变化量转化为电流量，再将电流量转化为电压量通过 A/D 转换器 ADC0804 将其转换成数值量交由单片机处理。ADC0804 为 8b 的一路 A/D 转换器，其输入电压范围为 0～5V，转换速度小于 100μs，转换精度 0.39%，满足系统的要求。

温度控制电路部分主要由光电耦合器 MOC3041 和双向可控硅 BTA12 组成。MOC3041 光电耦合器的耐压值为 400V，它的输出级由过零触发的双向可控硅构成，它控制着主电路双向可控硅的导通和关闭。100Ω 电阻和 0.01μF 电容组成双向可控硅保护电路。如图 11-29 所示为部分温度控制电路。

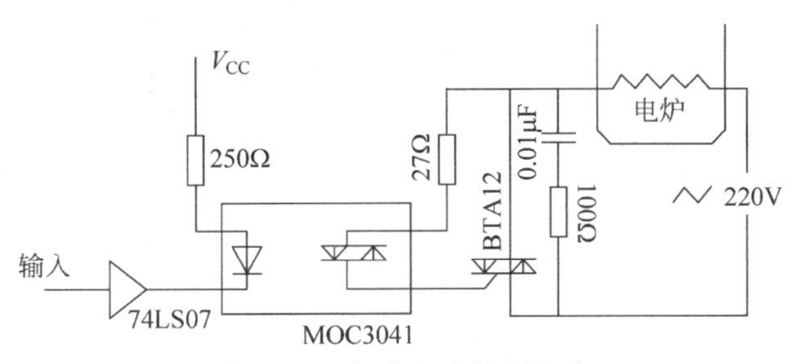

图 11-29　部分温度控制电路

如图 11-30 所示为硬件连接图，它是主机控制部分，此部分也是硬件电路的核心。单片机内部有 8KB 的程序存储器及 256B 的数据存储器。因此系统不必扩展外部程序存储器和数据存储器，这样大大减少了系统的硬件部分。

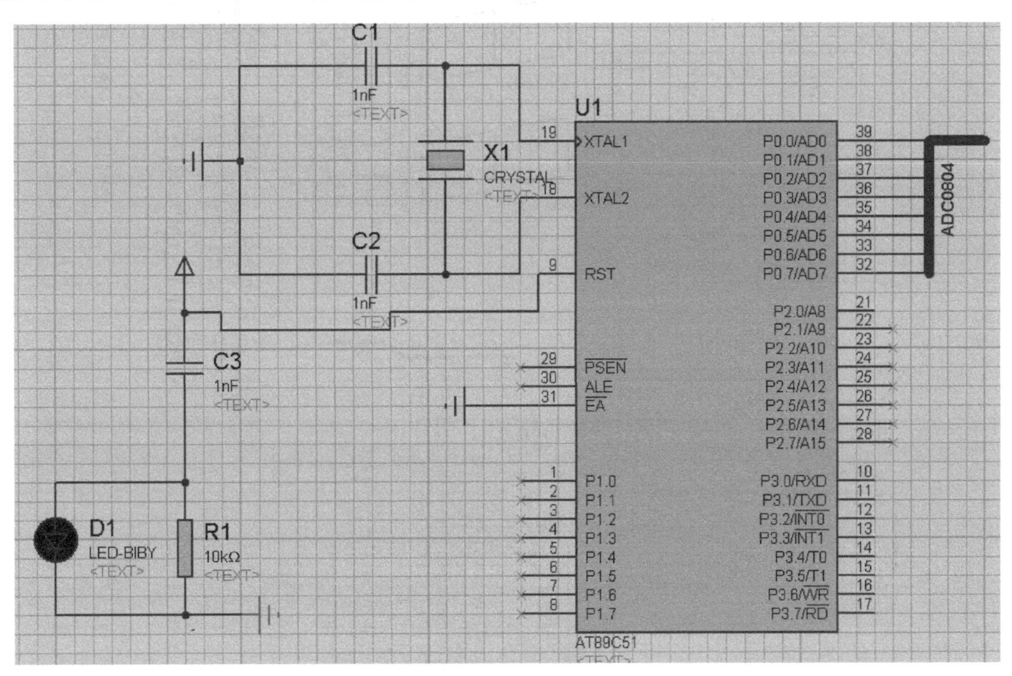

图 11-30　硬件连接图

还有键盘及数字显示部分，在设计键盘和数字显示电路时，我们使用单片机 2051 作为电路控制电路的核心，单片机 2051 具有一个全双工串口，利用此串口能够方便地实现系统的控制和显示功能。键盘和数字显示电路如图 11-31 所示。

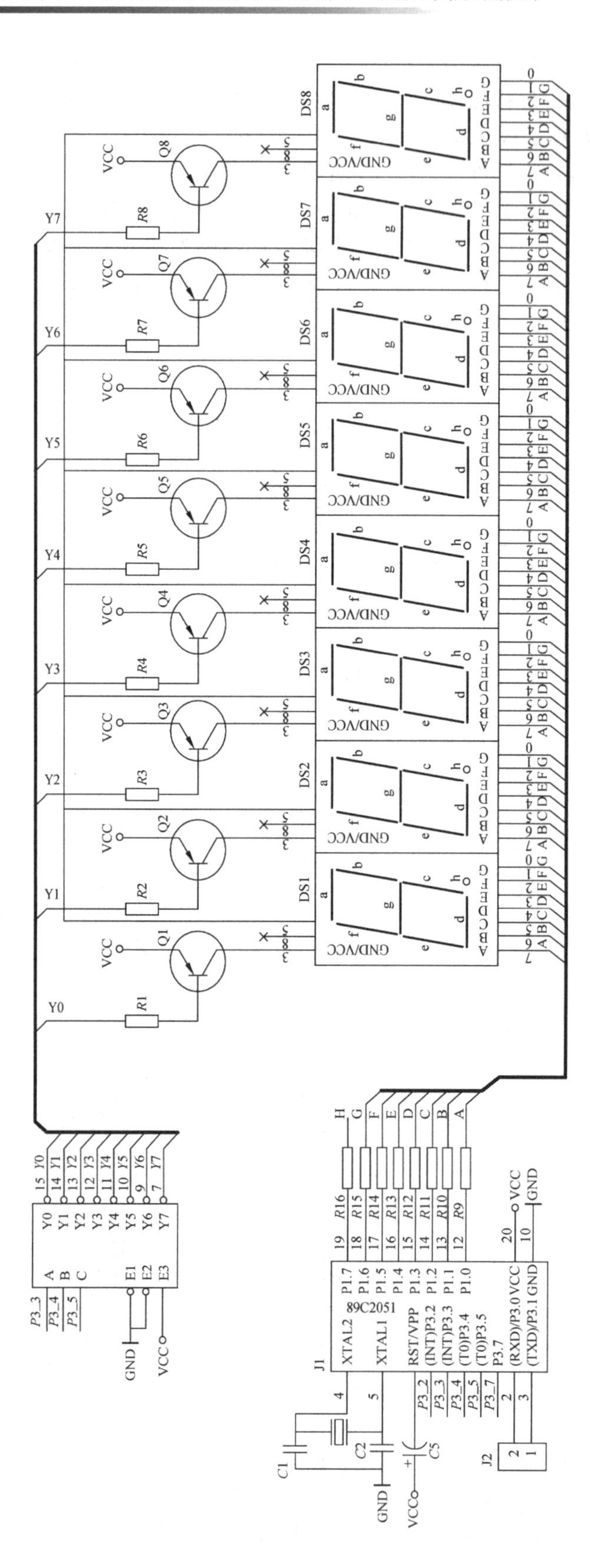

图 11-31 键盘和数字显示电路

键盘接法的差别直接影响到硬件和软件的设计，考虑到单片机 2051 的端口资源有限，所以在设计中将传统的 4×4 的键盘接成 8×2 的形式，键盘的扫描除了和显示公用的 8 个端口外，另外的 2 个端直接和 2051 的 $P3.2$ 和 $P3.7$ 相连，从而有效地利用了单片机的资源。

11.4.3 软件程序设计

水温控制系统软件程序流程图如图 11-32 所示。

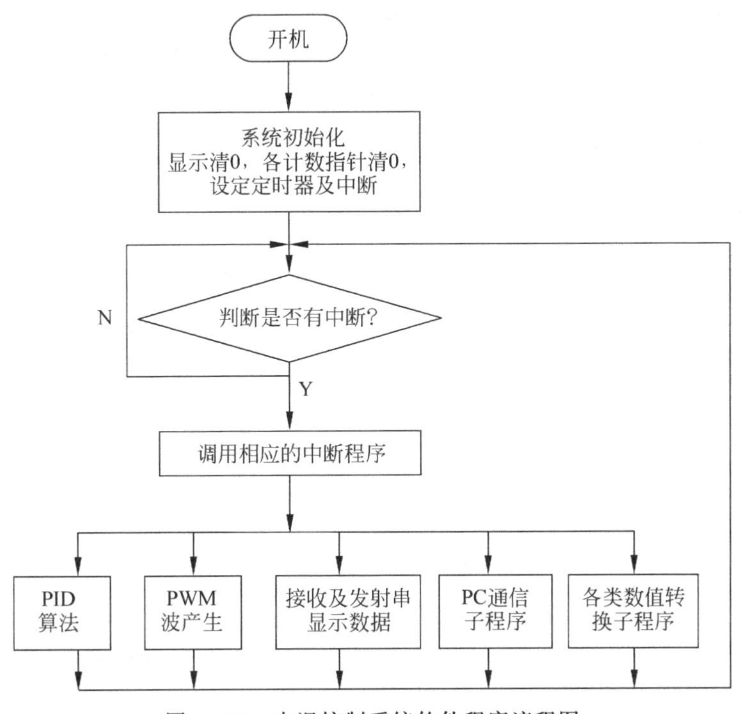

图 11-32　水温控制系统软件程序流程图

最开始是系统先进行初始化，显示清 0 和各个计数指针清 0，然后设定定时器和相关中断，然后就接着就判断是否有中断进来，若有中断，则优先执行相关中断程序，然后运行各部分的子程序实现相关功能；若没有中断，则继续循环判断。

相关程序代码如下：

```
#include <reg51.h>
#include "LCD_drive.h"
#include "DS18B20_drive.h"

sbit BEEP = P1^7;
sbit RELAY = P3^6;
sbit K1 = P3^2;
sbit K2 = P3^3;
sbit K3 = P3^4;
sbit K4 = P3^5;
bit temp_flag ;
bit K1_flag = 0 ;
unsigned char count_50ms = 0;
bit key_up;

unsigned char disp_buf[8] = {0};
unsigned char TH_buf[] = {0};
unsigned char TL_buf[] = {0};
unsigned char temp_comp;

unsigned char temp_data[2]  =  {0x00,0x00};

unsigned char temp_TH = 30;
unsigned char temp_TL = 15;
unsigned char code line1_data[]  =  " DS18B20
OK ";
```

```
unsigned char code line2_data[] =
"TEMP: ";
unsigned char code menu1_error[] =
" DS18B20 ERR ";
unsigned char code menu2_error[] = " TEMP:
------- ";
unsigned char code menu1_set[] = " High
Tem: ";
unsigned char code menu2_set[] = " Low
Tem: ";
unsigned char code menu2_H[] = "> Gao";
unsigned char code menu2_L[] = "< Di";
unsigned char code menu2_J[] = "OK ";

void TempDisp();
void beep();
void MenuError();
void MenuOk();
void THTL_Disp();
void GetTemperture();
void TempConv();
void Write_THTL() ;
void ScanKey();
void SetTHTL();
void TempComp();
/******** 以下是温度值显示函数,负责将测量温度值显示在 LCD 上 ********/
void TempDisp()
{
  lcdwrite_cmd(0x45 | 0x80);
  lcdwrite_dat(disp_buf[3]);
  lcdwrite_dat(disp_buf[2]);
  lcdwrite_dat(disp_buf[1]);
  lcdwrite_dat('.');
  lcdwrite_dat(disp_buf[0]);
  lcdwrite_dat(0xdf);
  lcdwrite_dat('C');
}


void beep(void)
{
BEEP = 0;
BEEP = 0;
Delay_ms(100);
BEEP = 1;
Delay_ms(100);
BEEP = 0;
BEEP = 0;
Delay_ms(200);
BEEP = 1;
Delay_ms(200);
}


void MenuOk()
{
  unsigned char i;
  lcdwrite_cmd(0x00|0x80);
  i = 0;
  while(line1_data[i] != '\0')
  {
    lcdwrite_dat(line1_data[i]);
    i++;
  }
  lcdwrite_cmd(0x40|0x80);
  i = 0;
  while(line2_data[i] != '\0')
  {
    lcdwrite_dat(line2_data[i]);
    i++;
  }
}


void MenuError()
{
  unsigned char i;
  lcd_clr();
  lcdwrite_cmd(0x00|0x80);
  i = 0;
  while(menu1_error[i] != '\0')
  {
    lcdwrite_dat(menu1_error[i]);
    i++;
  }
  lcdwrite_cmd(0x40|0x80);
  i = 0;
  while(menu2_error[i] != '\0')
  {
    lcdwrite_dat(menu2_error [i]);
    i++;
  }
  lcdwrite_cmd(0x4b | 0x80);
  lcdwrite_dat(0xdf);
  lcdwrite_dat('C');
}

/******** 以下是报警值 TH 和 TL 显示函数,用来将设置的报警值显示出来 ********/
void THTL_Disp()
{
```

```
    unsigned char i, temp1,temp2;
    lcdwrite_cmd(0x00|0x80);
    i = 0;
    while(menu1_set[i] != '\0')
    {
      lcdwrite_dat(menu1_set[i]);
      i++;
    }
    lcdwrite_cmd(0x40|0x80);
    i = 0;
    while(menu2_set[i] != '\0')
    {
      lcdwrite_dat(menu2_set[i]);
      i++;
    }
    TH_buf[3] = temp_TH /100 + 0x30;
    temp1 = temp_TH % 100;
    TH_buf[2] = temp1 /10 + 0x30;
    TH_buf[1] = temp1 % 10 + 0x30;
    lcdwrite_cmd(0x0A|0x80);
    lcdwrite_dat(TH_buf[3]);
    lcdwrite_dat(TH_buf[2]);
    lcdwrite_dat(TH_buf[1]);
    lcdwrite_dat(0xdf);
    lcdwrite_dat('C');
    TL_buf[3] = temp_TL /100 + 0x30;
    temp2 = temp_TL % 100;
    TL_buf[2] = temp2 /10 + 0x30;
    TL_buf[1] = temp2 % 10 + 0x30;
    lcdwrite_cmd(0x4A|0x80);
    lcdwrite_dat(TL_buf[3]);
    lcdwrite_dat(TL_buf[2]);
    lcdwrite_dat(TL_buf[1]);
    lcdwrite_dat(0xdf);
    lcdwrite_dat('C');
}

/****** 以下是读取温度值函数 ******/
void GetTemperture(void)
{
  EA = 0;
  Init_DS18B20();
  if(yes0 == 0)
  {
    WriteOneByte(0xCC);
    WriteOneByte(0x44);
    Delay_ms(1000);
    Init_DS18B20();
    WriteOneByte(0xCC);
    WriteOneByte(0xBE);
    temp_data[0] = ReadOneByte();
    temp_data[1] = ReadOneByte();

    temp_flag = 1;
  }
  else temp_flag = 0;
  EA = 1;
}

/******** 以下是温度数据转换函数,将温度
数据转换为适合 LCD 显示的数据 ********/
void TempConv()
{
  unsigned char sign = 0;
  unsigned char temp;


  temp = temp_data[0]&0x0f;
  disp_buf[0] = (temp * 10/16) + 0x30;
  temp_comp = ((temp_data[0]&0xf0)>> 4)|
((temp_data[1]&0x0f)<< 4);
  disp_buf[3] = temp_comp /100 + 0x30;
  temp = temp_comp % 100;
  disp_buf[2] = temp /10 + 0x30;
  disp_buf[1] = temp % 10 + 0x30;
  if(disp_buf[3] == 0x30)
  {
    disp_buf[3] = 0x20;
    if(disp_buf[2] == 0x30)
      disp_buf[2] = 0x20;
  }

}

/***** 以下是写温度报警值函数 *****/
void Write_THTL()
{
  Init_DS18B20();
  WriteOneByte(0xCC);
  WriteOneByte(0x4e);
  WriteOneByte(temp_TH);
  WriteOneByte(temp_TL);
  WriteOneByte(0x7f);
  Init_DS18B20();
  WriteOneByte(0xCC);
  WriteOneByte(0x48);
}

/****** 以下是按键扫描函数 ******/

  void ScanKey()
{
```

```
  if((K1 == 0)&&(K1_flag == 0))
   {
     Delay_ms(10);
    while(!K1); //等待 K1 键释放
    K1_flag = 1;


    THTL_Disp(); //显示 TH、TL 报警值
   }
  if(K1_flag == 0) //若 K1_flag 为 0,说明 K1
//键未按下
  {
    TempConv(); //将温度转换为适合 LCD 显
//示的数据
    TempDisp(); //调用 LCD 显示函数
    TempComp(); //调温度比较函数
  }
}
/******** 以下是设置报警值 TH、TL 函数
********/
void SetTHTL()
{

    if((K1 == 0)&&(K1_flag == 1))
    {
     Delay_ms(10);
      while(!K1); //等待 K1 键释放
              //蜂鸣器响一声
      key_up = !key_up ; //加 1 减 1 标志位
//取反,以便使 K2、K3 键进行加 1 减 1 调整
    }

  if((K2 == 0)&&(K1_flag == 1))
    {
     Delay_ms(10);
      while(!K2); //等待 K2 键释放

      if(key_up == 1) temp_TH++; //若 key_
up 为 1,TH 加 1
      if(key_up == 0) temp_TH -- ; //若 key_
up 为 0,TH 减 1
      if((temp_TH > 120)|| (temp_TH <= 0))
//设置 TH 最高为 120 摄氏度,最低为 0 摄氏度
      {
        temp_TH  =  0;
      }
      THTL_Disp(); //显示出调整后的值
    }

if((K3 == 0)&&(K1_flag == 1))
    {
     Delay_ms(10);
      while(!K3); //等待 K3 键释放

      if(key_up == 1) temp_TL++; //若 key_
up 为 1,TL 加 1
      if(key_up == 0) temp_TL -- ; //若 key_
up 为 0,TL 减 1
      if((temp_TL > 120)|| (temp_TL <= 0))
      {
        temp_TL  =  0;
      }
      THTL_Disp();
    }

if((K4 == 0)&&(K1_flag == 1))
    {
     Delay_ms(10);
      while(!K4); //等待 K4 键释放

      K1_flag = 0; // K1_flag 标志位置 1,说
//明调整结束
      Write_THTL(); //将 TH、TL 报警值写入
//暂存器和 EEPROM
      MenuOk(); //调整结束后显示出测量温
//度菜单
    }
  }

/****** 以下是温度比较函数 ******/
void TempComp()
{
  unsigned char i;
  if(temp_comp >= temp_TH)
  {
    beep();
    beep();
    beep();
    beep();
RELAY = 0;
    lcdwrite_cmd(0x4c|0x80);
    i  =  0;
    while(menu2_H[i] !=  '\0')
    {
     lcdwrite_dat(menu2_H[i]);
      i++;
    }

  }
  else if(temp_comp <= temp_TL)
  {
    beep();
```

```
        beep();
        beep();
        beep();
        beep();
RELAY = 1;
        lcdwrite_cmd(0x4c|0x80);
        i = 0;
        while(menu2_L[i] != '\0')
        {
          lcdwrite_dat(menu2_L[i]);
          i++;
        }
      }
    else
    if(temp_comp >= temp_TL&&temp_comp <=
temp_TH)
        {
RELAY = 1;
        lcdwrite_cmd(0x4d|0x80);
        i = 0;
        while(menu2_J[i] != '\0')
        {
          lcdwrite_dat(menu2_J[i]);
          i++;
        }
}

    else
    {
      lcdwrite_cmd(0x0f|0x80);

      lcdwrite_cmd(0x4e|0x80);
      lcdwrite_dat(0x20);
      lcdwrite_dat(0x20);
    }
}
/******** 以下是定时器T0初始化函数 **
****** /
void timer0_init()
{
  TMOD = 0x01;
  TH0 = 0x4c;
  TL0 = 0x00;
EA = 0;
ET0 = 1;
TR0 = 1;
}


/******** 以下是主函数 ******** /
void main(void)
{
    P0 = 0xff;
    P2 = 0xff;
    timer0_init();
    lcd_init();
    lcd_clr();
    Write_THTL();
    MenuOk();
    while(1)
    {
      GetTemperture();
      if(temp_flag == 0)
      {
        beep();
        MenuError();
      }
      if(temp_flag == 1)
      {
        ScanKey();
        SetTHTL();
      }
    }
}

/******** 以下是定时器T0中断函数 ***
***** /
void Time0(void) interrupt 1
{
  TH0 = 0x4c;
  TL0 = 0x00;
  count_50ms++;
  if(count_50ms > 9)
  {
    count_50ms = 0;
  }
}
/****** 以下是LCD1602函数 ****** /
#include <reg52.h>
#include <intrins.h>


#define LCD_DB P0
sbit LCD_RS = P2^4;
sbit LCD_RW = P2^5;
sbit LCD_EN = P2^6;
void Delay_ms(unsigned int xms) ;
bit lcd_busy();
void lcdwrite_cmd (unsigned char cmd);
void lcdwrite_dat(unsigned char dat) ;
void lcd_clr() ;
void lcd_init() ;
```

```
void Delay_ms(unsigned int x)
{
   unsigned char i;
   while(x -- )
   for(i = 0;i < 200;i++);
}

bit lcd_busy()
{
   bit LCD_Status;
   LCD_RS = 0; //寄存器选择,高电平数据寄
//存器低电平指令寄存器
   LCD_RW = 1; //高读低写
   Delay_ms(1);
   LCD_Status = (bit)(P0&0x80) ;
LCD_EN = 0;
   return LCD_Status;
}

void lcdwrite_cmd(unsigned char cmd)
{
   while((lcd_busy()&0x80) == 0x80);
//忙等待
   LCD_RS = 0; //写选择命令寄存器
   LCD_RW = 0; //写
   LCD_EN = 0;
   P0 = cmd;
LCD_EN = 1;
   Delay_ms(1);
LCD_EN = 0;
}

void lcdwrite_dat(unsigned char dat)
{
   while((lcd_busy()&0x80) == 0x80);
//忙等待
   LCD_RS = 1; //写选择命令寄存器
   LCD_RW = 0; //写
   LCD_EN = 0;
  P0 = dat;
   LCD_EN = 1;
  Delay_ms(1);
   LCD_EN = 0;
}

void lcd_clr()
{
lcdwrite_cmd(0x01);
Delay_ms(5);
}

void lcd_init()
{
    lcdwrite_cmd(0x38);
     Delay_ms(1);
     lcdwrite_cmd(0x01); //清屏
     Delay_ms(1);
     lcdwrite_cmd(0x06); //字符进入模式:
//屏幕不动,字符后移
     Delay_ms(1);
     lcdwrite_cmd(0x0C); //显示开,关光标
      Delay_ms(1);
}
/****** 以下是 DS18B20 函数 ******/
#include <reg52.h>
unsigned char time;

sbit DQ  =  P1^3;

bit yes0 ;

void Delay(unsigned int num)
{


     do {
        _nop_();
        _nop_();
        _nop_();
        _nop_();
        _nop_();
        _nop_();
        _nop_();
        _nop_();
      }while( -- num );
}


bit Init_DS18B20(void)
{

    bit flag;
    DQ  =  1;
for(time = 0;time < 2;time++)

DQ  =  0;
for(time = 0;time < 200;time++);

    DQ  =  1;
for(time = 0;time < 10;time++);
    flag = DQ;
```

```
    for(time = 0;time < 200;time++);
        return(yes0);
    }

    ReadOneByte(void)
    {
    unsigned char i = 0;
    unsigned char dat = 0;

    for (i = 8; i > 0; i-- )
      {
        DQ = 0;
        dat >>= 1;
        DQ = 1;

        if(DQ)
         dat |= 0x80;
        Delay(4);
      }
        return (dat);
    }

    WriteOneByte(unsigned char dat)
    {
        unsigned char i = 0;
        for (i = 0; i < 8; i++)
            {
                DQ = 1;
                _nop_();
                DQ = 0;
    DQ = dat&0x01;
    for(time = 0;time < 10;time++);
            DQ = 1;
    for(time = 0;time < 1;time++);
                dat >>= 1;
            }
    for(time = 0;time < 4;time++);
    }
```

11.5 全自动洗衣机设计

随着数字技术的快速发展,数字技术被广泛应用于智能控制领域。单片机以体积小、功能全、价格低廉、开发方便的优势得到了许多电子系统设计者的青睐。它适合于实时控制,可构成工业控制器、智能仪表、智能接口、智能武器装置以及通用测控单元等。

现在洗衣机越来越高度自动化,只要衣服放入洗衣机,简单地按两个键,就会自动注水,一些先进的数字控制洗衣机,还能自动感应衣物的重量,自动添加适当的水量和洗涤剂,自动设置洗涤的时间和洗涤的力度,洗涤完以后自动漂洗甩干,更有些滚筒洗衣机还会将衣物烘干,整个洗衣的过程完成以后还会用音乐声提醒用户,用户可以在洗衣的过程做其他事,节省了不少时间。

11.5.1 系统要求

设计一个用单片机控制的洗衣机控制器。以单片机为主的控制器,再配置一些必要的外围电路,用以实现全自动洗衣机的控制实现。洗衣机主要有洗涤、漂洗、脱水功能,按启动键执行整个洗衣的流程。洗涤、漂洗时电动机 10s 正转,停 5s;反转 10s,停 5s。由 LED 灯显示工作的状态,进水时进水指示灯亮;洗涤时洗涤指示灯亮;漂洗时漂洗指示灯亮;脱水时脱水指示灯亮;发生错误时报警指示灯亮。由数码管显示工作时间并显示每个状态下的时长。

11.5.2 硬件电路设计

本节以 AT89C52 单片机为核心设计了全自动洗衣机控制系统。本系统实现了对洗衣机整个洗衣过程的控制,包括用户参数输入、进水、洗衣、漂洗、脱水、排水和结束报警等几个阶段。控制系统主要由电源电路、单片机控制系统和外部硬件电路三大模块组成。电源电路为单片机主控系统提供5V的直流电压；单片机主控系统负责控制洗衣机的工作过程，主要由AT89C52单片机、数码管、按键、蜂鸣器、LED指示灯组成；外部硬件电路由继电器、三极管、LED灯组成。

如图11-33所示，全自动硬件电路由电源电路、单片机控制电路、单片机复位电路、时钟电路、显示电路、蜂鸣器电路、电机控制电路、进排水电路等组成。

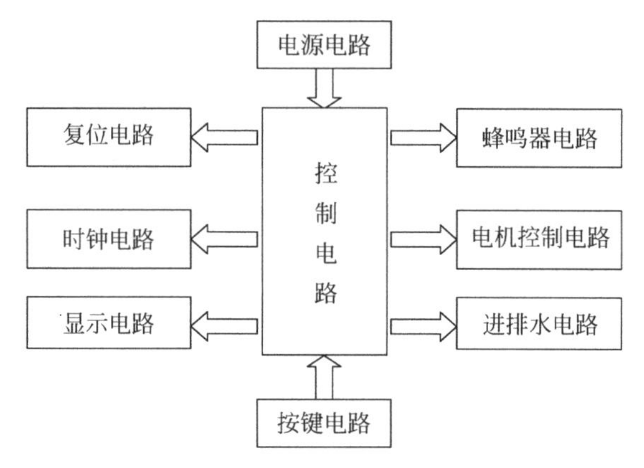

图11-33 硬件控制系统总框图

如图11-34为单片机电源电路，它将市电220V经过变压器T变压为12V交流电，再通过4只二极管全桥整流，经过电容*C*4、*C*6滤波得到光滑的直流电压后，经过三端稳压管(7805)稳压得到稳定的+5V电压，向各元器件供电。

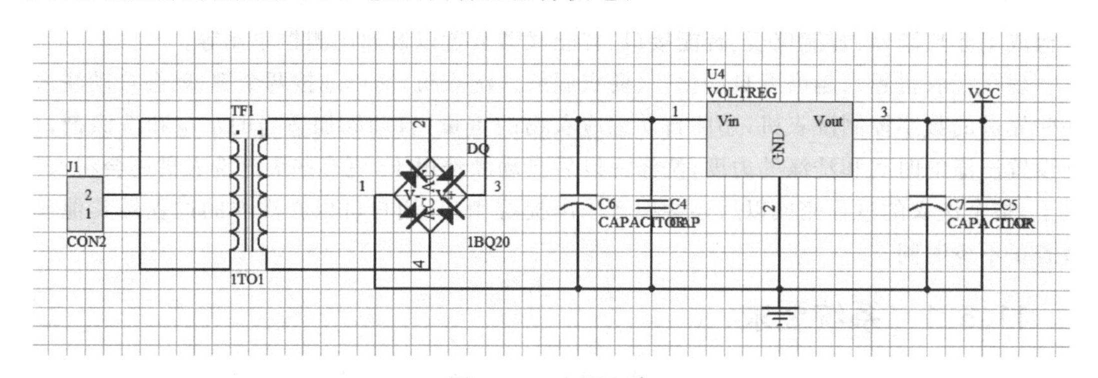

图11-34 电源电路

单片机又称微控制器或嵌入式控制器。现在的智能家电都是采用微控制器来实现的，所以家用电器是单片机应用最多的领域之一，它是家用电器实现智能化的心脏和大脑。单片机应用系统由硬件和软件组成。硬件是指MCU、存储器，I/O接口和外设等物理元器件的组合。软件是指系统监控程序的总称。在开发过程中它们的设计是不能完全分开的，应该互相配合、不断调整才能构成高性能的应用系统。单片机应用系统的开发包括系统总体设计、硬件设计、软件设计、系统调试等，而且它们有时交叉进行。系统的灵活性在于系统快速编程特性(ISP字节或页写模式)，此外AT89C52设计和配置了振荡频率为11.0529MHz的振荡电路并可通过软件设置省电模式。空闲模式下CPU暂停工作而RAM定时计数器、串口、外中断系统可继续工作，掉电模式冻结振荡器而保存 RAM 的数据，停止芯片其他功能直至外中断激活或硬件复位。同时该芯片还具有 PDIP、TQFP 和 PLCC 3 种封装形式以适应不同产品的需要。硬件复位电路主要是实现复位功能，当单片机运行出现死循环时复位电路就可以起保护功能而实现复位作用，其中单片机的主控系统尤为重要，此处使用 AT89C52 单片机以及外界一些旁电路作为主控系统。

单片机复位电路的作用是复位。在单片机接上电源以后，或电源出现过低电压时，将单片机存储器复位，使其各项参数处于初始位置，即处于开机时的标准程序状态，以消除由于某种原因的程序紊乱。单片机的复位电路有上电复位和手动复位两种形式，RST 端的高电平直接在上电瞬间产生高电平则为上电复位；若通过按钮产生高电平复位信号，则称为手动复位。单片机复位电路兼有上电复位和手动复位的电路。手动复位是利用开关 K 来实现复位，此时电源 VCC 经两电阻分压，在 RST 端产生一个高电平，使得单片机复位。

接下来是单片机的时钟电路，时钟电路由晶振元器件与单片机内部电路组成，产生的振荡频率为单片机提供时钟信号，供单片机信号定时和计时。

在 AT89C52 单片机内部有一个高增益反相放大器，其输入端引脚为 XTAL1，其输出端为 XTAL2。只要在两引脚之间跨接晶体振荡器和微调电容 $C4$、$C5$，就可以构成一个稳定的自激振荡器。如图 11-35 所示，一般地，电容 $C1$ 和 $C2$ 取 33pF 左右；晶体振荡器，简称晶振，频率范围为 1.2～12MHz。晶振频率越高，系统的时钟频率也就越高，单片机的运行速度也就越快。在通常情况下，使用振荡频率为 6MHz 或 12MHz 的晶振。如果系统中使用了单片机的串口通信，则一般使用频率为 11.0592MHz 的晶振。在本次设计中采用的是频率为 11.0592MHz 的晶振。

本设计采用无源蜂鸣器，单片机必须输出固定频率的方波信号，其工作电压范围宽(4～12V)，需要的外围元器件少，电压增益可调范围为 20～200。通过 CPU 的 $P3.0$ 输出低电平来控制蜂鸣器报警。如图 11-36 所示的蜂鸣器电路。

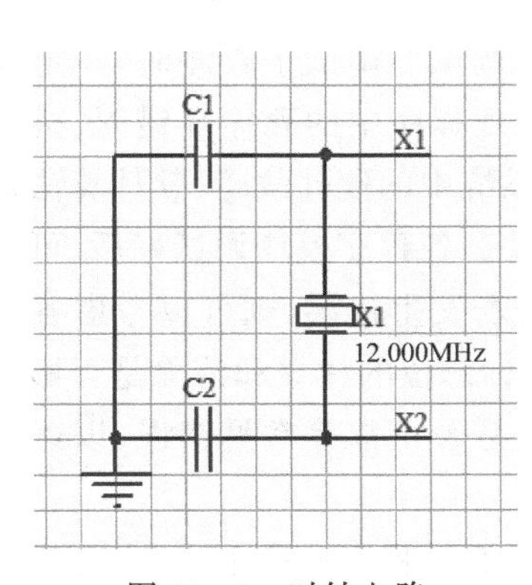

图 11-35 时钟电路

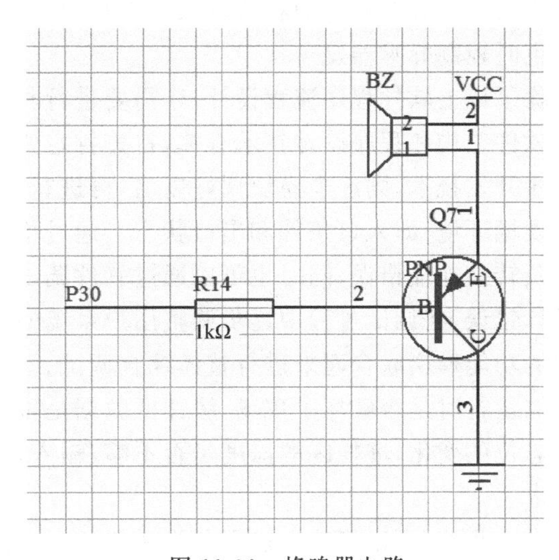

图 11-36 蜂鸣器电路

图 11-37 是进出水设计，进水阀受 $P1.6$ 的控制，出水阀受 $P1.7$ 的控制。当电控水龙头的控制端 $P1.6$ 为 0 时，Ka 线圈的电流使得进水阀打开。当电控水龙头的控制端 $P1.7$

为0时,Kb线圈的电流使得出水阀打开。

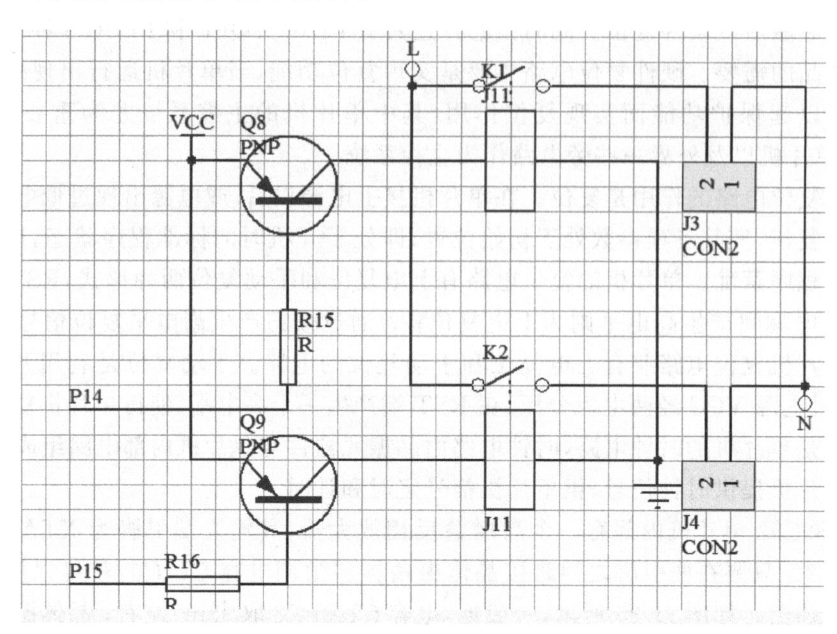

图11-37 进出水电路

11.5.3 软件程序设计

根据硬件设计要求控制主程序流程图如图11-38所示。洗衣机通电之后单片机上电,首先进行程序的初始化包括Timer0、外部中断0、外部中断1的初始化以及各参数初值的设定。默认洗衣强度为"标准洗"漂洗次数3次。然后扫描按键的状态确定洗衣过程。当发现启动键按下洗衣机从待命状态进入工作状态。完成进水、洗涤、脱水、漂洗的循环过程,当洗衣结束时控制蜂鸣器发声。

除了以上软件程序流程设计,还需要进行相关必要的软件调试工作。软件调试与所选用的软件结构和程序设计技术有关,首先肯定要能实现我们所预想的功能,如果是采用模块化程序开发技术,则逐个模块调好以后,再进行系统程序总调试。调试子程序时,一定要求符合现场环境,即入口条件和出口状态。通过检测,可以发现程序中的死循环错误、机器码错误及转换地址错误,同时也可以通过软件调试发现用户系统中的硬件故障、软件算法及硬件设计错误,在调试过程中逐步调整用户系统的软件和硬件。各程序模块调试好后,可以将相关的功能模块联合起来进行整体综合调试。在存储阶段若发生错误,则可以考虑各子程序存储运行时是否破坏了现场,缓冲区数据是否发生变化,标志位的建立和清除是否影响其他标志位的变化,堆栈区的深度是否不够,输入设备的状态是否正常等常见错误,以达到预期要求。

进一步地,可以将整个过程分为3部分,包括洗涤程序、漂洗程序和脱水程序。图11-39是洗涤程序的流程图。洗涤前先打开进水阀进水,随后启动电机正转,然后电机短暂停止,最后进行电机反转,完成整个洗涤流程。

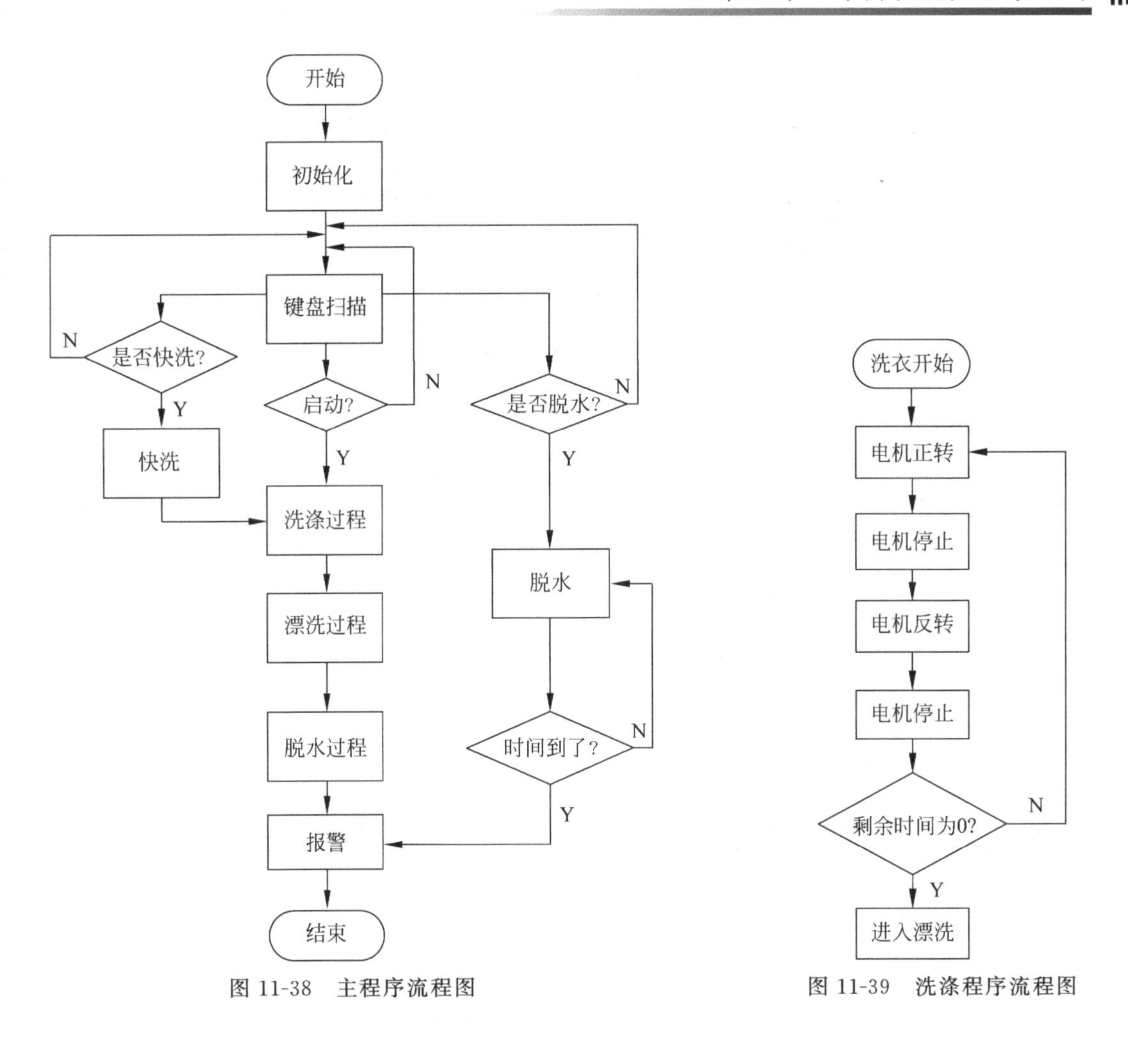

图 11-38 主程序流程图

图 11-39 洗涤程序流程图

漂洗是一个比较固定的洗衣方式，与洗涤过程操作相同，只是时间短一些。漂洗次数为3次。漂洗程序流程图如图 11-40 所示。

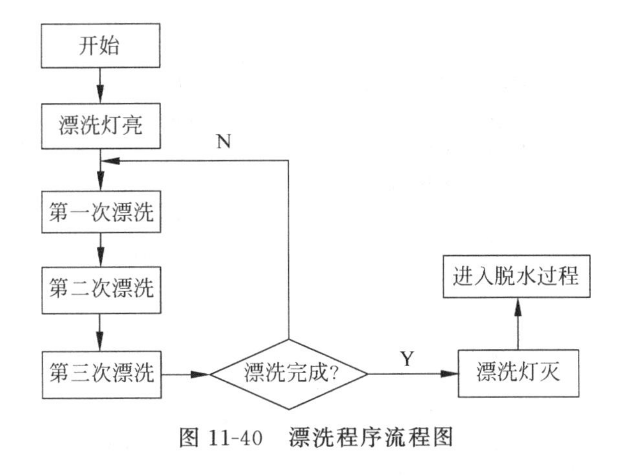

图 11-40 漂洗程序流程图

脱水也是整个洗衣机的重要一环，脱水前先打开排水阀排水，然后启动电机脱水并保持排水阀开启，然后停止脱水，并且蜂鸣器报警提醒用户洗衣完成。脱水程序流程图如图 11-41 所示。

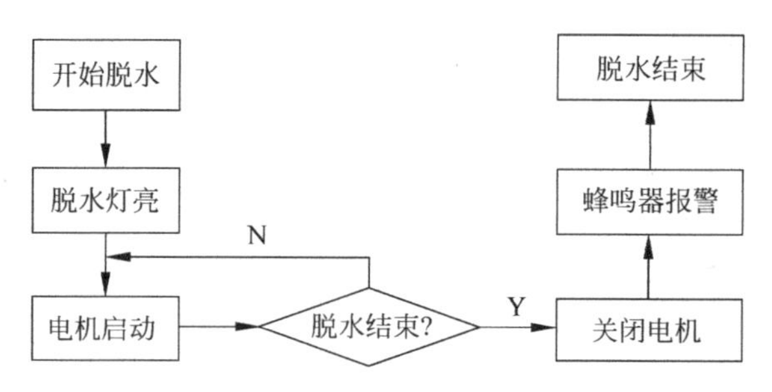

图 11-41　脱水程序流程图

具体程序如下：

```
#include<reg51.h>
#define uchar unsigned char
#define uint unsigned int
sbit mo_r = P3^2;          //电机右控制线
sbit mo_l = P3^3;          //电机左控制线
sbit key_menu = P3^4;      //菜单按键
sbit key_on = P3^5;        //开始按键
sbit key_off = P3^6;       //结束按键
sbit key_sel = P3^7;       //菜单选择按键
sbit led_in = P0^0;        //进水指示灯
sbit led_xi = P0^1;        //洗衣指示灯
sbit led_pao = P0^2;       //漂洗指示灯
sbit led_xx = P0^3;        //脱水指示灯
sbit led_out = P0^4;       //出水指示灯
sbit led_over = P0^5;      //洗衣结束指示灯
sbit led_work = P0^6;      //电机工作指示灯
sbit led_wring = P0^7;     //报警指示灯
sbit buzzer = P3^0;
uchar code num[10] = {0xc0,0xf9,0xa4,0xb0,
0x99,0x92,0x82,0xf8,0x80,0x90};
char sec = 0;              //时间秒
char min = 0;              //时间分
uchar count = 0;           //中断计数
uchar flag0 = 0;           //洗衣机工作状态标志
uchar flag1 = 0;           //进水次数标志
uchar flag2 = 0;           //出水次数标志
uchar flag3 = 0;           //漂洗次数标志
uchar err = 0;             //报警标志
uchar quan = 0;            //正反转计数
// 函数声明
void delay();              //延时函数
void in();                 //进水子程序
void out();                //出水子程序
void over();               //结束子程序
void xi();                 //洗衣子程序
void pao();                // 泡衣子程序
void xx();                 //脱水子程序
void on();                 //工作开始子程序
void sel();                //显示菜单选择
void SEG_display();        //显示时间子程序
void key_scan();           //按键扫描子程序
//延时函数
void delay(uint i)
{
    uint x,y;
    for(x = i;x > 0;x--)
     for(y = 120;y > 0;y--);
}
// 工作开始子程序
void on()//增加功能,例如:快洗、慢洗之类的
{
    TMOD = 0x01;
    TH0 = (65536 - 50000)/256;
    TL0 = (65536 - 50000) % 256;
    EA = 1;ET0 = 1;TR0 = 1;P0 = 0xff;
    if(flag0 == 0) in();
    if(flag0 == 1) xi();
    if(flag0 == 2) pao();
    if(flag0 == 3) xx();
    if(flag0 == 4) out();
}
// 结束子程序
void over()
{
    P0 = 0xff;
    mo_r = 0;mo_l = 0;
    led_over = 0;buzzer = 0;
    EA = 0;
}
// 进水子程序
void in()
{ //洗衣电源控制开关
    P0 = 0xff;led_in = 0;
    flag1++;                    //进水次数标志
    mo_r = 0;mo_l = 0;
    min = 0;sec = 8;
```

```
}
//洗衣子程序
void xi()
{
      P0 = 0xff;
      led_xi = 0;led_work = 0; //电机工作
指示灯
      mo_r = 1;mo_l = 0;
      min = 0;sec = 20;
      quan = 0;
}
// 泡衣子程序
void pao()
{
     P0 = 0xff;
     led_pao = 0;led_work = 0;
     flag3++;              //泡衣次数标志
     mo_r = 1;mo_l = 0;
     min = 0;sec = 20;
     quan = 0;
}
//脱水子程序
void xx()
{
     P0 = 0xff;led_xx = 0;
     mo_r = 0;mo_l = 1;
     min = 0;sec = 16;
}
// 出水子程序
void out()
{
     P0 = 0xff;led_out = 0;
     flag2++;              //出水次数标志
     mo_r = 0;mo_l = 0;
     min = 0;sec = 5;
}
// 显示菜单选择
void sel()
{
     P0 = 0xff;
     if(flag0 >= 5)flag0 = 0;
     if(flag0 == 0){led_in = 0;}
     if(flag0 == 1) { led_xi = 0; }
     if(flag0 == 2) { led_pao = 0; }
     if(flag0 == 3){led_xx = 0;}
     if(flag0 == 4){led_out = 0;}
}
// 菜单处理子程序
void menu()
{
     min = 0;sec = 0;
     mo_r = 0;mo_l = 0;
     SEG_display();
    while(1)
    {
     if(key_on == 0)
        {
            delay(5);
            if(key_on == 0)
            {
                while(!key_on);
                on();break;
            }
        }
        if(key_off == 0)
        {
            delay(5);
            if(key_off == 0)
            {
                while(!key_off);
                over();break;
            }
        }
        if(key_sel == 0)
        {
            delay(5);
            if(key_sel == 0)
            {
                while(!key_sel);
                flag0++;
                sel();
            }
        }
    }
}
// 按键扫描子程序
void key_scan()
{
    if(key_menu == 0)
    {
        delay(5);
        if(key_menu == 0)
        {
            while(!key_menu);
            menu();
        }
    }

    if(key_on == 0)
    {
        delay(5);
        if(key_on == 0)
```

```
            {
                while(!key_on);
                on();
            }
        }

        if(key_off == 0)
        {
            delay(5);
            if(key_off == 0)
            {
                while(!key_off);
                over();
            }
        }
}
//显示子程序
void SEG_display()
{
    P1 = 0x01;P2 = num[min/10];delay(10);
    P1 = 0x02;P2 = num[min%10];delay(10);
    P1 = 0x04;P2 = num[sec/10];delay(10);
    P1 = 0x08;P2 = num[sec%10];delay(10);
}
// 主函数
void main()
{
    led_in = 0;
    while(1)
    {
        SEG_display();
        key_scan();
    }
}
// Timer0 中断处理程序
void timer0() interrupt 1
{
    TH0 = (65536 - 50000)/256;
    TL0 = (65536 - 50000)%256;
    count++;
    if(count == 20)
    {
     count = 0;sec--;
        if((flag0 == 1)||(flag0 == 2))
        {
            quan++;
            switch(quan)
             {
                case 1:mo_r = 1;mo_l = 0;
break;
                case 10:mo_r = 0;mo_l = 0;
break;
                case 15:mo_r = 0;mo_l = 1;
break;
                case 25:mo_r = 0;mo_l = 0;
break;
                default: ;
            }
           if(quan == 30){quan = 0;}
        }
    //*************************
********//
        if((sec == 0)&&(min != 0))
        {min--;sec = 59; }
    //*************************
********//
        if((sec<0)&&(min == 0)&&(flag0 ==
0)) //进水结束
        {
         switch(flag1) //flag1 为进水次数
            {
                case 1: flag0 = 1; xi ( );
break;
                case 2: flag0 = 2; pao ( );
break;
                case 3: flag0 = 2; pao ( );
break;
                case 4: flag0 = 2; pao ( );
break;
                default: err = 1; led _
wring = 0;
            }
        }
    //*************************
********//
        if((sec<0)&&(min == 0)&&(flag0 ==
1)) //洗衣结束
        {
         flag0 = 4; //flag0 = 4 为排水
         out();
        }
    //*************************
********//
        if((sec<0)&&(min == 0)&&(flag0 ==
2)) //泡衣结束
        {
            switch(flag3) //flag3 为漂洗
//次数标志
            {
                case 1: flag0 = 4; out ( );
break;
                case 2: flag0 = 4; out ( );
```

```
break;
                    case 3: flag0 = 4; out ( );
break;
                    default:  err  =  1;  led _
wring  =  0;
                }
            }

        if((sec < 0)&&(min == 0)&&(flag0 ==
4)) //出水结束
        {
            switch(flag2) //flag2 为出水
//次数标志
                {
                    case 1: flag0 = 0; in ( );
break;
                    case 2: flag0 = 0; in ( );
break;
                    case 3: flag0 = 0; in( );
break;
                    case 4: flag0 = 3; xx( );
break;
                    default: err =  1; led_
wring  =  0;
                }
            }
      //*************************
*********//
        if((sec < 0)&&(min == 0)&&(flag0 ==
3)) //脱水结束
        { sec  =  0; over();}
    }
}
```

附录A 万用表的使用

APPENDIX A

万用表在电工电子测量仪器中是应用最广泛的一种。可以用它方便地进行交流和直流电压、电流，以及电阻的测量，还可以测量半导体元器件和电容元器件等。VC97 数字万用表操作面板如图 A-1 所示。

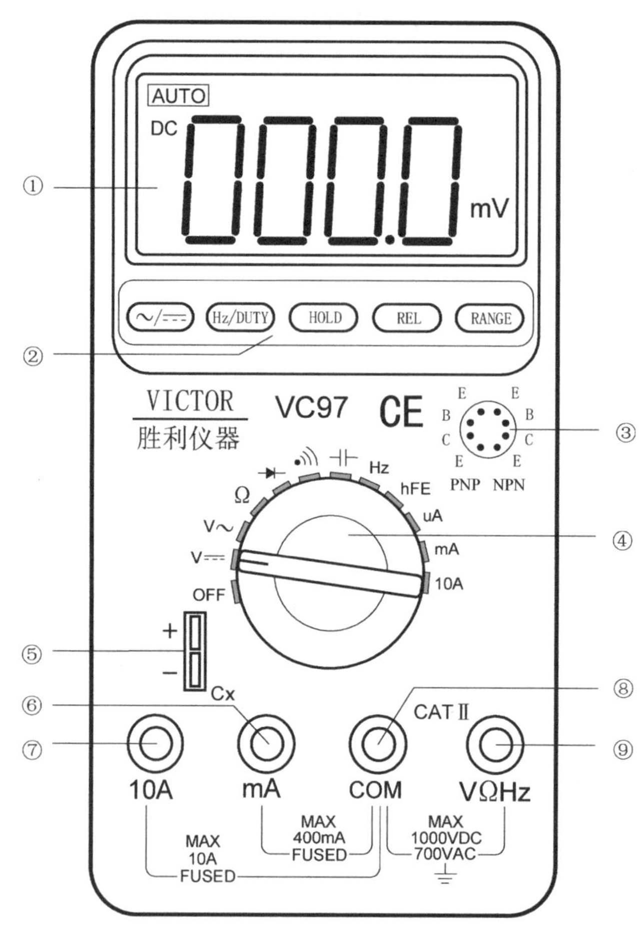

图 A-1　VC97 数字万用表操作面板

(1) 测试线位置：黑表笔接⑧——公共地，红表笔接被侧插孔。其中⑦——10A 电流测试插座，⑥——小于 400mA 电流测试插座，⑨——电流以外的其他测试量电压、电阻、频率的测试插座。

(2) 将④——功能转换开关拨到所需挡位，开关从 OFF(关闭状态) 按顺时针旋转，依次可进行直流电压(DC)测试、交流电压(AC)测试、电阻测试、二极管测试、通断测试、电容测试 (电容测试插座在图位置⑤处)、频率测试、三极管测试(三极管测试插座在位置 3 处)、μA 电流测试、mA 电流测试、大电流测试。

(3) 测量结果和测试单位在①——液晶显示器中显示。

图 A-1 位置②处各功能键的功能如下：

RANGE 键——选择自动量程或手动量程工作方式。仪表起始为自动量程状态，并在位置①左上方显示 AUTO 字符。按此功能键转为手动量程，按一次增加一挡，由低到高依次循环。直流电压有 400mV、4V、40V、400V 和 1000V 挡，交流电压有 400mV、4V、40V、400V 和 700V 挡。如在手动量程方式显示器显示 OL，表明已超出量程范围。如持续按下此键长于 2 秒，回到自动量程状态。

REL 键——按下此键，读数清 0，进入相对值测量，在液晶显示器上方显示 REL 字符，再按一次，退出相对值测量状态。

HOLD 键——按此功能键，仪表当前所测数值保持在液晶显示器上，在液晶显示器上方显示 HOLD 字符，再按一次，退出保持状态。

HZ/DUTY 键——测量交直流电压(电流)时，按此功能键，可切换频率/占空比/电压(电流)，测量频率时切换频率/占空比(1%～99%)。

～/⎓ 键——交直流工作方式转换键。

(4) 万用表使用注意事项。

① 该仪表所测量的交流电压峰值不得超过 700V，直流电压不得超过 1000V。交流电压频率响应：700V 量程为 40～100Hz，其余量程为 40～400Hz。

② 切勿在电路带电情况下测量电阻。不要在电流挡、电阻挡、二极管挡和蜂鸣器挡测量电压。

③ 仪表在测试时，不能旋转功能转换开关，特别是对于高电压和大电流，严禁带电转换量程。

④ 当屏幕出现电池符号时，说明电量不足，应更换电池。

⑤ 电路实验中一般不用万用表测量电流。在每次测量结束后，应把仪表关掉。

附录 B 示波器的使用

APPENDIX B

如图 B-1 所示，示波器面板分为几个功能区，使用方便。下面简要介绍一下示波器使用的控制按钮以及屏幕上显示的信息。

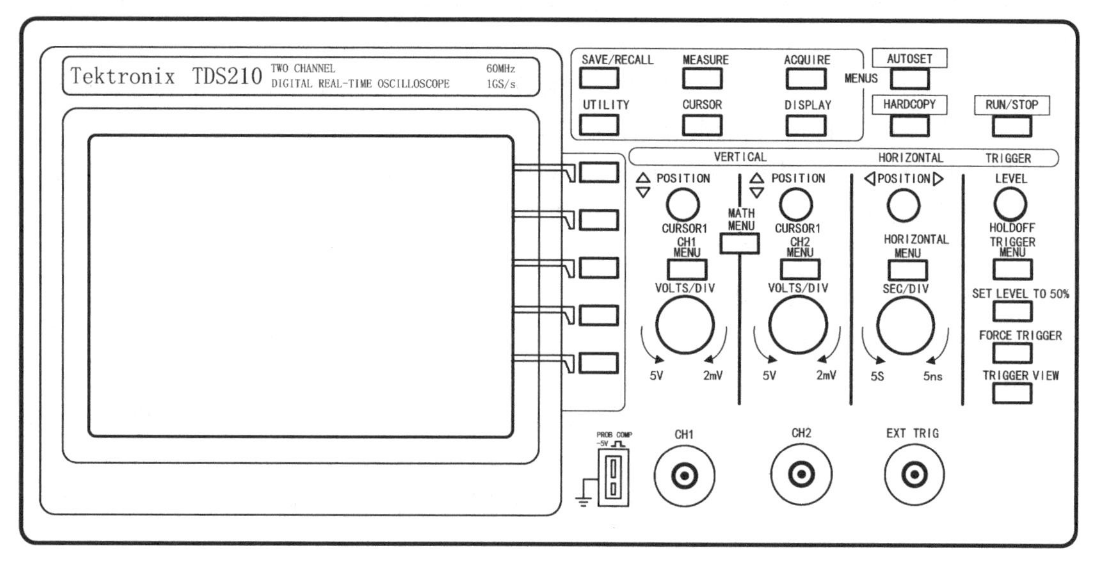

图 B-1　示波器

1. 显示区

显示图像中除了波形外，还包含许多有关波形和仪器控制设定值的细节。

(1) 有 3 种不同的图形分别对应不同的获取方式：取样方式、峰值检测方式、平均值方式。

(2) 触发状态表示是否具有充足的触发信源或获取是否已停止。

(3) 指针表示水平触发位置。也就是示波器水平位置，水平位置控制值会使触发位置做水平移动。

(4) 触发位置表示中心方格图与触发位置中间的(时间)偏差。屏幕中心的触发位置等于零。

(5) 指针表示触发位准。

(6) 读数表示触发位准的数字值。

(7) 图标表明边沿触发的所选触发斜率。

(8) 读数表示用来触发的触发信源。

(9) 读数表示视窗时基设定值。

(10) 读数表示主时基设定值。

(11) 读数表示波道 1 和波道 2 垂直标尺系数。

(12) 显示区短暂地显示在线信息。

(13) 屏幕上的指针表示所显示的波形的接地基准点。如果没有指针,就说明没有显示波道。

2. 垂直控制区(VERTICAL)

(1) 波道 1(CH1)和光标 1 位置(CURSOR1 POSITION),垂直调整波道 1 显示或确定光标 1 位置。

(2) 波道 2(CH2)和光标 2 位置(CURSOR2 PISITION),垂直调整波道 2 显示或确定光标 2 位置。

(3) 波道 1 功能表(CH1 MENU)和波道 2 功能表(CH2MENU),显示波道输入功能表选择,并控制波道显示的接通和关闭。

如表 B-1 所示,垂直功能表包括波道 1 或波道 2 的下列项目,每个多按不同的波道单独设置。

表 B-1 垂直控制区

功能表	设定	说明
耦合	直流 交流 接地	直流通过输入信号的交流和直流部件 交流关闭输入信号的支流部件 接地断开输入信号电路
带宽限制	20MHz 关闭	限制带宽,以减小显示噪声
伏/格	粗调 微调	略
探棒	1×,10×,100×,1000×	探棒衰减系数,一般选用 1×挡

3. 水平控制区(HORIZONTAL)

(1) 位置(POSITION)调整所有波道的水平位置。

(2) 水平功能表(HORIZONTAL MENU)显示水平功能表。

(3) 秒/刻度(SEC/DIV)为时基和视窗选择水平时间/刻度(标尺系数)。

(4) 在表 B-2 中存储和调出波形。可以在永久性存储器中存储两个基准波形。这两个基准波形摁扣仪与当前波形同时显示。

(5) 测定钮(MEASURE)按此钮后,即进入自动测定操作。

如表 B-3 测定钮设置所示,选取信源后,确定要进行测定的波道。

表 B-2 水平控制区

基准	A B	选择基准位置以便存储或调出某一波形
存储	接通	把信源波形存储到所选择的基准位置
基准(x)	接通 关闭	接通和关闭基准波形显示

表 B-3 测定钮设置

功能表	设定	说明
信源	CH1 CH2	在选取“信源”后，选取要测定的波道
波道	波道 1 波道 2	选定测定的波道 如所选取信源（波道）没有显示，（××波道关闭）字样将显示出来

如表 B-4 所示，从测定功能表中选取类型后，进一步选择在功能表每一位置上要显示的测定类型，以此确定功能表结构。

表 B-4 测定类型设置

功能表	设定	说明
波的参数类型	均方根值 平均值 周期 峰-峰值 频率	选择功能表每一位置显示的测定类型，在选取类型后，选择屏幕功能表按钮旁显示的测定内容

要点：每一波形（或在两个波形之间分配）一次可最多显示四项自动测定值。波形波道必须处于开启（显示）状态，才能进行测定。在基准波形或数学值波形上，或在使用 *XY* 状态或扫描状态时，都不能进行自动测定。

（6）获取钮（ACQUIRE）设定获取参数。

表 B-5 获取钮设置

功能表	设定值	说明
采样	1GSa/s、500MSa/s、250MSa/s	这是预设状态，以最快速度获取
峰值检测	最大值、最小值	用来检测短时脉冲波形干扰，减少混淆的可能性
平均值	2、4、8、16、32、64、128、256、512、1024	用来减少信号显示中的杂音及无关噪声。平均值的次数可以选择
平均次数	4,16,64,128	选择平均值的次数

（7）表 B-6 给出为光标钮（CURSOR）显示测定光标和光标功能表。

表 B-6 光标钮设置

功能表	设定值	说明
类型	电压 时间 关闭	选择和显示测定光标 “电压”测定振幅，“时间”测定时间和频率

续表

功能表	设定值	说　　明
信源	CH1(波道 1) CH2(波道 2) Math(数学值) RefaA(基准 A) RefaA(基准 A)	选择光标所指波道或信源的波形
增量	略	光标间的差异(增量)在此显示
光标 1	打开/关闭	显示光标 1 的位置(时间以触发位置为基准,电压以接地为基准)
光标 2	打开/关闭	显示光标 2 的位置(时间以触发位置为基准,电压以接地为基准)

要点:光标移动,用垂直波形位置钮来移动光标 1 和光标 2。只有在光标功能表显示时,才能移动光标。

附录C MCS-51单片机引脚图

APPENDIX C

MCS-51单片机引脚图如图C-1所示。

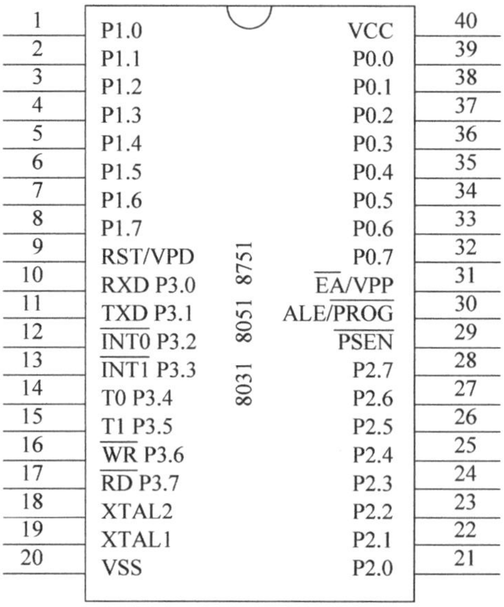

引脚	名称	名称	引脚
1	P1.0	VCC	40
2	P1.1	P0.0	39
3	P1.2	P0.1	38
4	P1.3	P0.2	37
5	P1.4	P0.3	36
6	P1.5	P0.4	35
7	P1.6	P0.5	34
8	P1.7	P0.6	33
9	RST/VPD	P0.7	32
10	RXD P3.0	$\overline{EA}$/VPP	31
11	TXD P3.1	ALE/$\overline{PROG}$	30
12	$\overline{INT0}$ P3.2	$\overline{PSEN}$	29
13	$\overline{INT1}$ P3.3	P2.7	28
14	T0 P3.4	P2.6	27
15	T1 P3.5	P2.5	26
16	$\overline{WR}$ P3.6	P2.4	25
17	$\overline{RD}$ P3.7	P2.3	24
18	XTAL2	P2.2	23
19	XTAL1	P2.1	22
20	VSS	P2.0	21

8031 8051 8751

图C-1 MCS-51单片机引脚图

1. 芯片介绍

MCS-51系列单片机是Intel公司开发的8位单片机，又分为多个子系列。MCS-51系列单片机共有40个引脚，包括2个电源引脚、2个外接晶振引脚、32个I/O口引脚、4个控制引脚。

2. 引脚说明

(1) VCC：接+5V电源。

(2) VSS：接地。

(3) XTAL1：接外部石英晶体的一端。在单片机内部，它是一个反相放大器的输入端，这个放大器构成了片内振荡器。当采用外接晶体振荡器时，该引脚接地。

(4) XTAL2：接外部石英晶体的另一端。在单片机内部接至内部反相放大器的输出端。当采用外接晶体振荡器时，该引脚接收时钟振荡信号。

(5) RST/UPD：复位/备用电源。

(6) ALE/PROG：地址锁存允许/编程脉冲输入端。

(7) EA/UPP：内外程序存储器选择控制端/编程电压输入端。

（8）PSEN：外部程序存储器读选通信号输出端。

（9）P0 口（P0.0～P0.7）：8 位双向三态 I/O 口。此口作为地址（低 8 位）/数据总线分时复用口，还可作为通用 I/O 口使用，但使用时需外接上拉电阻。可驱动 8 个 LS 型 TTL 负载。

（10）P1 口（P1.0～P1.7）：8 位准双向 I/O 口。可驱动 4 个 LS 型 TTL 负载。

（11）P2 口（P2.0～P2.7）：8 位准双向 I/O 口。此口作为高 8 位地址总线使用，还可作为通用 I/O 口使用。可驱动 4 个 LS 型 TTL 负载。

（12）P3 口（P3.0～P3.7）：8 位准双向 I/O 口，双功能复用口。可驱动 4 个 LS 型 TTL 负载。

参 考 文 献

[1] 郭天祥. 新概念51单片机C语言教程[M]. 北京：电子工业出版社，2008.
[2] 张毅刚. 单片机原理及应用[M]. 北京：高等教育出版社，2010.
[3] 王俊峰，孟令启. 现代传感器应用技术[M]. 北京：机械工业出版社，2007.
[4] 王东峰，等. 单片机C语言应用100例[M]. 北京：电子工业出版社，2009.
[5] 陈海宴. 51单片机原理及应用[M]. 北京：北京航空航天大学出版社，2010.
[6] 胡汉才. 单片机原理及接口技术[M]. 北京：清华大学出版社，1996.
[7] 钟富昭. 8051单片机典型模块设计与应用[M]. 北京：人民邮电出版社，2007.
[8] 李平. 单片机入门与开发[M]. 北京：机械工业出版社，2008.

图书资源支持

感谢您一直以来对清华大学出版社图书的支持和爱护。为了配合本书的使用，本书提供配套的资源，有需求的读者请扫描下方的“书圈”微信公众号二维码，在图书专区下载，也可以拨打电话或发送电子邮件咨询。

如果您在使用本书的过程中遇到了什么问题，或者有相关图书出版计划，也请您发邮件告诉我们，以便我们更好地为您服务。

我们的联系方式：

地　　址：北京市海淀区双清路学研大厦 A 座 701

邮　　编：100084

电　　话：010-83470236　010-83470237

资源下载：http://www.tup.com.cn

客服邮箱：tupjsj@vip.163.com

QQ：2301891038（请写明您的单位和姓名）

教学资源 · 教学样书 · 新书信息

人工智能科学与技术
人工智能|电子通信|自动控制

资料下载 · 样书申请

书圈

用微信扫一扫右边的二维码，即可关注清华大学出版社公众号。